高校建筑环境与设备工程学科专业指导委员会推荐教材

建筑设备安装工程经济与管理

王智伟　　　　　　主编
王智伟　刘艳峰　编
赵　蕾
杨怡正　　　　　　主审

中国建筑工业出版社

图书在版编目（CIP）数据

建筑设备安装工程经济与管理/王智伟主编—北京：中国建筑工业出版社，2002
高校建筑环境与设备工程学科专业指导委员会推荐教材
ISBN 7-112-05469-9

Ⅰ.建... Ⅱ.王... Ⅲ.房屋建筑设备—建筑安装工程—经济管理—高等学校—教材 Ⅳ.TU8

中国版本图书馆 CIP 数据核字（2002）第 082832 号

本书以理论与实践并重的方式，详细地介绍了建筑设备安装工程经济与管理的知识。其主要内容包括：基本建设概论，安装工程定额的编制和应用，安装工程费用的组成和计算程序，安装工程预算编制方法及施工图预算编制实例，工程招标、投标程序与内容，施工合同签订与管理，施工组织形式及施工组织设计，工程项目管理，安装企业管理等。本书内容广泛，具有较高的实用性。

本书可作为高等学校建筑环境与设备工程专业的试用教材，也可作为相关专业及有关工程技术人员的参考用书。

高校建筑环境与设备工程学科专业指导委员会推荐教材
建筑设备安装工程经济与管理
王智伟 主编
王智伟 刘艳峰 编
赵蕾
杨怡正 主审
*
中国建筑工业出版社出版、发行（北京西郊百万庄）
各地新华书店、建筑书店经销
北京市兴顺印刷厂印刷
*
开本：787×1092 毫米 1/16 印张：17¾ 字数：426 千字
2003 年 7 月第一版 2006 年 12 月第四次印刷
印数：6,001—7,500 册 定价：**25.00** 元
ISBN 7-112-05469-9
TU·4807 (11083)

前　言

《建筑设备安装工程经济与管理》是建筑环境与设备工程专业一门实用性较强的专业课。本课程是在学完了《建筑设备施工技术》课程的基础上，通过“学与练”的教学活动，使学生了解基本建设概况，学习安装工程定额的基本知识，掌握安装工程概预算编制方法、招标投标程序及方法、合同订立及管理、施工组织设计、项目控制与协调、安装企业管理等实用技术，培养社会实践与工程实践能力，为从事工程建设工作奠定基础。

随着建筑设备施工技术的迅速发展，新材料、新工艺、新方法等不断涌现，安装施工水平大大提高，为此，建设部于2000年颁布实施《全国统一安装工程预算定额》，地方也相继颁布实施了相应的“全国统一安装工程预算定额地方价目表”，本书建筑设备安装工程定额及预算方面的内容，就是根据最新的安装工程预算定额编写的。同时随着计划经济向市场经济的转型，特别是我国21世纪初已加入WTO，全面接受国际惯例已成为一种历史的必然。因此，本书还编写了与之相适应的内容：建筑设备安装工程中招标投标、合同订立与履行、相关法规、项目控制与协调等。此外，本书在编写的内容上，还突出了实用技术的特点，在建筑设备安装工程经济与管理的两方面，编写了典型建筑设备安装工程施工图预算实例、招投标文件范本示例、施工合同示范文本、施工组织设计示例等，以增强可读性及应用性。

本书由西安建筑科技大学王智伟（绪论、第1～4章）、刘艳峰（6～10章）、赵蕾（第5章）共同编写。全书由王智伟副教授主编，由北京市安装公司杨怡正高级工程师主审。

本书的编写是在建筑环境与设备工程学科专业指导委员会组织和指导下进行的，在编写的过程中，得到了该专业指导委员会领导及委员的大力支持和帮助，尤其在内容的编写上，为本书提出了许多宝贵意见；西安建筑科技大学刘耀华教授也认真审阅了全书，并提出了许多改进意见。在此一并表示衷心感谢。

由于编者的学识和经验有限，书中难免有许多缺点和不妥之处，恳请各位师生和广大读者批评指正。

编者

目　　录

绪　论

1. 建筑设备安装工程经济与管理的作用

建筑设备安装工程经济与管理是一门涉及建设项目中建筑设备安装工程的经济与管理的课程。建设项目是固定资产的投资项目。固定资产的投资项目包括以新建、扩建等扩大生产能力、提高人民物质文化生活水平为目的的基本建设项目和以改造技术、增加产品品种、提高产品质量、治理“三废”、劳动安全、节约资源等为主要目的的技术改造项目。建筑设备安装工程，简称安装工程，一般是指室内外给排水工程、暖通空调工程、电气照明工程中建筑设备系统安装施工工程，即通常所说的“水、暖、电”三项安装工程。它们是基本建设的组成部分。

我国基本建设制度规定：“初步设计要有概算，施工图设计要有预算，工程竣工要有决算”，即所谓的“三算”。安装工程经济主要阐述安装工程定额和预算的编制。其目的是合理确定安装工程的造价，实现安装工程的投资控制。合理确定工程造价，就是遵循一定的经济规律，按照一定的程序和方法合理估算和计算建设工程各阶段的各类工程造价，并且运用技术的和经济的方法对各类工程造价进行有效的控制，以使建设工程的投资取得较好的经济效益和社会效益。

随着计划经济向市场经济的转型，特别是我国21世纪初已加入WTO，全面接受国际惯例已成为一种历史的必然。因此，我国基本建设的实施应尽快同国际接轨，完善市场机制，使建设项目社会化、制度化、法制化。安装工程管理主要阐述安装工程招标与投标、安装施工合同、施工组织、工程项目管理、安装企业管理等。这些相关内容是贯穿在整个安装工程施工的过程之中，各自发挥着重要的作用。

安装工程招标，是指发包人（建设单位）按照法定的招标程序对拟建工程项目由自己或委托咨询公司等编制招标文件，招引或邀请承包人（施工单位）进行投标，以便能够选择到工期短、造价低、工程质量好和社会信誉高的承包人（施工单位）。建筑安装工程招标与投标，是建筑产品市场的主要竞争形式，是法人之间的经济活动，是受国家法律保护的。这种竞争形式，改变了过去一直用行政分配手段来封闭建筑市场，造成建筑业不景气、经济效益下降的状况。因此建筑安装工程招标与投标，是建筑业管理机制和经营方式的一项重大改革。

安装工程合同是一种经济合同。它是建筑单位和施工单位按国家有关政策和法令在平等互利、协调一致的基础上签订的经济契约。这种经济契约是企业推行经营责任制的纽带和法律保证。建设单位和承包单位的经济关系是以合同方式结合起来的，并明确具体地规定了双方的责、权、利。缔约双方都必须严格认真地履行。任何一方违反合同条款而给另一方造成经济损失的，必须赔偿。这样共同保证建设项目计划的实施和完成。

施工组织的主要任务是根据施工图和建设单位对工期的要求，选择经济合理的施工方案，即是对安装工程进行施工组织设计。它是指依据施工图筹划如何有计划有步骤地进行施工，以及如何合理地组织安排人力、物力、财力顺利地完成施工安装任务。所以施工组织设计，是进行施工安装工作必要的技术经济文件，是施工安装企业实行科学管理的重要环节。

工程项目管理，重点强调工程项目投资控制管理、质量控制管理、进度控制管理以及协调管理，确保工程项目目标的实现，即投资少、质量好、工期短。

安装企业管理，随着计划经济时代的结束，市场经济的建立、发展及不断完善，已由过去“粗放型”管理模式，到现在开始实行“集约型”管理模式，推行“项目法”管理与施工，即把每个项目的各项管理工作承包给各基层单位或班组，同时授予基层责、权、利，对每个工程项目设“项目经理”，由项目经理全面负责。科学地引入激励机制，进行项目的经济核算，职工的工资奖金和项目效益挂钩。采用这种管理方法，能保证和缩短工期，促进机械化和科学化施工，能重视增产节约，减少浪费，降低生产成本，提高企业劳动生产率，从而提高企业的经济效益和社会效益。

2. 建筑设备安装工程经济与管理的相互关系

本课程是以基本建设中建筑设备安装工程实施过程为纽带，将建筑设备安装工程经济与管理的内容联系起来。建筑设备安装工程属于基本建设的范畴，其实施过程同基本建设一样，一般经历五个阶段：前期决策阶段，设计工作阶段，建设准备阶段，项目施工阶段，竣工验收交付使用阶段。这五个阶段的工作，既具有相对的独立性，又具有内在的联系。

一般情况，前期决策阶段，包括项目的可行性研究、项目评估与决策、编制设计任务书等；设计工作阶段，包括初步设计、技术设计、施工图设计、编制总概算及施工图预算等；建设准备阶段，包括征地拆迁、“三通一平”、组织招投标、签订施工合同等；项目施工阶段，包括施工组织、施工过程、质量控制、进度控制、成本控制等；竣工验收交付使用阶段，包括验收准备、竣工预验收、竣工验收、竣工资料移交、交付使用及维护等。由以上五个阶段的工作内容来看，本课程的内容是贯穿在建筑设备安装工程实施过程中。

建筑设备安装工程经济方面的内容：安装工程定额的使用、概预算的编制等，是属于设计工作阶段的内容。建筑设备安装工程管理方面的内容：安装工程招标与投标、安装施工合同等，主要是属于建设准备阶段的工作内容；安装工程的施工组织、安装工程的项目管理等，主要是属于项目施工阶段的工作内容；安装企业的生产经营管理，是属于后三个阶段，即建设准备阶段、项目施工阶段、竣工验收交付使用阶段的工作内容。建筑设备安装工程经济与管理的相互关系，可直观地用图 0-1 表示。

一个建设项目的实施，是由多个建设主体参与完成的。他们主要是建设单位、设计单位、施工单位、监理公司、银行等。不同的建设主体，参与建设的阶段往往不同，而且工作的侧重点也不同。建设单位，主要负责前期决策阶段、建设准备阶段、竣工验收交付使用阶段的工作，并参与其他各阶段的工作。设计单位，主要负责设计阶段的工作，并参与其他有关各阶段的工作。施工单位，主要负责项目施工阶段中施工组织的工作，并参与其他有关各阶段的工作。监理公司，主要负责项目施工阶段中工程项目的控制与协调，并参与其他有关各阶段的工作。银行，主要负责在项目建设过程中与银行有关的相应工作。

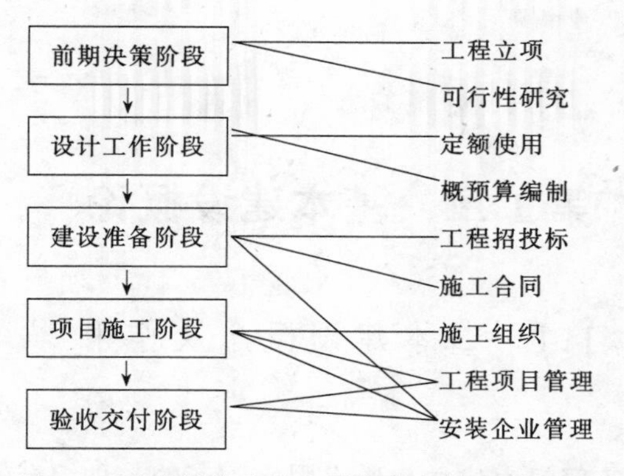

图 0-1　建筑设备安装工程经济与管理的相互关系

3. 本课程学习的任务及方法

本课程是建筑环境与设备工程专业一门实用性较强的专业课。本课程的任务是在学习完了《建筑设备施工技术》课程的基础上，通过本课程的教学，使学生了解基本建设概况，学习安装工程定额的基本知识，掌握安装工程概预算编制方法、招标投标程序及方法、合同订立及管理、施工组织设计、项目控制与协调、安装企业管理等实用技术，培养社会实践与工程实践能力，为从事工程建设工作奠定基础。

本书共有十章内容，分安装工程经济与管理两部分。前五章侧重安装工程经济方面的知识；后五章侧重安装工程管理方面的知识。在教学过程中，除了课堂上系统讲授工程经济与管理方面的内容外，对工程经济方面的知识，还可结合课程设计或毕业设计的课题内容，进行工程量、直接费、工程造价的计算，编制施工图预算，对工程设计方案进行技术经济比较；对工程管理方面的知识，还可结合认识实习或生产实习的任务要求，现场参观学习安装企业的生产经营与管理的经验，在施工现场，对施工组织、工程项目管理等进行积极参与，理论联系实际，这样可以获得更好的教学效果。

第1章 基本建设概论

1.1 基本建设概念及作用

1.1.1 基本建设概念

基本建设是国民经济各部门为建立和形成固定资产的一种综合性的经济活动。所谓固定资产包括生产性和非生产性两类，生产性固定资产是指工农业生产用的厂房和机器设备等；非生产性固定资产是指各类生活福利设施和行政管理设施。而综合性的经济活动，它包括：建设项目的投资决策、建设布局、技术决策、环保、工艺流程的确定和设备选型、生产准备和试生产，以及对工程建设项目的规划、勘察、设计和施工的监督等活动。

1.1.2 基本建设作用

基本建设是扩大再生产以提高人民物质、文化生活水平和加强国家综合实力的重要手段。它的具体作用是：

(1) 为国民经济各部门提供生产能力；

(2) 影响和改变各产业部门内部之间、各部门之间的构成和比例关系；

(3) 使全国生产力的配置更趋合理；

(4) 用先进的技术改造国民经济；

(5) 基本建设还为社会提供住宅、文化设施、市政设施，为解决社会重大问题提供了物质基础。

因此，基本建设是发展国民经济的物质技术基础，它在国家的社会主义现代化建设中占据着重要地位，有着十分重要的作用。

1.2 基本建设程序

基本建设是把投资转化为固定资产的经济活动。基本建设程序是人们在长期进行基本建设经济活动中，对基本建设客观规律所作的科学总结。因而，从事任何一项基本建设活动，都必须遵循这些规律，即严格按照程序办事。

基本建设程序的实施一般包括如下步骤：

1.2.1 建设项目可行性研究

建设项目的可行性研究是依据国民经济的发展计划，对建设项目的投资建设，从技术和经济两个方面，进行系统的、科学的、综合性的研究、分析、论证，以判断它是否可行，即在技术上是否可靠，经济上是否合理。

建设项目的可行性研究是计划任务书编制的基础。其内容主要包括有：

(1) 拟设项目的背景、必要性和依据；

(2) 拟设项目的国、内外市场需求预测分析；

(3) 拟建项目的规模、产品方案、工艺技术和预备选择的技术经济的比较和分析；
(4) 资源、能源动力、交通运输、环境等状况分析；
(5) 建设条件和地址方案的比较和选择；
(6) 企业组织、劳动定员和人员培训的估算数；
(7) 投资估算、资金来源及筹措；
(8) 社会效益、经济效益及环境效益的综合评价。

1.2.2 计划任务书编制

计划任务书又称任务书，是确定基本建设项目的基本文件，也是编制设计文件的主要依据。

计划任务书应由主管部门组织计划、设计等单位进行编制。计划任务书的内容，对大中型工业建设项目，一般应包括以下几项：

(1) 建设项目的目的和依据；
(2) 建设规模，产品方案，生产工艺或方法；
(3) 矿产资源，水文地质，燃料、水、电、运输条件；
(4) 资源综合利用，环境保护及可持续发展的要求；
(5) 建设地点与占用土地的估算；
(6) 建设总投资控制额；
(7) 建设工期要求；
(8) 生产劳动定额控制数；
(9) 抗震、防空、防洪要求；
(10) 预期技术水平与经济效益等。

按照国家有关规定，大中型建设项目的计划任务书，按照隶属关系由主管部门或省、直辖市、自治区提出审查意见，报国家发展和计划委员会批准。有些重点项目需由国家发展和计划委员会报国务院批准。一般性建设项目可由主管部门或省、直辖市、自治区审批。

1.2.3 厂址选择

根据计划任务书的要求，通过对可供选择的拟建地区、地点的技术经济分析比较，由建设单位和勘察、设计单位共同落实建设项目的具体地区（选点）和厂址（定址）。

厂址的选择，一般应考虑如下基本要求：

(1) 符合生产力合理布局的要求，使拟建项目与原有企业在地区分布上更好地配合、协作，有利于生产；
(2) 满足拟建项目对原料、燃料、动力供应、用水及运输条件的需要；
(3) 符合当地工业区域规划及满足职工生活的要求；
(4) 满足环境保护及可持续发展的要求；
(5) 考虑地质、水文、节约用地以及建设项目的扩建和发展的要求。

按照国家的规定，对新建工业区和大型建设项目的选址报告，由国家建设管理部门审查批准；对小型项目，按隶属关系由主管部门或省、直辖市、自治区审查批准。

1.2.4 编制设计文件

设计文件是安排建设项目和组织工程施工的主要依据。建设项目的计划任务书和厂址选择报告经批准后，主管部门应指定或委托设计单位，按计划任务书规定内容，认真编制设计文件。建设项目一般采用两段设计：初步设计和施工图设计。重大工程项目进行三段设计：初步设计，技术设计和施工图设计。对有些工程，因技术较复杂，可把初步设计的内容适当加深，即扩大初步设计。

（1）初步设计

初步设计是一项带有规划性质的轮廓设计。它的内容包括：建厂规模、产品方案、工艺流程、设备选型及数量、主要建筑物和构筑物、“三废”治理、劳动定员、建设工期等。同时，在初步设计阶段，还应编制建设项目总概算，确定工程总造价。

（2）技术设计

技术设计是初步设计的深化。它的内容包括：进一步确定初步设计所采用的产品方案和工艺流程，校正初步设计中设备的选择和建筑物的设计方案以及其他重大技术问题。同时，在技术设计阶段，还应编制修正的总概算。一般修正的总概算不得超过初步设计的总概算。

（3）施工图设计

施工图设计是初步设计和技术设计的具体化。它是施工单位组织施工的基本依据。其内容包括：具体确定各种型号、规格、设备及各种非标准设备的施工图；完整表现建筑物外形、内部空间分割、结构体系及建筑群组成和周围环境配合的施工图；各种运输、通讯、管道系统、建筑设备的设计等。同时，在施工图设计阶段，还应根据施工图编制施工图预算，施工图预算必须低于总概算。施工单位依据施工图预算承包工程。

1.2.5 基本建设计划

建设项目的初步设计及总概算经批准后，即可列入年度基本建设计划。建设单位根据批准的初步设计、总概算和总工期，编制企业的年度基本建设计划。合理分配各年度的投资额，使每年的建设内容与当年的投资额及设备材料分配额相适应。配套项目要同时安排，相互衔接，保证施工的连续性。

1.2.6 建设准备

根据批准的设计文件和基本建设计划，就可以对建设项目进行建设准备了。建设准备工作主要包括：

（1）组织设计文件的编审；

（2）安排年度基本建设计划；

（3）申报物资采购计划；

（4）组织大型专用设备预订和安排特殊材料的订货；

（5）落实地方材料供应；办理征地拆迁手续；

（6）提供必要的勘察测量资料；

（7）落实水、电、道路等外部建设条件和施工力量等。

1.2.7 基本建设施工

建设准备完成后，建设单位用招标方式选定施工单位和签订施工合同。施工单位根据设计单位提供的图纸，编制施工组织设计及施工预算。按照施工图纸，有计划地进行施工，确保工程质量并按期完工。

1.2.8 生产准备

在施工单位进行全面施工的同时，建设单位应积极做好各项生产准备工作，以保证工程建成后能及时试车投产。生产准备工作的内容包括：培训生产人员，组织生产人员参加生产设备的安装、调试和验收；制定严格的组织生产管理制度和岗位生产操作规程；准备原材料、能源动力以及生产工具、器具等。

1.2.9 竣工验收交付使用

建设项目按照批准的设计文件所规定的内容建设完工后，可进行竣工验收。竣工验收的程序，一般分为两个阶段：

（1）单项工程验收：单项工程验收是指一个单项工程完工后，可由建设单位组织验收。

（2）全部验收：全部验收是指整个项目全部工程建成后，则必须根据国家有关规定，按工程的不同情况，由负责验收的单位组织建设单位、施工企业、监理和设计单位，以及建设银行、环境保护和其他有关部门共同组成验收委员会或小组进行验收。

对工业项目，需经负荷试运转和试生产的考核；对非工业项目，若符合设计要求，能正常使用，就可及时组织验收并交付使用；对大型联合企业，可分期分批验收。

1.3 基本建设项目划分

基本建设项目划分，是为了便于建设项目预算的编审以及基本建设计划、统计、会计和基本建设拨款等各方面工作的开展。

基本建设是由一个个基本建设项目组成的，而基本建设项目，又是由若干个部分组成的。按基本建设项目所组成部分的内容不同，从大到小，从粗到细，可将它划分为：建设项目、单项工程、单位工程、分部工程、分项工程。

1.3.1 建设项目

基本建设项目，简称建设项目。它是指具有计划任务书和总体设计，经济上实行独立核算，行政上具有独立组织形式的建设单位。通常是以一个企业、事业单位或独立工程作为一个建设项目。例如，在工业建设中，一般是以一个工厂或一座矿山或一条铁路等作为一个建设项目；在民用建筑中，一般是以一个学校或一个医院或一个商场等作为一个建设项目。

1.3.2 单项工程

单项工程，也称为工程项目。它是指具有独立的设计文件，竣工后可以独立发挥生产能力或工程效益的工程。它是建设项目的组成部分。一个建设项目，可以是一个单项工程，也可能包括许多单项工程。在工业项目中，例如一个工厂由几个车间组成，每个能独立生产的车间作为一个单项工程；在民用项目中，例如一个学校由教学楼、图书馆、学生宿舍等组成，每个能独立发挥工程效益的建筑作为一个单项工程。

1.3.3 单位工程

单位工程，一般是指不能独立发挥生产能力或效益，但具有独立施工条件的工程。它是单项工程的组成部分。实际组织施工中，通常是根据工程的内容和能否满足独立施工的要求，将一个单项工程划分为若干个单位工程。例如一个车间的土建工程、电气工程、工业管道工程、水暖工程、设备安装工程等均为一个单位工程。

1.3.4 分部工程

分部工程，通常是按建筑物的主要部位或安装对象的类别划分的。它是单位工程的组成部分。例如土建工程分为基础、混凝土、砖石等分部工程。安装工程分为供暖工程、燃气工程、通风工程、空调工程、自动化控制仪表安装工程等分部工程。

1.3.5 分项工程

分项工程，在建筑安装工程中，一般是按工程工种划分的。它是分部工程的组成部分。例如供暖工程分部工程，可分为各种管径的管道安装、阀门安装、散热器安装等分项工程；空调工程分部工程，可分为各种通风管道的制作安装，各种风口的制作安装等分项工程。分项工程是建设预算最基本的计量单位，是建筑安装工程的工程量或工作量的计算基础。它是为了确定工程造价而划定的基本计算单元。基本建设项目划分，它们之间的关系如图 1-1 所示。

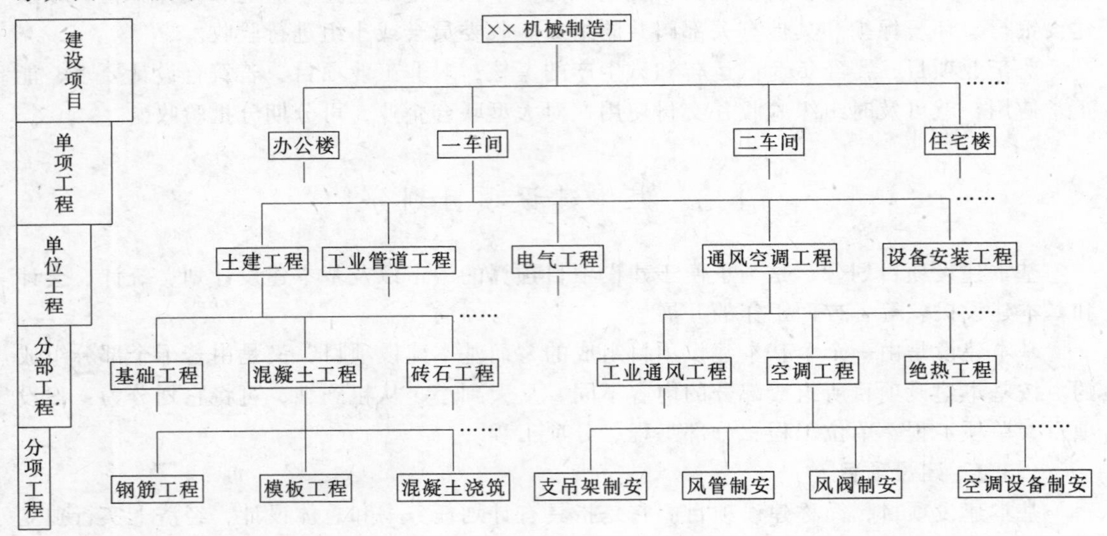

图 1-1 建设项目划分示意图

1.4 基本建设费用组成

基本建设费用，或称基本建设投资，或称基本建设工程造价，它是用于支付各项基本建设工程的费用。根据其费用的性质，基本建设费用一般由建筑工程费用、设备安装工程费用、设备购置费用、工器具及生产用具购置费用、其他费用等五部分组成。

(1) 建筑工程费用：用于新建、改建或扩建的各种建筑物、道路、码头、管网、电网以及防洪、防空设施等所需费用；

(2) 设备安装工程费用：用于各项机械、管线和电气设备安装的费用；

(3) 设备购置费用：指工业企业生产所用的各种机械设备和电气设备的购置费用；

(4) 工具、器具及生产用具购置费用：指工业企业必须配备的达到固定资产标准的各种工具、器具及生产用具等的购置费。不够固定资产标准的，只限于新建或扩建工业企业项目才能列入；

（5）其他费用：除上列建筑安装费用和设备、工器具购置费用以外的一些费用。它包括有：用于勘察设计、土地征用、建设单位管理、研究试验、生产职工培训、联合试运转等项的费用。

工程竣工以后，基本建设投资的大部分（一般为60％以上）转化为企业的固定资产，即企业从事生产经营活动所必需的厂房建筑及各种机器设备等。对基本建设费用作以上分类，为的是有利于区分生产和非生产性投资，考察机械和电气设备投资比例的可行性，尽量扩大生产性投资，从而增加生产能力，更好地获得基建投资的效益；同时，也可根据它购置设备，准备施工机械及材料，组织好施工力量，加快基本建设的进度，缩短建设周期。

第2章　建筑设备安装工程定额

2.1　建筑设备安装工程定额概述

2.1.1　安装工程定额的概念

安装工程定额，是指安装企业及其生产者在正常的施工条件下，为了完成某项工程任务，必须消耗的人工、材料、机械设备和其资金的数量标准。概括地说，安装工程定额就是在安装工程中生产单位合格产品所耗费资材的标准。它是按照正常的生产技术和经营管理水平，以科学态度和实际情况相结合的方法制定的。它反映了一定社会条件下的产品和生产消费之间的数量关系。

安装工程定额的内容不仅规定了某些数据，而且还规定了它的主要施工工序和工作内容，对全部施工过程都做了综合性的考虑，例如2000年建设部颁发的《全国统一安装工程预算定额》(共十三部分)，在第八部分给排水、采暖、燃气工程中的管道安装工程预算定额中，对室内镀锌钢管（螺纹连接）的管道安装，不但规定了安装各种不同规格的10m管道所需的各种人工、材料、机械的数量和其消耗单价，同时还规定了全部安装施工过程的工作内容，见表2-1。在第九部分通风空调工程中的薄钢板通风空调风管制作安装工程预算定额中，对镀锌薄钢板圆形风管与矩形风管（$\delta=1.2$mm以内咬口）的制作安装，同样规定了制作安装各种规格尺寸（不同周长）风管所需的各种人工、材料、机械的数量和其费用，以及制作安装的全部工作内容，见表2-2。其中人工、材料、机械制作费与安装费的比例，对薄钢板风管的制作安装，其制作可采取：人工占60%、材料占95%、机械占95%；其安装可采取：人工占40%、材料占5%、机械占5%。

2.1.2　安装工程定额的性质

1. 安装工程定额具有科学性

安装工程定额具有科学性，它表现在：其一，定额能正确地反映安装企业生产技术水平一般状况，定额标定工作是在认真研究典型安装工程经验的基础上，实事求是地广泛搜集资料，经过科学的研究分析而进行的，定额数据的确定有可靠的科学依据；其二，定额包括了在正常施工组织条件下，为生产一定计量单位安装工程产品所需的全部工序和施工工作内容，它是一种综合性定额；其三，定额的工程内容，如人工、材料和机械台班消耗量标准，是考虑在正常施工组织条件下大多数安装企业经过努力能够达到的平均先进水平，具有先进性。

2. 安装工程定额具有法令性

安装工程定额是国家或其授权机关制定的，一经颁发就具有法律效力。定额的法令性决定了各地区、各部门都必须严格地遵守和执行，不得随意修改，以保证全国各地区的工程建设有一个统一的核算尺度。这样，才能使国家对各地区、各部门的工程设计的经济性与施工管理水平进行统一的比较和考核，才能对基本建设实行计划管理和有效的经济监督。国家制定的全国统一定额是一个综合性定额，一般工程项目的设计和施工与定额的内容是相符的，对一些设计和施工比较特殊、变化大、影响工程造价较大的重要因素，在全国统一定额使用规则中规定，可以根据设计与施工的具体情况进行调整核算。这样就使定额在法令性的原则下，又具有一定的灵活性，能够更好地符合具体安装工程的客观情况。

3. 安装工程定额具有发展可变性

定额是反映一定时期的施工安装技术水平以及机械化、工厂化的程度，新材料、新工艺等的采用情况应在实践中得到检验。随着生产的发展，先进技术的推广应用，施工安装技术水平不断提高，就会突破原有定额的水平。因而，就要制定符合新的生产情况的定额及补充定额。所以，定额并不是一成不变的，它具有在一定时期内的相对稳定性。我国自建国以来，对定额已经进行了多次修订，显示了我国施工安装技术和施工管理水平的不断发展和提高。

室内镀锌钢管（螺纹连接）管道安装预算定额 **表 2-1**

工作内容：打堵洞眼、切管、套丝、上零件、调直、管道安装、水压试验。

计量单位：10m

定额编号				8—87	8—88	8—89	8—90	8—91	8—92
项目				公称直径（mm 以内）					
				15	20	25	32	40	50
名称		单位	单价（元）	数量					
人工	综合工日	工日	23.22	0.650	0.650	0.650	0.650	0.710	0.820
	镀锌钢管 *DN*15	m	—	(10.200)	—	—	—	—	—
	镀锌钢管 *DN*20	m	—	—	(10.200)	—	—	—	—
	镀锌钢管 *DN*25	m	—	—	—	(10.22)	—	—	—
	镀锌钢管 *DN*32	m	—	—	—	—	(10.200)	—	—
	镀锌钢管 *DN*45	m	—	—	—	—	—	(10.200)	—
	镀锌钢管 *DN*50	m	—	—	—	—	—	—	(10.200)
材	室内镀锌钢管接头零件 *DN*15	个	0.800	16.370	—	—	—	—	—
	室内镀锌钢管接头零件 *DN*20	个	1.140	—	11.520	—	—	—	—
	室内镀锌钢管接头零件 *DN*25	个	1.850	—	—	9.780	—	—	—
	室内镀锌钢管接头零件 *DN*32	个	2.740	—	—	—	8.030	—	—
	室内镀锌钢管接头零件 *DN*40	个	3.530	—	—	—	—	7.160	—
	室内镀锌钢管接头零件 *DN*50	个	5.870	—	—	—	—	—	6.510
	钢锯条	根	0.620	0.390	3.410	2.550	2.410	2.670	1.330
	尼龙砂轮片 *D*400	片	11.800	—	—	0.050	0.050	0.050	0.150
	机油	kg	3.550	0.230	0.170	0.170	0.160	0.170	0.200
	铅油	kg	8.770	0.140	0.120	0.130	0.120	0.140	0.140
	线麻	kg	10.400	0.012	0.012	0.013	0.012	0.014	0.014
	管子托钩 *DN*15	个	0.480	1.460	—	—	—	—	—
	管子托钩 *DN*20	个	0.480	—	1.440	—	—	—	—
	管子托钩 *DN*25	个	0.530	—	—	1.160	1.160	—	—
料	管卡子（单立管）*DN*25	个	1.340	1.640	1.290	2.060	—	—	—
	管卡子（单立管）*DN*20	个	1.640	—	—	—	2.060		—
	普通硅酸盐水泥 425 号	kg	0.340	1.340	3.170	4.200	4.500	0.690	0.390
	砂子	m^3	44.230	0.100	0.100	0.100	0.100	0.220	0.250
	镀锌铁丝 8 号～12 号	kg	6.140	0.140	0.390	0.440	0.150	0.010	0.040
	破布	kg	5.830	0.100	0.100	0.100	0.100	0.240	0.250
	水	t	1.650	0.050	0.060	0.080	0.090	0.130	0.160

续表

定额编号				8—87	8—88	8—89	8—90	8—91	8—92
项目				公称直径（mm 以内）					
				15	20	25	32	40	50
名称		单位	单价（元）	数量					
机械	管子切断机 D60-150	台班	18.29		—	0.020	0.020	0.020	0.060
	管子切断套丝机 D159	台班	22.030	—	—	0.030	0.030	0.030	0.080
基价（元）				65.45	66.72	82.91	85.56	93.25	110.13
其中	人工费（元）			42.49	42.49	51.08	60.84	62.23	62.23
	材料费（元）			22.96	24.23	30.08	33.45	31.38	45.04
	机械费（元）			—	—	1.03	1.03	1.03	2.86

定额编号				8—93	8—94	8—95	8—96	8—97
项目				公称直径（mm 以内）				
				65	80	100	125	150
名称		单位	单价（元）	数量				
人工	综合工日	工日	23.22	0.880	0.950	1.140	1.470	1.590
材料	镀锌钢管 DN65	m	—	(10.150)	—	—	—	—
	镀锌钢管 DN80	m	—	—	(10.150)	—	—	—
	镀锌钢管 DN100	m	—	—	—	(10.150)	—	—
	镀锌钢管 DN125	m	—	—	—	—	(10.150)	—
	镀锌钢管 DN150	m			—	—	—	(10.150)
	室内镀锌钢管接头零件 DN65	个	8.980	1.760	—	—	—	—
	室内镀锌钢管接头零件 DN80	个	12.800	—	1.720	—	—	—
	室内镀锌钢管接头零件 DN100	个	22.640	—	—	1.630	—	—
	室内镀锌钢管接头零件 DN125	个	37.710		—	—	1.590	—
	室内镀锌钢管接头零件 DN150	个	55.660	—	—	—	—	1.510
	尼龙砂轮片 D400	片	11.800	0.070	0.080	0.100	0.120	—
	机油	kg	3.550	0.030	0.030	0.020	0.020	0.020
	铅油	kg	8.770	0.040	0.050	0.060	0.080	0.100
	线麻	kg	10.400	0.010	0.010	0.010	0.010	0.020
	水	t	1.650	0.220	0.250	0.310	0.390	0.470
	镀锌铁丝 8 号～12 号	kg	6.140	0.100	0.120	0.130	0.140	
	破布	kg	5.830	0.280	0.300	0.350	0.380	0.400
	水	t	1.650	0.180	0.200	0.310	0.390	0.470
	皂化冷却液	kg	4.700	—	—	0.240	0.110	0.130
机械	管子切断机 D150	台班	42.480	0.050	0.050	0.060	0.070	0.080
	管子切断套丝机 D159	台班	22.030	0.130	0.080	—	—	—
	普通车床 D400×1000	台班	52.830	—	—	0.100	0.270	0.210
基价（元）				121.65	132.98	164.65	189.67	244.20
其中	人工费（元）			63.62	67.34	76.39	84.75	97.06
	材料费（元）			53.92	61.31	80.12	98.04	140.80
	机械费（元）			4.11	4.33	8.14	6.88	6.34

注：2000 年 3 月 17 日颁布实施。

镀锌薄钢板矩形风管（$\delta=1.2$mm 以内咬口）制作、安装预算定额　表 2-2

工作内容：1. 风管制作：放样、下料、卷圆、折方、轧口、咬口，制作直管、管件、法兰、吊拖支架，钻孔、铆焊、上法兰、组对。

2. 风管安装：找标高、打支架墙洞、配合预留孔洞、埋设吊托支架，组装、风管就位、找平、找正，制垫、垫垫、上螺栓、紧固。

定额编号				9—1	9—2	9—3	9—4
项目				镀锌薄钢板圆形风管（$\delta=1.2$mm 以内咬口）直径（mm）			
				200 以下	500 以下	1120 以下	1120 以上
名称		单位	单价（元）	数量			
人工	综合工日	工日	23.22	14.590	8.990	6.730	8.520
材料	镀锌钢板 δ0.5	m^2	—	(11.380)	—	—	—
	镀锌钢板 δ0.75	m^2	—	—	(11.380)	—	—
	镀锌钢板 δ1	m^2	—	—	—	(11.380)	—
	镀锌钢板 δ1.2	m^2	—	—	—	—	(11.380)
	角钢 L60	kg	3.150	0.890	31.600	32.710	33.930
	角钢 L63	kg	2.890	—	—	2.330	3.190
	扁钢＜－59	kg	3.170	20.640	3.560	2.150	9.270
	圆钢 $D5.5\sim9$	kg	2.860	2.930	1.900	0.750	0.120
	圆钢 $D10\sim14$	kg	2.860	—	—	1.210—	4.900
	电焊条 E4303D3.2	kg	5.410	0.420	0.340	0.150	0.090
	精制六角带帽螺栓 M6×75	10 套	1.400	8.500	7.160	—	—
	精制六角带帽螺栓 M8×75	10 套	7.600	—	—	5.150	3.900
	铁铆钉	kg	4.270	—	0.270	0.210	0.140
	橡胶板 $\delta1\sim3$	kg	7.490	1.400	1.240	0.970	0.920
	膨胀螺栓 M12	套	2.080	2.000	2.000	1.500	1.000
	乙炔气	kg	13.330	0.100	0.140	0.160	0.210
	氧气	m^3	2.060	0.280	0.390	0.450	0.590
机械	交流电焊机 21kV—A	台班	35.670	0.160	0.130	0.040	0.02
	台式钻床 $D16\times12.7$	台班	7.310	0.690	0.580	0.430	0.350
	法兰卷圆机 L40×4	台班	33.960	0.500	0.320	0.170	0.050
	剪板机 6.3×2000	台班	82.160	0.040	0.020	0.010	0.010
	卷板机 2×1600	台班	40.760	0.040	0.020	0.010	0.010
	咬口机 1.5	台班	40.300	0.040	0.030	0.010	0.010
	电锤 520W	台班	9.030	0.060	0.060	0.040	0.040
基价（元）				480.92	378.10	345.09	408.34
其中	人工费（元）			388.78	208.75	156.27	197.83
	材料费（元）			107.34	145.40	176.48	203.55
	机械费（元）			34.80	23.95	12.34	6.96

续表

定额编号				9—5	9—6	9—7	9—8
项目				镀锌薄钢板矩形风管（$\delta=1.2$mm 以内咬口）周长（mm）			
				800 以下	2000 以下	4000 以下	4000 以上
名称		单位	单价（元）	数量			
人工	综合工日	工日	23.22	9.120	6.640	4.990	6.060
材料	镀锌钢板 δ0.5	m^2	—	(11.380)	—	—	—
	镀锌钢板 δ0.75	m^2	—	—	(11.380)	—	—
	镀锌钢板 δ1	m^2	—	—	—	(11.380)	—
	镀锌钢板 δ1.2	m^2	—	—	—	—	(11.380)
	角钢 L60	kg	3.150	40.420	35.660	35.040	45.140
	角钢 L63	kg	2.890	—	—	0.160	0.260
	扁钢<－59	kg	3.170	2.150	1.330	1.120	1.020
	圆钢 *D*5.5～9	kg	2.860	1.350	1.930	1.490	0.080
	圆钢 *D*10～14	kg	2.860	—	—	—	1.850
	电焊条 E4303*D*3.2	kg	5.410	2.240	1.060	0.490	0.340
	精制六角带螺栓 M6×75	10 套	1.400	16.900	—	—	—
	精制六角带螺栓 M8×75	10 套	7.600	—	9.050	4.300	3.350
	铁铆钉	kg	4.270	0.430	0.240	0.220	0.220
	橡胶板 δ1～3	kg	7.490	1.840	1.300	0.920	0.810
	膨胀螺栓 M12	套	2.080	2.000	1.500	1.500	1.000
	乙炔气	kg	13.330	0.180	0.160	0.160	0.200
	氧气	m^3	2.060	0.500	0.450	0.450	0.560
机械	交流电焊机 21kV-A	台班	35.670	0.480	0.220	0.100	0.070
	台式钻床 *D*16×12.7	台班	7.310	1.150	0.590	0.360	0.310
	剪板机 6.3×2000	台班	82.160	0.040	0.040	0.030	0.020
	折方机 4×2000	台班	48.300	0.040	0.040	0.030	0.020
	咬口机 1.5	台班	40.300	0.040	0.040	0.030	0.020
	电锤 520W	台班	9.030	0.060	0.040	0.040	0.040
基价（元）				441.65	387.05	295.54	341.15
其中	人工费（元）			211.77	154.18	115.87	140.71
	材料费（元）			196.98	213.52	167.99	191.90
	机械费（元）			32.90	19.35	11.68	8.54

注：2000 年 3 月 17 日颁布实施。

2.1.3 安装工程定额的种类

安装工程定额种类很多，它是根据施工生产的要素、定额用途和不同使用阶段、定额的不同管理范围等而制定的。

按生产要素分类，定额分为劳动定额、材料消耗定额、机械台班使用定额。

按用途和不同使用阶段分类，定额分为施工定额、预算定额、概算定额以及概算指标。

按管理范围分类，定额分为全国统一定额、地区统一定额、企业定额。

按专业分类，定额分为建筑工程定额和安装工程定额。

安装工程定额的分类及其关系如图 2-1 所示。在安装工程中，常用的定额有施工定额、预算定额及概算定额（指标）三种。每种定额的内容将在本章的以下几节中分别加以叙述。

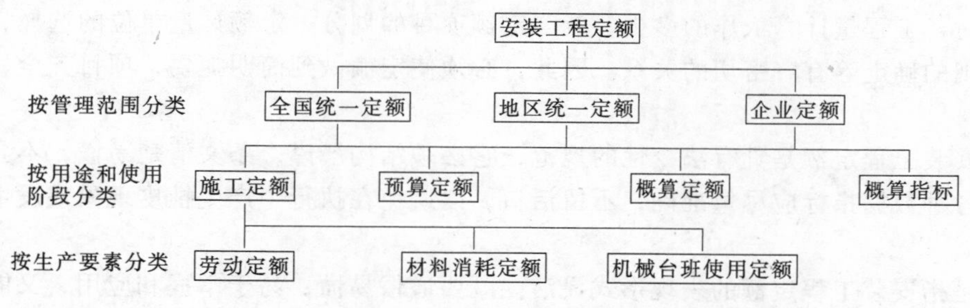

图 2-1 安装工程定额分类及关系

2.1.4 安装工程定额的作用

1. 安装工程定额是组织施工安装并不断提高劳动生产率的依据和标准。

2. 安装工程定额是计划施工安装，合理安排劳动力的依据。

3. 安装工程定额是编制安装工程预算的依据，根据定额确定安装工程所需要的劳动力、材料及机械设备的数量。

4. 作为贯彻按劳分配原则的依据，运用定额计算工资及奖金。

5. 依据安装工程定额检查施工安装的生产水平及产品质量。

完成和超额完成定额，在于合理地组织施工。完不成定额，应分析原因。一般完不成定额，不是工人不努力，往往由于施工条件不成熟、计划安排不当或劳动组织不合理等所引起。所以必须经常地分析施工条件，合理安排施工，完善劳动组织，提高劳动生产率，从而定额也就能够完成和提高了。

2.1.5 安装工程定额制定原则

安装工程定额的编制是一项政策性、技术性和经济性都很强的立法工作。它的编制应根据国家对基本建设的要求和方针政策，既反映生产技术和劳动组织的先进合理水平，还要结合历年定额水平，并考虑实际情况和经济的发展趋势，使定额符合客观经济规律，以达到预期目的。因此编制安装工程定额必须遵循以下原则：

1. 集中领导、分级管理的原则

集中领导是指编制安装工程定额应根据国家的方针政策和经济发展要求，统一编制定额的方案、原则和方法，颁发全国统一的规章制度和条例细则，使国家掌握一个统一的尺度和标准，对不同地区、不同部门的设计和施工的经济效果进行有效的考核和监督。同时对于提高安装施工企业的管理水平、降低成本，提高投资效益也具有十分重要的意义。

2. 技术先进、经济合理的原则

技术先进是指安装工程定额项目的确定、施工方法和材料的选择，要采用已经成熟并推广的新技术、新机具、新材料和比较先进的经验，使先进的生产技术和先进的管理经验得到进一步的推广和应用，加快基本建设速度。

经济合理是指纳入安装工程定额的材料规格、质量和施工方法、劳动效率及施工机械的消耗量等，既要遵循国家和地方主管部门的统一规定，又要更好地调动广大职工的积极性，才能改善经济管理，改进施工方法，提高劳动生产率，降低工料和施工机械的消耗，或超额完成安装工程施工任务。

3. 简明、准确、适用的原则

简明：编制工程预算工作的繁简程度主要取决于安装工程预算定额的项目划分。如：在编制预算时，工程量计算工作的多少，就与定额项目的划分、定额计量单位的选择、工程量计算规则的确定等有着密切的关系。因此，必须使定额做到简明扼要，项目齐全，使用方便。

准确：安装工程定额是具有法令性的规范，它必须结构严谨，条文清楚易懂，不允许任意解释。各种数据指标应尽量准确，不留活口，以避免在执行中产生扯皮现象或发生争执。

适用：是指安装工程定额的表现形式灵活。既要通俗易懂，易于掌握和应用，又能够适应不同地区和工程的需要。如对影响工程造价较大的项目允许在定额规定的范围内进行换算和调整，以使安装工程定额符合实际，便于执行。

2.2 建筑设备安装工程施工定额

安装工程施工定额，是指在正常安装施工组织条件下，安装企业班组或个人完成单位合格安装工程产品所消耗人工、材料和机械台班的数量标准。施工定额是安装企业内部进行安装工程管理的一种定额。安装企业编制施工作业计划，编制人工、材料和机械需要计划，进行工料分析和施工队向生产班组签发工程任务单，进行经济核算，都需以施工定额为依据。同时它也是制定安装工程预算定额的基础。

施工定额是以同一性质的施工过程为标定对象。如在管道安装工程中，室外管道与室内管道安装有不同的定额；室内管道安装采用螺纹连接或焊接则定额也不同。反之，虽然室内给排水管道、采暖管道、燃气管道的管道称法不同或其管道的规格不同，但其施工过程的性质相同，因而可以标定为同一定额。

施工定额一般由劳动定额、材料消耗定额和机械台班使用定额三部分组成。

2.2.1 劳动定额

劳动定额，又称人工定额，是规定安装工人在正常施工组织条件下劳动生产率的平均合理指标。它是施工定额的主要组成部分，依据它企业内部组织施工，编制作业计划、签发生产任务单和考核工效、计算工资和奖金、进行经济核算。同时，它也是核定安装工程产品人工成本及编制安装工程预算的重要基础。其基本表现形式有时间定额和产量定额两种。

1. 时间定额

时间定额，就是指某种专业等级工人或生产班组，在正常的施工组织与合理使用材料的条件下，完成单位合格产品所必需的工作时间。包括工人准备和结束必需消耗的时间、基本生产时间、辅助生产时间、不可避免的中断时间以及必要的休息时间。

时间定额通常以工日或工时为计量单位，每一个工日按 8 小时计算。单位产品时间定额的计算公式为：

$$单位产品时间定额=\frac{1}{每工产量}$$

或
$$单位产品时间定额=\frac{班组成员工日数总和}{班组产量}$$

2. 产量定额

产量定额，是指某种专业等级工人或生产班组，在正常的施工组织与合理使用材料的条件下，在单位工日中完成合格产品数量的标准。其计算式为

$$每工产量=\frac{1}{单位产品时间定额}$$

或
$$班组产量=\frac{班组成员工日数的总和}{单位产品时间定额}$$

产量定额的计量单位，是以单位时间的产品计量单位表示。如管道通常以“m”、“10m”、“100m”，钢材以“kg”、“t”，设备以“个”、“10组”等为单位。

时间定额与产量定额互为倒数关系。即：时间定额×产量定额=1。因此，已知其中一种定额，就可以求得另一种定额。

3. 劳动定额的计算及分数表示形式

时间定额和产量定额只是表示形式不同，但都可以用于劳动定额的计算。在实际工作中，时间定额以工日为单位，便于综合计算，一般常用它计算综合工日或各工种的工日。而产量定额是以产品数量为单位，较为形象，容易理解和记忆，便于分配和安排生产任务，但它不如时间定额计算方便。因为产量定额不能直接相加减，也不能用插入法计算综合产量定额。

【例】 钢管加工。假设某工人班组在1小时内对 *DN*25 的管子能切断18个口，能套14个丝头，能安装25个零件，若以切断一个口并套丝和组装好1个零件算完成1件产品，试求小时产量定额是多少？

【解】 如果计算小时产量定额时，直接简单地将18、14、25这几个数字相加，显然不符合产品定义，是错误的。正确的计算应是，将各工序的时间定额相加，得到完成1个产品生产过程的时间定额量：

$\frac{1}{18}+\frac{1}{14}+\frac{1}{25}=0.167$ 工时。从而小时产量定额为：$\frac{1}{0.167}=5.988$ 件/h。

在国家安装工程统一劳动定额中，劳动定额常采用分数形式，横线上方的数字表示时间定额，横线下方的数字表示每个工日的产量或每班产量，即：

$$\frac{时间定额}{每工产量}或\frac{时间定额}{每班产量}$$

例如安装10m*DN*15管子的劳动定额为$\frac{1.74}{0.574}$，其含义为：1.74为时间定额，0.574为一个工日的产量，即5.74m（产量定额）。表2-3是1981年某省颁发的“建筑安装工程施工定额”中有关室内生活立支管安装的“劳动定额”与“材料消耗定额”。

2.2.2 材料消耗定额

材料消耗定额，是指在节约与合理使用材料的条件下，生产单位合格产品所必须消耗一定规格的材料、半成品或管件的数量。它包括材料的净用量和必要的施工损耗量。如在表2-3中的“材料消耗定额”中规定，安装10m室内生活立支管（螺纹连接），管材定额

量为10.15 m，其中管材施工损耗量为0.15 m。计量单位同单位产品的材料所用单位，如m、m^3、kg等。

在施工企业管理中，材料消耗定额有着重要意义。它是实行经济核算，促进材料合理使用的依据；也是确定材料需用量，编制材料利用情况的依据。同时，也是编制安装工程预算定额的基础。

为了发挥材料消耗定额的积极作用，鼓励节约用料、节省资源，其定额标准必须先进合理。一方面应该在满足产品质量的前提下，尽可能降低材料的消耗，使定额水平保持先进性。另一方面定额水平的确定，又必须考虑到实现的可能性，使企业职工经过努力能够达到或降低定额规定的消耗标准。这样才能起到动员企业职工合理的用料和节约材料的作用，从而促进企业的施工技术和管理水平提高。

室内生活立支管安装（丝接）（劳动定额与材料消耗定额） **表2-3**

工作内容：留堵墙眼、清理管腔、切管、套丝、上零件、对口、焊接、调直、异径管制作、套管、弯管安装、挖眼接管、管道及管件安装、栽钩钉及卡子、找正、水压试验等操作过程。

编号	项目			劳动定额	材料消耗定额									
					钢管	接头零件	管卡	锯条	铅油	线麻	小线	滑石	焦炭	机油
					m	个	个	根	kg					
2509	15	公称直径（mm以内）	10m	1.74/0.57	10.15	按实际用量增加损耗5%	按实际用量增加损耗1%	0.7	0.04	0.05	0.005	0.005	2	0.025
2510	20			1.9/0.53	10.15			0.7	0.04	0.05	0.005	0.005	2	0.025
2511	25			2.32/0.43	10.15			0.7	0.06	0.04	0.01	0.01	2	0.03
2512	32			2.32/0.43	10.15			0.7	0.06	0.02	0.01	0.01	3	0.04
2513	40			2.65/0.37	10.15			0.7	0.08	0.02	0.01	0.01	3	0.05
2514	50			2.94/0.34	10.15			0.7	0.08	0.02	0.01	0.01	3	0.06

注：本定额以明装为准，如暗装时间定额乘以1.3。

劳动定额栏中，斜线上方数字（分子）为时间定额，斜线下方数字（分母）为产量定额。

2.2.3 机械台班使用定额

机械台班使用定额，又称机械使用定额。它是指在正常施工组织条件下，生产单位合格产品所必须消耗的机械台班数量标准。其基本表现形式有：机械时间定额和机械产量定额两种。

1. 机械时间定额

它是指在正常施工组织条件下，班组职工操纵施工机械完成单位合格产品所必须消耗的机械台班数量标准。所谓1个台班，是指工人使用一台机械工作8小时，它既包括机械的运行，又包括工人的劳动。其计算公式为：

$$机械时间定额=\frac{1}{机械台班产量定额}$$

2. 机械产量定额

它是指在正常施工组织条件下，在单位时间内，班组工人操作施工机械完成合格产量的数量，用单位时间的产品计量单位表示，如米（m）、吨（t）等。

$$机械产量定额=\frac{1}{机械时间定额}$$

由上可见，机械时间定额与机械产量定额互为倒数关系，即：机械时间定额×机械产量定额=1。

机械台班使用定额主要是作为编制施工机械需用计划和进行经济核算的依据。同时，它也是编制安装工程预算定额的基础。

2.3 建筑设备安装工程预算定额

安装工程预算定额，简称为预算定额。它是指在正常的施工组织条件下，完成单位合格产品的分项工程或部、配件所需人工、材料和机械台班消耗数量标准。预算定额是在施工定额的基础上，由国家或其授权机关组织编制、审批并颁发执行的。它是现行基本建设预算制度中的重要内容和技术经济法规，在基本建设管理工作中占有重要的位置。

2.3.1 预算定额的作用

1. 预算定额是编制安装工程施工图预算、确定安装工程预算造价的基本依据。

当某项工程的设计方案确定以后，该工程预算造价的多少，就取决于预算定额的水平高低。如果把工程材料的耗用量规定得过大，把劳动生产率规定得过低，远低于实际能达到的标准，依据这样的预算定额编制的施工图预算，就必然会提高预算的工程造价。反之，如果定额规定的材料消耗量过低，而劳动效率规定得过高，也会使工程预算造价失去真实性，这不仅不能实现定额的要求，而且还会造成施工企业的亏损。因此，必须准确地编制预算定额。

2. 预算定额是国家对基本建设进行经济管理的重要工具之一。

由于预算定额是确定工程预算造价的依据，国家就可以通过预算定额，将全国基本建设投资和资源的消耗量，控制在一个合理的水平上，并依据这个水平根据国力和国家发展的具体情况，制定基本建设计划，加强基本建设的宏观调控与管理，以防止人力、物力、财力的浪费，加快国家建设的步伐。

3. 预算定额是对设计方案进行技术经济分析比较的工具。

工程设计方案既要符合技术先进、适用、美观的要求，又要符合经济合理的要求。即要从技术和经济两个方面来选择最佳方案。设计部门在进行设计方案的技术经济分析时，特别是在选择与推广新技术和新材料时，一定要根据预算定额所规定的人工、材料、机械台班消耗量标准和单价进行比较，使其在满足技术先进、适用、美观的前提下，从经济角度衡量是否可行和具有推广应用的经济价值。

4. 预算定额是施工安装企业进行经济核算和编制施工作业计划的依据。

预算定额所规定的工料和施工机械台班消耗量指标，是施工安装企业在施工过程中工料消耗的最高标准。企业的经济核算，必须以预算定额为标准，要想尽一切办法提高劳动生产率，降低材料和施工机械台班的消耗量，以达到盈利的目的。先进合理的预算定额，对于改善企业经营管理，加强经济核算，有着积极的促进作用。

预算定额规定了生产中的工料和施工机械台班的消耗量，可以根据它和施工图预算，编制施工作业计划，组织材料采购，预制件的加工和劳动力及施工机械的调配。

5. 预算定额是编制概算定额和概算指标的基础资料。

概算定额是在预算定额的基础上综合而成的，即每一分项概算定额都包括了数项预算定额。而概算指标比概算定额具有更大的综合性。

2.3.2 预算定额编制依据

安装工程预算定额编制的依据主要有：

1. 国家和有关部委颁布的现行全国通用的设计规范、施工及验收规范、操作规程、质量评定标准和安全操作规程等。编制预算定额时，根据这些文件的要求，确定完成各分项工程所应包括的工作内容、施工方法和质量标准等。

2. 现行的全国统一劳动定额、施工材料消耗定额和施工机械台班使用定额。首先根据劳动定额的分项、计量单位等来考虑划分预算定额的分项和计量单位，使两套定额的口径尽量一致；其次根据测算取定的各种工程量和施工定额，来确定各分项工程的劳动力、材料和施工机械台班消耗量。

3. 通用的标准图集、定型设计图纸和有代表性的设计图纸或图集。这些是确定预算定额材料消耗的重要依据。

4. 技术上已经成熟并推广使用的新技术、新材料和先进的施工方法。在编制预算时，新的科学技术成果，可以保证预算定额的先进合理性。

5. 有关可靠的科学试验、测定、统计和经验分析资料。这样可以减少预算定额编制工作的工作量，提高预算定额的准确性。

6. 国家过去颁布的预算定额及各省、直辖市、自治区现行预算定额等资料。

7. 现行的各省、直辖市、自治区的人工工资标准、材料预算价格以及机械台班预算价格等。这些作为确定预算定额单价的依据。

2.3.3 《全国统一安装工程预算定额》

现行的《全国统一安装工程预算定额》是由建设部批准，于2000年3月17日颁布施行的。该定额是依据现行有关国家的产品标准、设计规范、施工及验收规范、技术操作规范、质量评定标准和安全操作规程编制的。它是统一全国安装工程预算工程量计算规则、项目划分、计量单位的依据；也是编制概算定额、投资估算指标的基础；还可作为制订企业定额和投标报价的基础。

1. 定额分类及其适用范围

(1) 定额分类

《全国统一安装工程预算定额》共分十三部分。第一部分《机械设备安装工程》；第二部分《电气设备安装工程》；第三部分《热力设备安装工程》；第四部分《炉窑砌筑工程》；第五部分《静置设备与工艺金属结构制作安装工程》；第六部分《工业管道工程》；第七部分《消防及安全防范设备安装工程》；第八部分《给排水、采暖、燃气工程》；第九部分《通风空调工程》；第十部分《自动化控制仪表安装工程》；第十一部分《刷油、防腐蚀、绝热工程》；第十二部分《安装工程施工仪器仪表台班费用定额》；第十三部分《安装工程预算工程量计算规则》。

应指出的是，第十二部分定额是与其前面的十一部分定额同时颁发的辅助定额。它作为各省、自治区、直辖市和国务院有关部门编制安装工程建筑概、预算定额，确定施工仪器仪表台班预算价格的依据及确定施工仪器仪表台班租赁的参考。第十三部分“计算规则”适用于安装工程施工图设计阶段编制工程预算及工程量清单，也适用于工程设计变更后的工程量计算。本规则与《全国统一安装工程预算定额》（前面十一部分）相配套，作为确定安装工程造价及其消耗量的基础。

（2）定额适用范围

《全国统一安装工程预算定额》的具体适用范围见表2-4。

《全国统一安装工程预算定额》的具体适用范围　　表2-4

序号	定额名称	适　用　范　围
1	机械设备安装工程	适用于新建、扩建及技术改造项目的机械设备安装工程。本部分定额若用于旧设备安装时，旧设备的拆除费，按相应安装定额的50％计算
2	电气设备安装工程	适用于工业与民用新建、扩建工程中10kV以下变配电设备及线路安装工程、车间动力电气设备及电气照明器具、防雷及接地装置安装、配管配线、电梯电气装置、电气调整试验等的安装工程
3	热力设备安装工程	适用于新建、扩建项目中25MW以下汽轮发电机组，130 t / h以下锅炉设备的安装工程
4	炉窑砌筑工程	适用于新建、扩建和技改项目中各种工业炉窑耐火与隔热耐火砌体工程（其中蒸汽锅炉只限于蒸发量每小时在75 t以内的中、小型蒸汽锅炉工程），不定型耐火材料内衬工程和炉内金属件制作安装工程
5	静置设备与工艺金属结构制作安装工程	适用于新建、扩建项目的各种静置设备与工艺金属结构（如钢制压力容器，石油化工钢制塔类容器，浮头式换热器和冷凝器，钢制球形储罐，金属焊接结构湿式气柜等）的安装工程
6	工业管道工程	适用于新建、扩建项目中厂区范围内的车间、装置、站、罐区及其相互之间各种生产用介质输送管道，厂区第一个连接点以内的生产用（包括生产与生活共用）给水、排水、蒸汽、煤气输送管道的安装工程。其中给水以入口水表井为界；排水以厂区围墙外第一个污水井为界；蒸汽和煤气以入口第一个计量表（阀门）为界；锅炉房、水泵房以墙皮为界
7	消防及安全防范设备安装工程	适用于工业与民用建筑中的新建、扩建和整体更新改造的消防及安全防范设备（如火灾自动报警系统，自动喷水灭火系统，入侵报警系统，保安电视监控系统等）的安装工程
8	给排水、采暖、燃气工程	适用于新建、扩建项目中的生活用水、排水、燃气、采暖热源管道以及附件配件安装，小型容器制作安装
9	通风空调工程	适用于工业与民用建筑的新建、扩建项目中的通风、空调工程
10	自动化控制仪表安装工程	适用于新建、扩建项目中的自动化控制装置及仪表的安装调试工程
11	刷油、防腐蚀、绝热工程	适用于新建、扩建项目中的设备、管道、金属结构等的刷油、防腐蚀、绝热工程

2. 管道工程定额执行界限划分

在第六部分《工业管道工程》预算定额和第八部分《给排水、采暖、燃气工程》预算定额中涉及有供水管道、排水管道、蒸汽管道、燃气管道以及油、气管道等。各种管道执行相应定额的界线划分如图 2-2～图 2-6 所示：

①供水管道

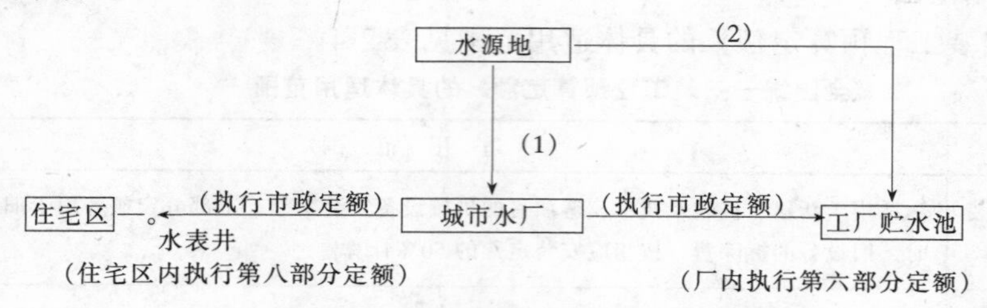

图 2-2 供水管道定额执行界线划分

图例说明：(1)、(2) 为水源管道。若其为城市供水（住宅小区除外）管道时，应执行"市政工程"相应定额，否则执行第六部分《工业管道工程》定额。

②排水管道

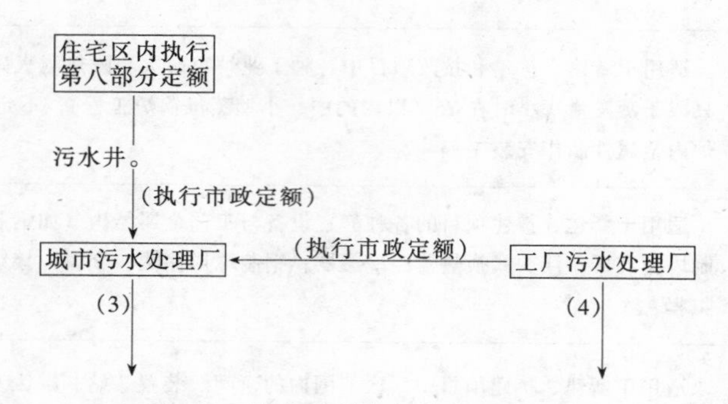

图 2-3 排水管道定额执行界线划分

图例说明：(3)、(4) 为总排水管道。若其为城市排水（住宅小区除外）管道时，应执行"市政工程"相应定额，否则执行第六部分《工业管道工程》定额。

③蒸汽管道

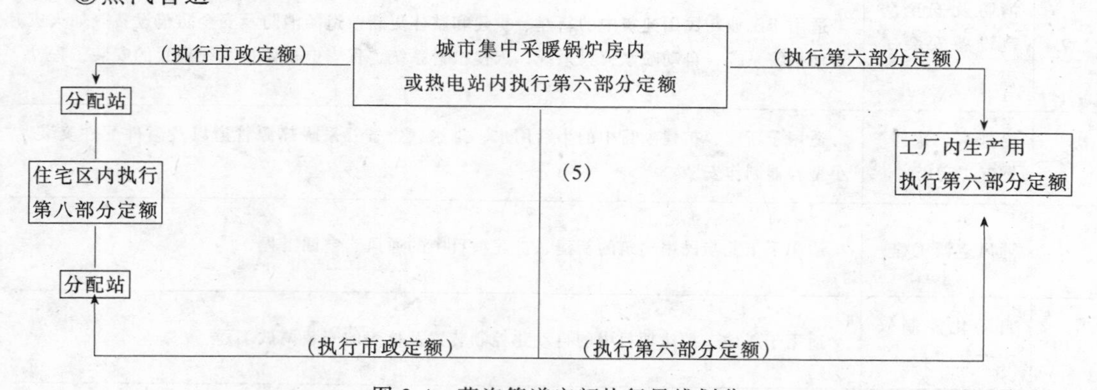

图 2-4 蒸汽管道定额执行界线划分

图例说明：(5) 为蒸汽管道。若其为生产、生活共同的主管道执行第六部分定额；但若其在市区内施工则应执行市政定额。

④燃气管道

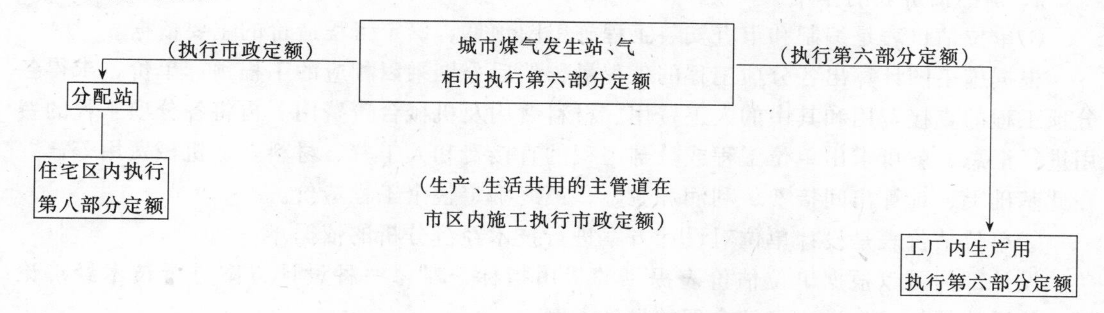

图 2-5　燃气管道定额执行界线划分

⑤油、气管道

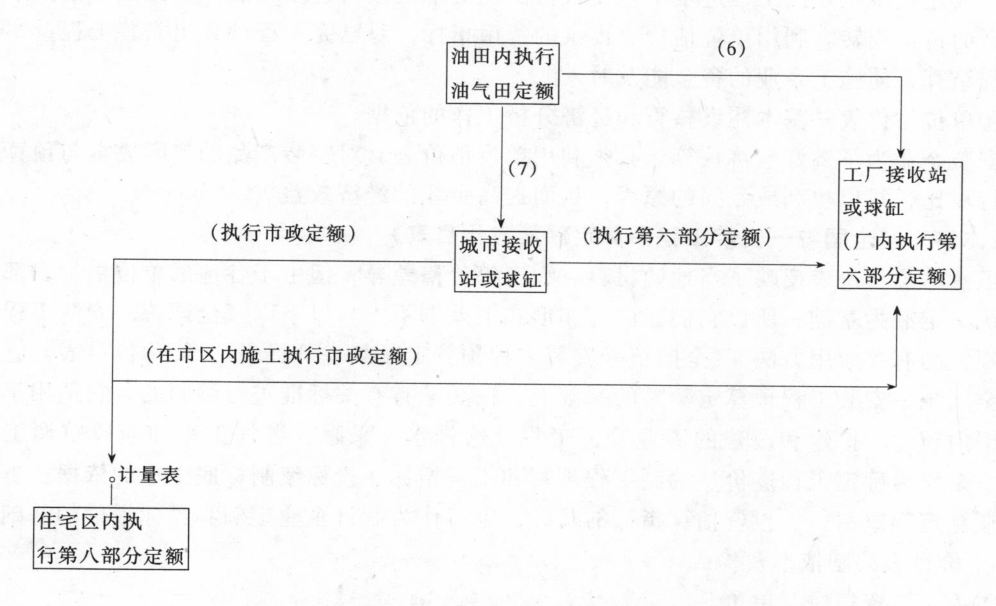

图 2-6　油、气管道定额执行界线划分

图例说明：(6)、(7) 为油、气源管道。若其为城市燃气及油、气（住宅区内除外）管道时，应执行“市政工程”相应定额，否则执行第六部分《工业管道工程》定额。

2.3.4　安装工程单位估价表

1. 单位估价表概念

安装工程单位估价表，就是安装工程单位价目表，简称单位估价表或预算单价表。它是以安装工程预算定额规定的人工、材料和施工机械消耗指标量为依据，按照地区工资标准、地区材料预算价格和机械台班预算价格，计算预算定额单位工程直接费用文件。

单位估价表是以货币形式表示预算定额中每一分项工程的单位预算价值（即直接费）的计算表。它与预算定额既有联系，又有区别。单位估价表是在预算定额的基础上编制的，但预算定额是一种实物性指标，而单位估价表是一种货币指标。由于单位估价表的实物量是来自现行的统一预算定额，而其价格是按每个地区的材料预算价格编制的，所以单位估价表就是预算定额在该地区的具体表现形式。

2. 单位估价表的作用

①单位估价表是编制和审查安装工程施工图预算、确定工程造价的主要依据。

根据施工图计算出各分项工程的工程量，然后分别乘以相应的工程预算单价，求得各分项工程的直接费用和其中的人工费用、材料费用及机械台班费用。再将各分项工程的费用进行汇总，就可求出单位工程或分部工程的直接费和人工费、材料费、机械费用等。并在此基础上，计算出间接费、利润和税金，最终确定整个工程造价。

②单位估价表是设计单位对设计方案进行技术经济分析的依据。

设计部门可以根据单位估价表提供的货币指标，对每一种设计方案进行技术经济论证，然后选择技术先进、经济合理的设计方案。

③单位估价表是工程拨款、竣工结算的依据。

一般建设单位是按工程进度由建设银行向施工单位拨付进度款的，以保证国家基本建设资金的正常周转。利用单位估价表提供的货币指标，对已完工程计算出安装工程量，进行工程结算，使施工企业的资金能及时入账。

④单位估价表是基本建设核算和经济分析工作的依据。

安装企业为了搞好经济核算，必须利用单位估价表，对安装产品的实际成本与预算成本进行对比，找出盈利或亏损的原因，从而提高企业的经济效益。

2.3.5 《全国统一安装工程预算定额某省价目表》

虽然单位估价表反映了当地的材料、人工等价格差异，但由于各地的单位估价表都以全国统一定额为基础，所以它们在内容和形式上差别不大。以下以《全国统一安装工程预算定额》的有关应用方法。《全国统一安装工程预算定额某省价目表》，简称价目表。它是在《全国统一安装工程预算定额》的基础上，按照某省有关标准进行编制的。它适用于某省范围内新建、扩建和改建的工业管道工程、给排水、采暖、燃气工程和通风空调工程等。它是作为确定工程造价、编制工程预算和工程招标、投标编制标底工作的依据；也是编制概算定额或指标、投资估算指标的基础；也可作为制订企业定额和投标报价的基础。

1. 价目表编制依据及构成

①人工工资组成及单价

定额规定安装工程的人工包括基本用工，不分列工种和级别，均以综合工日表示。其日工资内包括基本工资、工资性津贴、辅助工资、职工福利费、劳动保护费五项，合计为每工日 20.31 元，作为基价的一个组成部分。

②材料及材料费

定额内和价目表内所列材料分为两类。

一类是未注明单价的材料，称之为未计价的材料，也称为主材。定额内基价，不包括这部分材料的价值。这部分未计价材料费应在预算编制时，另外计算出来，作为直接费的一部分计入。由于定额中所列出的未计价材料的数量，价目表也已在各章说明的附表中列出。因而在编制预算时，可根据设计图纸规定的规格和附表中列出的数量（含定额损耗量），按工程所在地区（市）的材料预算价格进行计算。价差部分按有关动态文件规定执行。

另外一类是已经根据定额规定的用量（包括定额损耗量）和定额所采用的材料单价，计算成材料费，列入基价。价目表编制时，这部分材料费，根据定额耗用量和 2000 年西安市材料实际单价计算，作为基价的第二个组成部分。但应指出的是，价目表内基价中的材料费仅适用于西安市，陕西省内其他地区(市)的安装工程，在编制预算时，应将基价中的材料费(不包括未计价材料的材料费)总和，按价目表中规定的调价系数进行调整。

③施工机械台班费

价目表编制时，根据《全国统一施工机械台班费用定额》（1998 年）的机械台班单价，并按照定额内每个项目的台班用量和陕西省 1999 年颁发的《全国统一施工机械台班费用定额陕西省价目表》计算施工机械使用费，作为基价的第三个组成部分。

2001 年价目表启用后，由于工资、物价等因素引起的预算单价的改变，陕西省将以颁发的有关调价系数予以解决。

2. 定额消耗水平

由于价目表所依据的定额，其中绝大多数综合性项目所耗用的人工、材料和施工机械的取定，都是经过大量测算、调研和高度综合而成的。因此，不可避免地与任何一个项目的人工、材料、施工机械的实际耗用量具有一定程度的差异，这是它的必然性，是综合的结果。所以在使用定额时作了如下规定：

①个别定额子目人工、机械水平可能有些偏高或偏低，都不得调整，一律按定额标准执行。

②安装工程价目表的材料含量，是经过对多个有代表性工程进行实际测算、加权平均综合后确定的。在符合施工验收规范和质量标准的前提下，某些工程材料的含量，实际使用时可能会出现对某项工程有出入，而对另一项工程又是符合的。为了维护定额的严肃性，除定额说明外，未经定额管理部门批准，不准调整定额含量。

3. 定额系数的应用

根据陕西省安装工程预算价目表编制说明的有关规定，对建筑环境与设备工程专业所涉及的有关安装工程预算价目表中的定额系数及其应用加以说明。

安装工程定额规定的各种系数可分为两类：第一类为定额子目系数，包括定额有关部分规定的高层建筑增加费系数、超高系数、各种换算系数。第二类为综合系数，包括脚手架搭拆系数、系统调整系数、安装与生产同时进行的施工增加系数、有害身体健康环境中的施工增加费系数等。

第一类子目系数构成第二类综合系数的计算基础。两类计算系数费用的计算，应按各部分定额规定的方法进行。两类系数计算所得增加部分构成直接费部分。

①高层建筑增加费系数的应用

(a) 概念

“高层建筑”在这里是指安装工程预算定额的一个专用名词，它是指高度在 6 层或 20m 以上的工业及民用建筑。与建筑设计、建筑工程预算定额规则不同，不能混用。

计取高层建筑增加费的规定：凡多层建筑层数超过 6 层（不含 6 层及地下室），或层数虽未超过 6 层而高度超过 20m（不含 20m）的，两个条件具备其一，即为“高层建筑”，应计取高层建筑增加费；单层建筑超过 20m（不含 20m）的，亦应计取高层建筑增加费。高层建筑的增加费用，可按有关部分定额说明所规定的百分比计取高层建筑的增加费。

高层建筑增加费用内容包括：人工降效、材料、工具垂直运输增加的机械台班费用；施工用水加压泵的台班费用；工人上下班所乘坐的升降设备台班费等。

高层建筑增加费用发生范围是：室内采暖、给排水、生活用燃气、通风空调等。

(b) 计算规则

建筑物高度：是指设计室外地坪至檐口滴水的垂直高度。不包括屋顶水箱、楼梯间、电梯间、女儿墙等高度。

同一建筑物高度不同时，可分别按不同高度计算。

在使用高层建筑增加费率时，应包括6层或20m以下全部工程的人工费为计算基数(含地下室工程)。

单层建筑超过20m计算高层建筑增加费时，应先将总高度除以3.3m（每层高度），计算出相当于多层建筑的层次，然后再按"高层建筑增加费用系数表"（表2-5）所列的相应层数的增加费率计算。

高层建筑增加费系数（%） **表2-5**

工程名称	高层建筑增加费	建筑物层数或高度（层以下或米以下）								
		9 (30)	12 (40)	15 (50)	18 (60)	21 (70)	24 (80)	27 (90)	30 (100)	33 (110)
给排水、采暖、燃气工程	按人工费的%	20	22	31	38	45	76	81	84	90
	其中人工工资占%	12	15	16	18	20	22	23	25	27
通风空调安装工程	按人工费的%	18	26	39	43	46	65	76	81	96
	其中人工工资占%	8	12	14	16	18	20	22	24	26
工程名称	高层建筑增加费	建筑物层数或高度（层以下或米以下）								
		36 (120)	39 (130)	42 (140)	45 (150)	48 (160)	51 (170)	54 (180)	57 (190)	60 (200)
给排水、采暖、燃气工程	按人工费的%	96	124	127	131	136	150	156	171	176
	其中人工工资占%	29	31	33	35	37	39	42	45	48
通风空调安装工程	按人工费的%	101	116	121	138	143	148	162	168	173
	其中人工工资占%	28	30	32	34	36	38	40	43	46

②超高系数的应用

(a) 操作物高度是指有楼层的按楼地面至安装物的垂直距离，无楼层的按操作地点(或设计正负零)至操作物的距离而定。定额中的超高费用（超高系数）属于超高的人工费降效性质。定额的不同部分或册，其超高系数是不同的。

定额第一册《机械设备安装工程》规定的超高费用：设备底座的安装标高，如超过地平面±10m时，则定额的人工和机械乘以大于1的调整系数（表2-6）。

定额第八册《给排水、采暖、燃气工程》规定的超高增加费：定额中操作物高度以3.6m为界限，如超过3.6m时，其超过部分（指由3.6m至操作物高度）的定额人工费乘以表2-7中的超高系数。

定额第九册《通风空调工程》规定的超高增加费：操作物高度以6.0m为界限，6.0m以上的工程，按超高部分的定额人工费的15%计取（见表2-7)。

定额第一册超高调整系数 表 2-6

设备底座标高±（m 以内）	15	20	25	30	40	>40
取费基数	人工费					
	机械费					
调整系数	1.25	1.35	1.45	1.55	1.70	1.90

定额第八册和第九册超高系数 表 2-7

给排水、采暖、燃气工程	标高±（m）	3.6～8.0	3.6～12	3.6～16	3.6～20
	取费基数	超高部分人工费			
	超高系数	1.10	1.15	1.20	1.25
通风空调工程	标高±（m）	>6.0			
	取费基数	超高部分人工费			
	超高系数	1.15			

定额第十一册《刷油、防腐蚀、绝热工程》规定的超高降效增加费：以设计标高±0.0m为准，当安装高度超过±6.0m以上时，则定额的人工和机械乘以调整系数（表2-8）。

定额第十一册超高调整系数 表 2-8

安装高度（m 以内）	20	30	40	50	60	70	80	80 以上
取费基数	人工费							
	机械费							
调整系数	1.30	1.40	1.50	1.60	1.70	1.80	1.90	2.00

(b) 第八册或第九册超高费以 3.6m 或 6.0m 以上部分作为计算超高费的基数。3.6m 或 6.0m 以下部分不应作计算基数。

(c) 已在定额单价中考虑了超高作业因素的定额项目不得再计算超高增加费。

(d) 在高层建筑物施工中，如同时又符合超高施工条件的，可同时计算高层建筑增加费和超高增加费。

③脚手架搭拆费用系数的应用

(a) 安装工程脚手架搭拆及摊销费，在各部分定额测算系数时，均已作了如下考虑：

各专业工程交叉作业施工时，可以互相利用脚手架的因素，如安装工程各专业之间，安装与土建施工之间，测算时已扣除可以重复利用的脚手架费用；安装工程用的脚手架，大部分是按简易架考虑的；安装施工如部分或全部使用土建脚手架时，应作有偿使用处理。

(b) 定额中的脚手架搭拆，是综合取定的系数。除定额规定不计取脚手架费用外，不论工程实际是否搭拆脚手架，或搭拆数量多少，均按规定系数计取脚手架费用，包干使用。

(c) 在同一个单项工程内有多个专业施工，凡符合计算脚手架搭拆规定的，应分别计取脚手架搭拆费用。

(d) 计算规则

脚手架搭拆费用等于人工费乘以脚手架搭拆费用系数。计算基数是工程人工费，费用系数各专业不同。

定额第六册、第八册、第九册、第十一册中，脚手架搭拆费用系数见表 2-9。

脚手架搭拆费用系数　　表 2-9

安装定额	工程名称	计算基数	费用系数（%）	其中人工工资占（%）
定额第六册	工业管道工程	工程人工费	9	25
定额第八册	给排水、燃气工程		6	25
	采暖工程		8	25
定额第九册	通风空调工程		7	25
定额第十一册	刷油工程		8	25
	防腐蚀工程		12	25
	绝热工程		20	25

在表 2-9 中，定额第六册、第八册、第九册，不分高度，在单项工程中不再按管道(通风空调)、刷油、绝热分别计算，编制预算时以工业管道工程，给排水、燃气工程，采暖工程，通风空调工程的不同，按综合系数计算。而单独承包刷油、绝热、防腐蚀工程时，其脚手架搭拆及摊销费，应按第十一册规定的费用系数计取。

风机、泵类等各种设备安装，均未包括脚手架搭拆，如需搭拆时，应按《陕西省建筑工程综合预算定额》有关内容执行。

④系统调试费系数的应用

安装工程中，建筑环境与设备工程专业所涉及的系统调试费包括：采暖工程系统调试费、通风空调工程系统调试费等。其费用内容包括，人工费、材料费和仪表使用费。系统调试费系数见表 2-10。

系统调试费系数　　表 2-10

工程名称	计算基数	系统调试费系数（%）	其中人工工资占（%）
采暖工程	人工费	15	20
通风空调工程		13	25

⑤安装与生产同时进行的增加费系数

在建筑设备安装工程中，安装与生产同时进行的增加费的发生范围是给排水工程，燃气工程，采暖工程，通风空调工程和刷油、绝热、防腐蚀工程。它是指改建、扩建工程在生产车间或装置内施工，因生产操作或生产条件限制干扰了安装工作正常进行而降效的增加费用。不包括为了保证安全生产和施工所采取的措施费用。安装与生产同时进行的增加费的计算是，计算基数是人工费，增加费系数计取为 10%。

⑥在有害身体健康环境中施工增加费系数

有害身体健康环境是指在改建、扩建工程中，由于车间、装置范围内有害气体或高分贝噪声超过国家标准，以致影响身体健康的环境，具体认定可参照表 2-11～表 2-14 的规定执行。

常见毒物的危害等级

表 2-11

毒物名称	危害等级	容许浓度
汞及其化合物、苯、砷及其致癌的无机化合物、氯乙烯、铬酸盐及重铬酸盐、黄磷、铍及其化合物、对硫磷、羰基镍、八氟异丁烯、氯甲醚、锰及其无机化合物、氯化物	Ⅰ级（极度危害）人体致癌物	在车间或工作场所空气中最高容许浓度应小于0.1mg/m^3
三硝基甲苯、铅及其化合物、二硫化碳、氯、丙烯腈、四氯化碳、硫化氢、甲醛、苯胺、氟化氢、五氯酚及其钠盐、镉及其化合物、敌百虫、氯丙烯、钒及其化合物、溴甲烷、硫酸二甲酯、环氧氯丙烷、砷化氢、甲苯二异氰酸酯、金属镍、敌敌畏、光气、氯丁二烯、一氧化碳、硝基苯	Ⅱ级（高度危害）可疑人体致癌物	在车间或工作场所空气中最高容许浓度应小于0.1mg/m^3
苯乙烯、甲醇、硝酸、硫酸、盐酸、甲苯、二甲苯、三氯乙烯、二甲基甲酰胺、六氯丙烯、苯酚、氮氧化物	Ⅲ级（中度危害）实验动物致癌物	在车间或工作场所空气中最高容许浓度应小于1.0mg/m^3
溶剂汽油、丙酮、氢氧化钠、四氟乙烯、氨	Ⅳ级（轻度危害）无致癌物	在车间或工作场所空气中最高容许浓度应小于10mg/m^3

注：本表内容引自（职业性接触毒物危害程度分级）（GB 5044—85）

工业企业的粉尘最高容许浓度

表 2-12

序号	粉尘名称	最高容许浓度/（mg/m^3）
1	含有10％以上游离二氧化硅（SiO_2）的粉尘（石英、石英岩等）①	2
2	石棉粉尘及含有10％以上石棉粉尘	2
3	含有10％以下游离二氧化硅的滑石粉尘	4
4	含有10％以下游离二氧化硅的水泥粉尘	6
5	含有10％以下游离二氧化硅的煤尘	10
6	铝、氧化铝、铝合金粉尘	4
7	玻璃棉和矿渣棉粉尘	5
8	烟草及茶叶粉尘	3
9	其他粉尘②	10

①含有80％以上游离二氧化硅的生产性粉尘，不宜超过1mg/m^3。

②其他粉尘系指游离二氧化硅含量在10％以下，不含有毒物质的矿物性和动植物性粉尘。

常见有害气体对人体的危害程度

表 2-13

序号	有害气体名称	空气中含量（mg/m^3）	危害情况
1	一氧化碳（CO）	30	工业卫生容许浓度
		50	1h后就会发生中毒症状
		100	0.5h后就会发生中毒症状
		200	15～20min后就会发生中毒症状
2	硫化氢（H_2S）	10	工业卫生容许浓度
		30	危险浓度
		200～300	会使人流泪、头痛、呼吸困难
		＞300	如抢救不及时，会使人立即死亡

续表

序　号	有害气体名称	空气中含量（mg/m^3）	危　害　情　况
3	氨（NH_3）	0.5～1	人会嗅到氨气味
		30	工业卫生容许浓度
		100	有刺激作用
		200	使人感到不快
		300	对眼睛有强烈刺激

氧气浓度对人的影响　　表 2-14

含氧量（体积）/%	影响程度
21 以上	使人兴奋、愉快
19～21	正常
17～18	心跳、发闷
13～16	突然昏倒
13 以下	死亡

在有害身体健康的环境中施工，若超过国家容许规定标准的，可按定额的规定计取在有害身体健康环境中施工增加费用。该费用为人工降效补偿费用，不包括劳保条例规定应享受工种保健费，保健津贴应按劳动部门的有关规定办理。

在有害身体健康环境中施工增加费的发生范围是给排水工程，燃气工程，采暖工程，通风空调工程和刷油、绝热、防腐蚀工程等，其取费系数均为人工费的 10%。当符合安装与生产同时进行和安装工程在有害身体健康的环境中施工两个条件时，降效系数合并为人工费的 20% 计算。

2.4　建筑设备安装工程概算定额及概算指标

安装工程概算定额（或概算指标）是设计单位在初步设计阶段确定安装工程造价，编制安装工程设计概算的依据。它也是编制概算时，计算人工、材料和机械台班需要量的依据。

2.4.1　安装工程概算定额

1. 概念

安装工程概算定额，简称概算定额。它是国家或授权机关为编制设计概算而规定生产一定计量单位的安装工程的扩大分项工程所需的人工、材料及施工机械台班的需要量。概算定额是在预算定额的基础上，合并相关的分项工程，进行综合、扩大而成。其项目划分计算是在预算定额项目划分的基础上，根据安装对象不同，分别以长度、面积或体积、台、组、件等单位进行划分计算的。例如管道工程，根据各种管道的不同用途、材质、规格、形状、刷油、绝热种类、铺设方法和连接形式的不同，采用延长米计算。通风工程一般按板材面积以平方米计算。

2. 作用

全国没有统一的概算定额，均由各地区编制本地区的概算定额。概算定额的作用有：

①概算定额量作为设计部门编制初步设计概算和修正概算的依据。

②概算定额是有关主管部门确定基本建设项目投资额、编制基本建设计划、实行基本建设包干、控制基本建设拨款、编制施工图预算和考核设计是否经济合理的依据。

③概算定额是编制概算指标的依据。

④概算定额还可以作为基本建设计划提供主要材料的参考。

因此，正确合理编制概算定额对提高设计概算质量，加强基本建设宏观经济控制与管理，合理使用建设资金，降低建设成本，充分发挥投资效果等方面都具有重要作用。

2.4.2 安装工程概算指标

1. 概念

安装工程概算指标，简称概算指标。它是一种以建筑面积（m^2、$100m^2$）或者以一座建筑物为计算单位，规定出技术经济指标和人工、材料的定额指标。它比概算定额更进一步扩大和综合，所以依据概算指标来编制概算就更加简化了。

2. 作用

概算指标的主要作用是：

①概算指标是初步设计阶段编制设计概算，确定工程概算造价和建设单位申请投资拨款的依据。

②概算指标是建设单位编制基本建设计划、申请主要材料的依据。

③概算指标还是设计单位进行技术经济分析，衡量设计水平，考核投资效果的标准。

第3章　建筑设备安装工程费用

一个按设计要求进行施工安装，经检验质量合格的单项工程，其全部造价是由建筑安装工程费用，设备及工具、器具购置费和其他费用等三项费用共同构成。其中的设备及工具、器具购置费是指建设单位为保证建筑物具有使用功能所发生的费用。它与建筑安装施工企业没有直接关系。如工业厂内的各类机器，设备，起重设备等，属于建设单位的固定资产，这项费用包括在基本建设概算之中。其他费用则是指为保证基本建设工程顺利进行所发生的有关费用。如土地征用费；居民搬迁费；青苗补偿费；设计勘探费；施工手续费。这类费用根据国家和地方政府的有关规定确定费用标准，包括在基本建设概算之中，施工企业一般不计取。剩下的建筑安装工程费用，则是与建筑安装施工企业直接关系，需要计取的费用项目。

建筑设备安装工程费用是建筑安装工程费用的一部分，它是指建设单位从基本建设投资费中支付给建筑设备安装企业进行施工活动所开支的费用。本章主要介绍建筑设备安装工程的费用组成、费用费率及工程造价的计算。

3.1　建筑设备安装工程费用的组成

建筑设备安装工程费用的内容组成，根据建设部和财政部制定的《建筑安装工程费用项目划分的规定》统一确定：它由直接工程费，间接费，利润，税金等4部分组成。

3.1.1　直接工程费

直接工程费是由直接费、其他直接费、现场经费组成。

1. 直接费

直接费是指施工过程中消耗的构成工程实体和有助于工程形成的各项费用。它由人工费，材料费，施工机械使用费组成。

①人工费

人工费指列入概预算定额的直接从事安装施工的生产工人开支的各项费用。内容包括：

(a) 生产工人的基本工资。发放生产工人的基本工资，依据地区或行业一定时期平均发放的工资水平计算。

(b) 生产工人工资性津贴。按规定标准发放的各种补贴，如：生活物价补贴；煤、燃气补贴；市内交通费补贴；住房补贴；流动施工津贴；地区津贴等。

(c) 生产工人辅助工资。指生产工人年有效施工天数以外非作业天数的工资，包括开会、学习、培训期间的工资，调动工作和探亲休假期间的工资，因气候影响的停工工资，女工哺乳期工资，病假在6个月以内的工资，产、婚、丧假期间的工资。

(d) 职工福利费。指按国家规定标准计提的职工福利费。

(e) 生产工人劳动保护费。指按规定标准发放的劳动保护用品的购置费、修理费、徒工服装补贴、防暑降温费和在有碍身体健康的环境中施工的保健费用等。

直接从事安装施工的人工包括：定额基本用工、现场水平运输和垂直运输以及施工机械送料用工等。而人工费中没有包括：材料采购、保管人员、驾驶运输工具工人以及材料到达现场以前的保管、搬运、装卸人员和其他由施工管理费支付工资的人员的工资。

单位工程人工费是由完成单位合格产品人工费单价与相应工程量乘积之和确定的。人工费的计算可表示为：

人工费 = Σ（人工费单价 × 工程量）

对于安装工程人工费要单列出来，它将作为计算其他费用的基数，这是一项重要数据，计算要求准确无误。

②材料费

材料费是指施工过程中耗用的构成工程实体的原材料、辅助材料、构配件、零件、半成品的费用和周转性材料的摊销或租赁费用。其内容包括：材料原价或供应价；供销部门手续费；包装费；材料自来源地到工地仓库或指定堆放地点的装卸费、运输费及途耗；采购及保管费。

预算定额中，材料分为未计价材料（主材）和计价材料（辅助性材料）：主材在预算定额中只给出应该消耗的数量，未计入价值；辅材又称为定额材料或计价材料，每种材料的价值均已计入定额的合价中。编制预算时，材料员按下列式子计算：

材料费 = 主材费 + 计价材料费

主材费 = Σ（工程量 × 定额材料用量）× 材料价格

计价材料费 = Σ（工程量 × 定额材料费单价）

主材费的计算式中，材料价格一般用材料的市场价格；若使用预算价格，则在计算安装工程造价时，应另计价差。

施工中使用的构件或配件等的价格，凡是由实行独立核算的加工企业生产供货的，应作为产品，将该产品的价格列入材料预算价格表中，计入材料费。凡是由实行内部核算的附属和辅助生产单位生产供货的，应按照定额规定的材料用量和材料预算价格计入材料费。

③施工机械使用费

施工机械使用费也称机械费。它是指建筑安装工程施工过程中，使用各类施工机械作业所发生的机械使用费以及机械安、拆和进出场费用。其内容包括：机械设备折旧费；大修费；经常修理费；安拆费及场外运输费；燃料动力费；驾驶人员的人工费；运输机械养路费、车船使用税及保险费。施工机械使用费可用下式计算：

机械费 = Σ（工程量 × 定额材料费单价）

上述人工费、材料费、机械费分别求得后，累加后就得出定额直接费，即：

定额直接费 = 人工费 + 材料费 + 机械费

2. 其他直接费

其他直接费是指直接费以外施工过程中发生的其他费用。它是由国家授权机关，根据国家有关的方针政策，按建筑安装工程施工中可能遇到的一些特殊问题而制定的若干计费标准，这些计费标准同预算定额一样，是具有法令性质的指标，在编制施工图预算中应该严格执行。其内容包括：

① 冬季雨季施工增加费。因防寒取暖或加热、雨季采取防雨措施增加的费用。

② 夜间施工增加费。夜间施工工效降低，且增加照明及夜餐等增加费用。

③ 二次搬运费。由于施工现场场地狭小，因而材料存放或仓库设置较远产生的搬运费，以及大型施工机械进、退现场产生的费用。

④ 生产工具、用具使用费。指施工生产所需不属于固定资产的生产工具及检验用具等的购置、摊销和维修费，以及支付给工人自备工具补贴费。

⑤ 检验试验费。指对建筑材料、构件和建筑安装物进行一般鉴定、检查所发生的费用。包括自设试验室进行试验所耗用的材料和化学药品费用等，以及技术革新和研究试验费。不包括新结构、新材料的试验费和建设单位要求对具有出厂合格证明的材料进行检验，对构件破坏性及其他特殊要求检验试验费用。

⑥ 特殊工种培训费。

⑦ 工程定位复测、工程点交、场地清理等费用。

其他直接费在安装工程中一般按不同类型工程以费率计算收取。其计算式为：

$$\text{其他直接费} = \sum(\text{预算人工费} \times \text{费用费率})$$

其他直接费的费用项目及其费率由各省、市、自治区颁布标准。

3. 现场经费

现场经费是指为施工准备、组织施工生产和管理所需费用。其内容包括：

① 临时设施费

临时设施费是指施工企业为进行建筑安装工程施工所必需的生活和生产用的临时建筑物、构筑物和其他临时设施费用等。临时设施包括：临时宿舍、文化福利及公用事业房屋与构筑物，仓库、办公室、加工厂以及规定范围内的临时道路、水、电、管线等临时设施和小型临时设施。临时设施费用内容包括：临时设施的搭设、维修、拆除或摊销费。

② 现场管理费

(a) 现场管理人员的基本工资，工资性补贴、职工福利费、劳动保护费等。

(b) 差旅交通费。指现场职工办公出差期间的差旅费，住勤补贴费、市内交通费和误餐补贴费，探亲路费，劳动力招募费，工伤人员就医路费、工地转移费以及现场管理使用的交通工具的油料、燃料、养路费及牌照费。

(c) 办公费。指现场管理办公用费和现场水、电、烧水和集体取暖用煤等费用。

(d) 固定资产使用费。指现场管理及试验部门使用的属于固定资产的设备、仪器等的折旧、大修理、维修费或租赁费等。

(e) 工具用具使用费。指现场管理使用的不属于固定资产的工具器具、家具、交通工具和检验、试验、测绘、消防用具的购置、维修和摊销费。

(f) 保险费。指施工管理用财产、车辆保险、高空、井下、海上作业等特殊工种安全保险等。

(g) 工程保修费。指工程竣工交付使用后，在规定保修期以内的修理费用。

(h) 工程排污费。指施工现场按规定交纳的排污费用。

(i) 其他费用。

3.1.2 间接费

间接费是指企业为组织和管理建筑安装工程施工，为工程和生产工人服务所发生的各项费用。间接费由企业管理费、财务费和其他费用组成。间接费没有全国统一的收费定额，是由各省市及地区经济定额管理机关，依据国家方针政策及本地区企业经营管理水平等情况制定的计取间接费用的标准，该标准作为间接费定额使用。

间接费的计算基数：土建工程一般以直接费为计算基数；安装工程以定额人工费为计算基数。安装工程间接费的计算公式如下：

$$间接费=定额人工费\times间接费率$$

间接费中的企业管理费、财务费和其他费用各自的内容如下：

1. 企业管理费

企业管理费是指施工企业为组织施工生产、经营活动所发生的管理费用。其内容包括：

①管理人员的基本工资，工资性补贴和按规定标准计提的职工福利费。

②差旅交通费。指企业管理人员因公出差、工作调动的差旅费，住勤补助、市内交通和误餐补助费，职工探亲路费，劳动力招募费，离退休职工一次性路费及交通工具、油料、燃料、牌照、养路费。

③办公费。指企业办公用文具、纸张、账表、印刷、邮电、书报、会议、水电、燃煤（气）等费用。

④固定资产折旧、修理费。指企业属于固定资产的房屋、设备、仪器等的折旧及维修费用。

⑤工具用具使用费。指企业管理用不属于固定资产的工具、器具、家具、交通工具、检验、试验、消防等的摊销及维修费用。

⑥工会经费。指企业按规定计提的工会经费。

⑦职工教育经费。指企业为职工学习先进技术和提高文化水平按规定计提的费用。

⑧保险费。指企业财产保险、管理用车辆等保险费用。还包括支付离退休职工易地安家补助费，职工退休费，6个月以上的病假人员工资，职工死亡丧葬补助费，抚恤费，及按规定支付给离休干部的各项经费。

⑨税金。指企业按规定交纳的房产税、车船使用税、土地使用税、印花税及土地使用费等。

⑩其他费用。指以上各项费用项目以外的其他必要的费用支出，包括：技术转让、技术开发、业务招待、排污、绿化、广告、法律顾问、审计、咨询费用等。

2. 财务费

财务费是指企业为筹集资金而发生的各项费用。包括企业经营期间发生的短期贷款利息净支出，金融机构手续费，汇兑损失以及企业筹集资金发生的其他财务费用。

3. 其他费用

其他费用是指按规定支付的劳动定额管理部门的定额测定费及相关部门规定支付的上级管理费。

3.1.3 利润

施工企业在生产工程产品的同时，创造出一部分新增价值，其表现形态是利润，利润一部分以税金形式上交国家，其余部分企业自留，用于发展生产、改善职工福利和奖励基金。

利润是指按规定应计入工程造价的利润，根据不同工程类别实行差别利润率。

安装工程利润按下式计算：

利润＝人工费×差别利润率

3.1.4 税金

税金是国家为了实现政府的职能，凭借政治权力参与国家收入的分配和再分配，以取得财政收入的一种特殊经济形式。它是按照国家有关法律规定，对经济单位和个人无偿征收、纳税人应主动缴纳的货币。

1. 安装工程税金

根据国家规定应计入安装工程预算造价的税金有营业税、城市维护税和教育费附加税。

①营业税

为了适应基本建设经济体制的改革，适应各类建筑安装企业在平等条件下竞争，有利于普遍推行建筑业的招标、投标制度，进一步维护税收政策的严肃性和统一性，国家财政部、税务局及国家计委明确规定，对国家建筑安装企业承包的建筑安装工程，修缮业务及其他工程作业所取得的收入，一律恢复征收营业税。

②城市维护建设税

为了加强城市的维护，扩大和稳定城市维护建设资金的来源，特设立了缴纳城市维护建设税。城市维护建设税金主要用来保证城市的公用事业和公共设施的维护和建设。国务院规定，凡缴纳产品税、增值税、营业税的单位和个人，都应按规定缴纳城市维护建设税。城市维护建设税是一种由税务部门代收的地方性税金，它分别与产品税、增值税、营业税同时缴纳。

③教育费附加

为了贯彻落实国家关于教育体制改革的决定，扩大地方教育经费的资金来源，加快发展地方教育事业，国务院规定设立征收教育费附加费用。同营业税、城市维护建设税一样，对缴纳产品税、增值税、营业税的单位和个人与营业税等同时征收或主动缴纳教育费附加费用。教育费附加也是由税务部门代地方征收的一种税金。

2. 税金的计算

安装施工企业，应交纳的安装工程的营业税、城市建设维护费、教育费附加的税金数额，根据国家有关规定，以不含税的工程造价（即直接工程费、间接费、差别利润及价差四项之和）为计征基数，再乘以综合税率标准。综合税率标准，按纳税人所在地区不同而取不同值，见表3-1所示。

综合税率标准 表3-1

纳税地点	税率（%）	计征基数
在市区	3.51	不含税工程造价
在县城、镇	3.44	不含税工程造价
不在市区、县城、镇	3.32	不含税工程造价

税金的计算式如下：

应纳税额＝不含税的工程造价×纳税人所在不同地区的综合税率

3.1.5 安装工程费用项目汇总

安装工程费用项目汇总见表 3-2。

安装工程费用项目表　　　　表 3-2

<table>
<tr><th colspan="4">费用项目</th><th>费用计算基础</th></tr>
<tr><td rowspan="8">安装工程造价</td><td rowspan="3">直接工程费</td><td>直接费</td><td>1. 人工费
2. 材料费
3. 机械费</td><td>Σ（分项工程量×定额单价）</td></tr>
<tr><td>其他直接费</td><td>1. 冬季雨季施工增加费
2. 夜间施工增加费
3. 二次搬运费
4. 生产工具用具使用费
5. 检验试验费
6. 特殊工种培训费
7. 工程定位复测、工程点交、场地清理的费用</td><td rowspan="2">人工费</td></tr>
<tr><td>现场经费</td><td>1. 临时设施费
2. 现场管理费</td></tr>
<tr><td rowspan="3">间接费</td><td>企业管理费</td><td>1. 企业管理人员的基本工资，工资性补贴、职工福利费
2. 差旅交通费
3. 办公费
4. 固定资产折旧、修理费
5. 工具用具使用费
6. 工会经费
7. 职工教育经费
8. 保险费
9. 税金
10. 其他费用</td><td rowspan="3">人工费</td></tr>
<tr><td>财务费</td><td>1. 企业经营期间发生的短期贷款利息净支出
2. 金融机构手续费
3. 汇兑损失
4. 企业筹集资金发生的其他财务费用</td></tr>
<tr><td>其他费用</td><td>1. 按规定支付的劳动定额管理部门的定额测定费
2. 有关部门规定支付的上级管理费</td></tr>
<tr><td>利润</td><td colspan="2">根据不同工程类别实行差别利润率</td><td>人工费</td></tr>
<tr><td>税金</td><td colspan="2">1. 营业税
2. 城市维护建设税
3. 教育费附加</td><td>直接工程费＋间接费＋差别利润＋价差、</td></tr>
</table>

3.2 建筑设备安装工程的费率

安装工程，在计算工程量、套用定额、汇总出直接费后，就可以根据安装工程的取费标准确定直接费以外的各项费用，即其他直接费、现场经费、间接费、利润和税金等费用。通常安装工程取费标准，由各省、市、自治区地方政府的经济定额管理部门，根据各地区的实际情况进行制定及颁布，供所辖地区工程项目使用。下面列出与某前述某省价目表对应的，用于2001年的工程相关取费标准。

3.2.1 其他直接费费率

表3-3是某省2001年颁发的安装工程其他直接费费率表。

安装工程其他直接费费率表 表3-3

工程类别	取费基础	费率（%）		
		一环内	一环外	陕北地区
一类	人工费	15.96	15.15	16.00
二类		14.56	13.76	14.61
三类		11.38	10.70	11.41
四类		10.40	9.73	10.44
五类		9.61	8.93	9.66

3.2.2 现场经费费率

表3-4是某省2001年颁发的安装工程现场经费费率表。

安装工程现场经费费率表 表3-4

工程类别	取费基础	费率（%）	其中	
			临时设施费（%）	现场管理费（%）
一类	人工费	42.86	12.64	30.22
二类		37.93	12.64	25.29
三类		29.05	12.64	16.41
四类		27.50	12.64	14.86
五类		24.91	12.64	12.27

3.2.3 间接费费率

表3-5是某省2001年颁发的安装工程间接费费率表。

安装工程间接费费率表 表3-5

工程类别	取费基础	费率（%）	其中		
			企业管理费（%）	财务费（%）	其他费用（%）
一类	人工费	31.32	28.25	1.83	1.24
二类		26.49	23.53	1.83	1.13
三类		20.29	17.84	1.83	0.62
四类		18.87	16.48	1.83	0.56
五类		16.19	13.86	1.83	0.50

3.2.4 差别利润率

表3-6是某省2001年颁发的安装工程差别利润率表。

安装工程差别利润率表 表 3-6

工程类别	取费基础	费率（%）
一类	人工费	63.00
二类		52.50
三类		19.45
四类		9.75
五类		5.32

3.2.5 安装工程工程类别划分

1. 第一册《机械设备安装工程》工程类别划分见表 3-7。

第一册《机械设备安装工程》工程类别划分 表 3-7

一类工程	二类工程	三类工程	四类工程	五类工程
台重 50t 及其以上各类机械设备（不分整体或解体）以及精密、自动、半自动或程控机床；输送设备，起重量 20t 及其以上的起重设备及相应的轨道安装；自、半自动电梯；工业炉设备、煤气发生炉；中、高压空气压缩机、制冷量 50 万 kcal/h 及其以上制冷设备、发电机组	台重 20t 及其以上各类机械设备（不分整体或解体），起重量 10t 及其以上的起重设备及相应的轨道安装；制冷量 20 万 kcal/h 及其以上制冷设备；低压空气压缩机；载货电梯	台重 10t 及其以上各类机械设备，起重量 10t 以下的起重设备及相应的轨道安装，制冷量 20 万 kcal/h 以下制冷设备，电梯、功率在 10kW 及其以上的各类泵、风机安装	一、二、三类以外的其他设备	

注：各类别中包括附属于本类别的附属设备，工艺配管，电气安装调试及其他辅助项目。

2. 第三册《热力设备安装工程》工程类别划分见表 3-8。

第三册《热力设备安装工程》工程类别划分 表 3-8

一类工程	二类工程	三类工程	四类工程	五类工程
蒸发量 10t/台时及其以上或供热量 7.0MW 及其以上的热力设备及其附属设备安装	蒸发量 6.0t/台时或供热量 4.2MW 热力设备及其附属设备安装	蒸发量 4.0t/台时或供热量 2.8MW 的热力设备及其附属设备安装	蒸发量 4.0t/台时（不含 4.0t/台时）或供热量 2.8MW（不含 2.8MW）以下的热力设备及其附属设备安装	各类常压采暖炉、开水炉等及其附属设备

注：各类别中包括其附属的工艺配管、电气、砌筑、刷油、保温、调试等。

3. 第四册《炉窑砌筑工程》工程类别划分见表 3-9。

第四册《炉窑砌筑工程》工程类别划分 表 3-9

一类工程	二类工程	三类工程	四类工程	五类工程
工程量在 $20m^3$ 及其以上纯耐火材料砌筑的各种独立炉窑	工程量在 $10m^3$ 以上纯耐火材料砌筑的各种独立炉窑	工程量在 $10m^3$ 以下纯耐火材料砌筑的各种独立炉窑		

注：已列入一、二、三类以外配合各类别的炉窑砌筑（包括烟道等）以设备类别为准。

4. 第五册《静置设备与工艺金属结构制作安装工程》工程类别划分见表 3-10。

第五册《静置设备与工艺金属结构制作安装工程》工程类别划分　　表 3-10

一类工程	二类工程	三类工程	四类工程	五类工程
台重 50t 及其以上（不分整体或解体）的设备、容器及非标设备制作安装，各类油罐、球形罐、气柜、火柜、排气筒的制作安装	台重 20t 及其以上（不分整体或解体）的设备、容器、非标设备及部件制作安装	台重 20t 及其以下（不分整体或解体）的设备、容器、非标设备及部件制作安装	一、二、三类未含的其他工艺金属结构	

注：各类别中包括属于本类别附属项目及刷油、防腐、绝热项目等。

5．第六册《工艺管道工程》工程类别划分见表 3-11。

第六册《工艺管道工程》工程类别划分　　表 3-11

一类工程	二类工程	三类工程	四类工程	五类工程
装置区、罐区工艺管道工程	厂区（室外）工艺管道工程			

注：除本册已划分类别外以设备等类别划分为准。

6．第七册《消防及安全防范设备安装工程》工程类别划分是以土建工程类别划分为准。

7．第八册《给排水、采暖、煤气工程》工程类别划分见表 3-12。

第八册《给排水、采暖、煤气工程》工程类别划分　　表 3-12

一类工程	二类工程	三类工程	四类工程	五类工程
		室外供热管网、煤气及给排水管网		

注：除已列入三类以外的给排水、采暖、煤气工程以土建工程类别划分为准。各类别中包括附属于本类别的刷油、绝热及其他辅助项目。

8．第九册《通风空调工程》工程类别划分见表 3-13。

第九册《通风空调工程》工程类别划分　　表 3-13

一类工程	二类工程	三类工程	四类工程	五类工程
净化、超净、恒温空调系统、集中空调系统	一般机械通风系统	分体式空调、窗式空调器等	轴流通风机、排气扇和自然通风工程	

注：各类别中包括附属于本类别的刷油、绝热及其他辅助项目。

9．第十一册《刷油、防腐、绝热工程》工程类别划分，配合各类别刷油、绝热、防腐蚀工程以所属类别为准，不单独划分。

10．考虑专业的原因，第二册《电气设备安装工程》和第十册《自动化控制仪表安装工程》安装工程工程类别划分没有列出。此外应注意：①单位工程中同时安装两台或两台以上不同类别的热力设备、制冷设备以及空气压缩机等，且在同一系统内，其附属设备、配管等按高类别费率执行。②安装工程个别子目套用其他册定额时，取费按主册定额执行。③执行炉窑砌筑定额，除采用纯耐火材料砌筑的各种独立炉窑，按直接费取费外，其他各类炉窑砌筑（包括烟道）均以人工费计取各项费用。

3.3 建筑设备安装工程造价的计算

3.3.1 构成造价的计算分项

由本章第1节已知，安装工程造价由直接工程费、间接费、利润及税金4项组成。每项大都又可分为若干个计算分项：

1. 直接工程费＝直接费＋其他直接费＋现场经费

＝人工费＋材料费＋机械费＋其他直接费＋现场经费

2. 间接费＝企业管理费＋财务费＋其他费用

3. 利润＝差别利润

4. 税金＝综合税率

＝营业税＋城市维护建设税＋教育费附加税

3.3.2 安装工程造价的计算程序表

为了使计算简单、方便、准确，一般用下列程序计算。陕西省安装工程造价计算程序见表3-14。

安装工程造价计算程序 表3-14

序号	项目名称	计算式	单位	合价	其中			主材费	备注
					人工费	材料费	机械费		
1	小计	定额各子目安装费，含调整子目内容	元	A	B	C	D	E	$A=B+C+D$
2	人工费调整增加	B×规定系数	元	B_1	B_1				
3	辅材费调整增加	C×规定系数	元	C_1		C_1			
4	机械费调整增加	D×规定系数	元	D_1			D_1		
5	调整后安装费	$A_2=A+B_1+C_1+D_1$ $B_2=B+B_1$ $C_2=C+C_1$ $D_2=D+D_1$	元	A_2	B_2	C_2	D_2	E	
6	主体结构系数	B_2×规定系数	元	A_3	B_3				$A_3=B_3$
7	高层建筑增加费	B_2×系数 其中工资：A_4×系数	元	A_4	B_4				按规定计取
8	脚手架搭拆费	$(B_2+B_3+B_4)$×系数 其中工资：A_5×系数	元	A_5	B_5				按规定计取
9	系统调整费	$(B_2+B_3+B_4)$×系数 其中工资：A_6×系数	元	A_6	B_6				按规定计取
10	有害环境增加费	$(B_2+B_3+B_4)$×系数	元	A_7	B_7				$A_7=B_7$
11	施工、生产同时进行增加费	$(B_2+B_3+B_4)$×系数	元	A_8	B_8				$A_8=B_8$

续表

序号	项目名称	计 算 式	单位	合价	其中			主材费	备 注
					人工费	材料费	机械费		
12	直接费	$A_2+A_3+A_4+A_5+A_6+A_7+A_8+E$ 其中工资： $B_2+B_3+B_4+B_5+B_6+B_7+B_8$	元	Z	R				
13	其他直接费	$R\times$费率	元	A_9					费率见费用定额
14	现场经费	$R\times$费率	元	A_{10}					费率见费用定额
15	直接工程费	$Z+A_9+A_{10}$	元	G					
16	间接费	$R\times$费率	元	A_{11}					费率见费用定额
17	贷款利润	$R\times$费率	元	A_{12}					按规定计取
18	差别利润	$R\times$费率	元	A_{13}					按规定计取
19	不含税工程造价	$G+A_{11}+A_{12}+A_{13}$	元	H					
20	养老保险统筹	$H\times3.55\%$	元	A_{14}					
21	四项保险费	$H\times$费率	元	A_{15}					按规定计取
22	安全、文明施工定额补贴费	$H\times1.60\%$	元	A_{16}					
23	税金	$(H+A_{14}+A_{15}+A_{16})\times$税率	元	A_{17}					按规定计取
24	含税工程造价	$H+A_{14}+A_{15}+A_{16}+A_{17}$	元	Q					

3.3.3 安装工程取费若干问题说明

1. 贷款利息

根据中国人民银行最新颁布的金融机构一年流动资金贷款利率，本费用定额关于流动资金贷款利息现规定如下：

①当甲方不提供备料款时，且以人工费取费的安装工程，按人工费的15.39%收取。

②当甲方不提供备料款，但供三材时，以人工费取费的安装工程，按人工费的9.63%收取。

③当甲方提供备料款时，已计入间接费财务费用中。

2. 养老保险统筹

遵照建设部、中国人民建设银行有关文件精神，职工养老保险费应列入间接费中。陕西省目前实行的是行业统筹，要求按以下规定执行：

①养老保险费用用于统筹离退休人员的养老金（不含医疗费）和在职职工的养老保险金积累。

②施工企业按不含税工程造价的3.55%计入工程造价中并在工程结算时扣除，建设单位亦按此标准上缴建筑行业劳保统筹管理部门。

3. 四项保险费

根据社会统筹的一系列文件精神，下述各项保险及保障金也应列入不含税造价之中，具体内容及费率如下：

① 待业保险：按建安工程不含税造价的0.22%计收；

② 工伤保险：按建安工程不含税造价的0.1%计收；

③ 医疗保险：按建安工程不含税造价的0.43%计收；

④ 残疾人就业保险：按建安工程不含税造价的0.05%计收。

以上四项保险费率合计为建安工程不含税价的0.8%。

凡参加了保险的施工企业按上述标准分别计取各项保险费，未参加保险的施工企业不得计取此项费用。

4. 安全、文明施工定额补贴费

安装工程造价中应计算安全及文明施工定额补贴费（修缮工程不计)。费率为不含税工程造价的1.6%，但：① 施工企业若未创建文明工地，工程结算时，按不含税工程造价的1.6%扣除。② 施工企业若达到市（地）级，未达到省级文明工地时，按不含税工程造价的0.6%扣除。

第4章　建筑设备安装工程预算

建筑设备安装工程预算，是建筑经济的重要组成部分，也是基本建设规划、设计、施工、监理及建设银行等有关部门进行工程管理与监督的依据。

建筑设备安装工程预算，按其在不同设计阶段所起的作用和使用编制的依据不同，可分为三类：建筑设备安装工程的设计概算、施工图预算和施工预算。

4.1 设　计　概　算

设计概算是用来确定基本建设项目总造价的预算文件。它是在基本建设项目开始设计阶段，由设计单位根据建设项目的性质、规模、内容、要求、技术经济指标等各项要求所做的初步设计图纸，结合概算定额或概算指标编制的。设计概算，又称工程概算，简称概算。国家计委、财政部等部门规定：每一项新建、扩建、改建的基本建设工程都必须编制工程概算。

4.1.1　概算的主要作用

1. 概算是国家用来确定建设项目总投资金额的依据

概算所确定的资金数额包括了建设项目从开始筹备、可行性论证、勘察设计、土建设计、生产工艺设计、管道设备安装、投料试车、竣工验收、试车生产全过程的全部费用。因此，概算就成为国家确定工程投资的重要依据。

2. 概算是国家编制基本建设计划的依据

基本建设是国民经济的重要组成部分，对国家的经济发展起着重要作用。国家每年投入用于基本建设的资金是有限的，为了更好地发挥这部分有限资金的作用，国家必须根据国民经济的实际要求、国家经济结构的比例关系以及每项建设工程的实际需要资金数额等因素来具体安排基本建设工程项目，以保证国家财政收支平衡，概算就是进行这项工作的重要依据。

概算是国家对建设项目投资的最高金额，一般不允许超过。在实际工程中，如果技术设计修正概算或施工图预算超过了初步设计概算的总投资数额，则必须调整概算，报请上级主管部门审核批准。否则，超出原概算部分的资金无法依靠国家拨款，只能用追加贷款的方法来解决。

3. 概算是考核设计方案的技术、经济是否合理的依据

概算的各项指标是经济效果的反映。在相同资金限额或相同经济指标的控制下，不同的设计方案反映不同的经济效果或资金使用效果。因此，根据编制的设计概算，对同类工程的不同设计方案进行技术经济指标、建设成本等方面的分析和对比，找出设计中不合理的地方，提高设计水平，获得最佳设计方案，实现基本建设项目中“投资少、见效快、产出多”的目标。

4.1.2 概算说明书的内容

1. 工程概况：说明该项工程所处地理位置，自然环境，项目规模，工程目的，工艺流程，生产方法，产品销路，各分项工程的组成及相互联系。

2. 编制依据：初步设计图纸及其说明书、设备清单、材料表等设计资料；全国统一安装工程概算定额或各省、市、自治区现行的安装工程概算定额或概算指标；标准设备与非标准设备以及材料的价格资料；国家或各省、市、自治区现行的安装工程间接费定额和其他有关费用标准等费用文件。

3. 编制方法：说明编制概算时，是采用概算定额的编制方法还是采用概算指标的编制方法。

4. 投资分析：分析各项工程的投资比例，并分析投资高低的主要原因，说明与同类工程比较的结果。

5. 其他有关内容。

4.1.3 概算表及其编制方法

概算表是用具体数据显示工程各类项目的投资额和工程总投资额。概算表一般分为：单位工程概算表，单项工程综合概算表，建设项目总概算表。建筑设备安装工程概算表包括以下单位工程概算表：给水排水工程概算表，采暖工程概算表，通风空调工程概算表，锅炉安装工程概算表，燃气工程概算表，室外管道工程概算表，电气照明工程概算表等。这些单位工程概算表属于建筑安装工程概算表的组成部分。下面分别介绍概算表包括的各项内容及其编制方法。

1. 建筑安装工程概算

这项概算的目的是确定基本建设项目的建筑与建筑设备安装工程的总造价。在编制建筑安装工程概算时，一般将建设项目分解为若干个单位工程，每一个单位工程均可独立编制概算，然后汇总成建筑安装工程的单项工程综合概算表，最后汇总成建设项目的总概算表。

编制建筑安装工程概算时，主要是计算工程的直接费、间接费、利润三项内容。概算中的直接费，在工程量确定后，可根据概算定额或概算指标计算。概算中的间接费、利润则应根据国家和地方基本建设主管部门的有关取费标准和取费规定计算。

如果采用概算定额编制概算，编制方法可参考后面章节的施工图预算的编制。如果采用概算指标编制概算，可要根据建筑物的使用类别、结构特点等，查阅同类型建筑物中的概算单价指标。利用概算单价指标计算工程概算价值，其计算公式如下：

$$工程概算价值=建筑面积\times 每平方米概算单价$$

$$工程所需人工数量=建筑面积\times 每平方米人工用量$$

$$工程所需主要材料=建筑面积\times 每平方米主要材料耗用量$$

2. 设备及其安装工程概算

这项概算的目的是确定该工程项目生产设备的购置费和安装调试费。设备及其安装工程概算通常包括设备购置费概算和设备安装调试费概算两部分。即：

一部分为设备购置费概算。它由设备原价加上设备运杂费构成。其值可由下式计算：

$$设备购置费概算=设备原价\times(1+运杂费率)$$

另一部分为设备安装调试费概算。它可由设备安装概算定额进行编制，也可由设备安装概算指标进行编制，其计算式为：

设备安装费概算＝设备原价×安装费率

安装工程中，安装费率一般取为2%～5%，费率的具体值由各地区确定。

3. 其他工程费用概算

这项概算的目的是确定建设单位为保证项目竣工投产后的生产能顺利进行而消耗的费用。该费用包括：土地征用费、生产工人培训费、交通工具购置费、联合试车费等。这类费用额通常是根据国家和地方基本建设主管部门颁发的有关文件或规定来确定的。

4. 不可预见工程费概算

这项概算的目的是确定因修改、变更、增加设计而增加的费用或因材料、设备变换而引起的费用增加等等。这类费用由于在编制概算时难以预料，而在实际工程中可能发生而增加费用额，因此，它们常称为“不可预见工程费”或“工程预备费”。这部分概算费用的确定一般采用以上三项概算总和乘以预留百分比的方法确定，其预留百分比由主管部门规定。

单位工程概算表、单项工程综合概算表以及建设项目总概算表的格式见表 4-1、表 4-2 和表 4-3。

单位工程概算表 表 4-1

工程编号		××××		概算价值		×××××元		
工程名称 项目名称		×××采暖工程 ×××开发区		技术经济指标		数量：××××m² m³ 单价：×××元/m² 元/m³		
编制依据		图号××× ×××年 ×××地区价格 ×××概算定额						
序号	定额编号	工程或费用名称	工程量		定额单价		概算价值（元）	
			定额单位	数量	合计	其中：人工费	总价	其中：人工费
1	2	3	4	5	6	7	8	9
×	××	××××	××	××	××	××	××	××
×	××	××××	××	××	××	××	××	××
…	…	………	……	…	…	……	…	…
×	××	××××	××	××	××	××	××	××
×	××	××××	××	××	××	××	××	××
×	××	××××	××	××	××	××	××	××
×	××	××××	××	××	××	××	××	××
综合费用计算								
直接工程费				××××			××	
间接费				××××			××	
利润				××××			××	
税金				××××			××	
概算造价				××××			××	

单项工程综合概算表

表 4-2

建设项目××单位　　　　综合概算价值××××

序号	工程或费用名称	概算价格						指标			占投资额（%）	备注
		建筑工程费	安装工程费	设备购置费	工器具及生产用具购置费	其他用费	合计	单位	数量	指标		
1	2	3	4	5	6	7	8	9	10	11	12	13
1	土建工程	×××					×	×	×	×		
2	采暖工程	×××					×	×	×	×		
3	通风工程	×××					×	×	×	×		
4	照明工程	×××					×	×	×	×		
5	小　计	×××					×	×	×	×		
6	工艺设备		×××	×××			×	×	×	×		
7	机械设备		×××	×××			×	×	×	×		
8	小　计		×××	×××			×	×	×	×		
9	合　计	×××	×××	×××			×	×	×	×		

建设项目总概算表

表 4-3

建设项目××工厂　　　　总概算价值××××

序号	工程或费用名称	概算价格						指标			占投资额（%）	备注
		建筑工程费	安装工程费	设备购置费	工器具及生产用具购置费	其他用费	合计	单位	数量	指标		
1	2	3	4	5	6	7	8	9	10	11	12	13
	第一部分工程费用											
	一、主要生产和辅助生产项目	××	××			×	×	×	×			
1	总装配车间	××	××			×	×	×	×			
2	铸造车间	××	××			×	×	×	×			
3	…………											
4	机修车间	××					×	×	×			
5	小　计	××	××			×	×	×	×			
6	二、公用设施工程项目							×				
7	水泵房	××		××			×					
8	变电室	××		××			×	kVA	×	×		
9	锅炉房及软水站	××		××			×	t/h	×	×		
10	道路	××	××				×					
11	小　计	××	××				×					
12	三、生活、福利、文化、教育及服务项目								×	×		

续表

序号	工程或费用名称	概算价格						指标			占投资额（%）	备注
		建筑工程费	安装工程费	设备购置费	工器具及生产用具购置费	其他用费	合计	单位	数量	指标		
1	2	3	4	5	6	7	8	9	10	11	12	13
13	家属住宅	××					×	m^2	×	×		
14	食堂及办公门卫	××					×	m^2	×	×		
15	卫生所	××					×	m^2	×	×		
16	小计	××					×					
17	第一部分工程费用合计	××	××	××			×					
18	第二部分其他工程和费用项目											
19	土地征用费					×	×					
20	场地各种障碍物处理费					×						
21	场地平整费	××					×					
22	建设单位管理费					×						
23	生产工人培训费					×	×					
24	办公和生活用具购置费				×	×	×					
25	交通工具购置费				×		×					
26	生产工器具和用具、家具购置费				×		×					
27	联合试车费					×	×					
28	施工机械迁移费					×	×					
29	临时设施费					×	×					
30	第二部分其他工程和费用总计	××			×××	×	×					
31	第一、第二部分工程和费用总计	××	××	××	×××	×	×					
32	不可预见工程和费用					×	×					
33	总概算价值	××	××	××	×××	×	×					
34	投资比例	××	××	××	×	×						

由上表可见，单项工程综合概算表由单位工程概算归纳整理而成，建设项目总概算表则由单项工程综合概算归纳整理而成。综合概算表的工程项目组成由建筑工程（土建工程、采暖工程、照明工程等）和设备及其安装工程（工艺设备、机械设备及其安装等）项目组成。总概算表的形式与综合概算表基本相同，但总概算表的内容主要由工程费用项目

和工程建设项目其他费用项目以及不可预见费用项目组成。

4.1.4 概算估算指标及其应用

在设计不完整、无法计算工程量时，可用概算指标编制概算。与用概算定额编制概算相比，用概算指标编制概算，其概算造价的准确性较差，但编制要简单、快速。因而，在实际建筑设备工程中，用概算指标对安装工程进行造价估算有着重要的应用。

但应指出的是，建筑设备安装工程费用，由于在不同地区人工费、材料费、机械费等价格不同，所以，其安装工程费也不相同。在编制概算的计算中，对各地区的工程造价概算额，应使用当地的统计资料进行。下面以北京市的几个典型安装工程为例，介绍其概算估算指标及其应用（按 1996 年概算定额或指标和取费标准执行）。

1. 采暖工程

①用每瓦供暖量的采暖造价指标计算。

首先，按建筑物的采暖面积热指标（见表 4-4）计算该采暖工程的总耗热量，然后，再乘以每瓦供暖量的采暖造价指标，即得采暖工程概算造价。其计算公式为：

采暖工程概算造价 = 建筑面积 × 采暖面积热指标 × 每瓦供暖量的采暖造价指标

其中，每瓦供暖量的采暖造价指标为：

(a) 一般热媒为 95/70℃，室温 18℃ 的热水采暖为 0.47～0.60 元/W；

(b) 城市供热热源为 85/60℃ 的热水采暖者为 0.73～0.86 元/W。

当采用每瓦供暖量的采暖造价指标时，可根据不同的散热器的价格来确定上下限值，表 4-5 可供参考。

②用散热器造价占全部采暖工程造价的百分比计算。

首先，按上述的采暖面积热指标计算出建筑物的总耗热量，再由总耗热量算出散热器的片数，从而根据每片散热器的概算单价计算散热器造价，最后，依据散热器造价占全部采暖工程造价的百分比求出采暖工程造价。其中，该百分比一般为：50%～60%。

【例】 北京地区某砖混结构办公室，建筑面积 7000m^2，采用 95/70℃ 的热水采暖，室温 18℃，窗墙面积比较大，选用四柱 813 型铸铁散热器，试估算采暖工程投资，并计算该工程造价经济指标。

由于窗墙面积比较大，按表 4-4 选办公室的采暖面积热指标为 80W。于是得：

$$\text{总耗热量} = 7000 \times 80 = 560000\text{W}$$

当热媒为 95/70℃、室温 18℃ 的热水采暖时，查表 4-5 可知，四柱 813 型铸铁散热器每片的散热量为 142 W。所以有：

$$\text{散热器片数} = \frac{560000}{142} = 3944\ \text{片}$$

该铸铁散热器每片的概算单价为 34.59 元（包括安装、刷油及取费全部费用），而散热器造价占全部采暖工程造价的百分比取为 50%。因而得：

$$\text{散热器造价} = 3944 \times 34.59 = 136439\ \text{元}$$

$$\text{采暖工程造价} = \frac{136439}{50\%} = 272878\ \text{元}$$

$$\text{每平方米建筑面积采暖单价} = \frac{272878}{7000} = 38.98\ \text{元/m}^2$$

$$每瓦供热量的采暖单价=\frac{272878}{560000}=0.49 元/W。$$

每平方米建筑面积采暖指标估算表达式 **表 4-4**

序号	建筑类别	指　标（W）	备　注
1	住宅	45～70（40～60）	（）内 kcal/h 1kcal/h＝1.163W
2	办公室、学校	60～80（50～70）	
3	医院、幼儿园	65～80（50～70）	
4	旅馆	60～70（50～60）	
5	图书馆	45～75（40～65）	
6	商店	65～90（55～70）	
7	单层住宅	80～105（70～90）	
8	食堂、餐厅	115～140（100～120）	
9	影剧院	95～115（80～100）	
10	大礼堂、体育馆	115～160（100～140）	
11	高级饭店	105～116（90～100）	

注：1. 总建筑面积大，外围护结构热工性能好，窗户面积小，采用下限值；反之则可采用上限值。

2. 本表摘自《民用建筑采暖通风设计技术指标》。

③用每平方米建筑面积采暖造价指标计算。

该法计算采暖工程造价，只需用建筑面积乘以每平方米建筑面积采暖造价指标（如上例的同类工程其指标为 39 元/m^2）即可。

各种常用散热器每瓦散热量比价系数表 **表 4-5**

序号	散热器规格、型号	单位散热量 W/h	比价系数	
			不含安装	含安装
1	铸铁四柱 813	142（122）	100	100
2	M132 型	124（107）	100	102
3	圆翼型 ϕ50	507（465）	69	79
4	钢四柱 700×160	116（100）	223	186
5	钢三柱 640（600）×120	86（74）	238	201
6	钢中闭式 240×100	795（684）	62	50
7	钢大闭式 240×100	1121（964）	77	60
8	钢双排中闭式（折边钢串片）300×80	1525（1311）	69	54
9	钢双排大闭式（折边钢串片）480×100	1992（1713）	92	75
10	钢壁式Ⅲ型、单板、无对流 580	880（757）	115	94
11	钢壁式Ⅲ型、双板、无对流 580	1454（1250）	146	118
12	钢壁式Ⅰ型、单板、416	598（514）	138	113
13	钢壁式Ⅰ型、双板、416	1032（887）	162	131
14	钢壁式Ⅰ型、单板、520	688（592）	146	119
15	钢壁式Ⅰ型、双板、520	1190（1023）	177	139

注：1. 每片规格有不同长度者均以 1m 为准。

2. 单位散热量以热媒为 95/70℃，室温为 18℃的温水采暖为准。

3. 散热器单价为 1989 年 2～3 季度北京市概算定额单价，包括组装、卡钩、拉条、刷油等直接费用，不包括间接费用。

4. （　）内数字单位为 kcal/h。

2．通风空调工程

①集中空调工程：用每瓦供冷量的空调造价指标计算。

首先，按建筑物的空调面积冷负荷指标（见表4-6）计算该空调工程的总冷负荷量，然后，再乘以每瓦供冷量的空调造价指标（见表4-7），即得该空调工程的概算造价。

【例】 北京地区某450间客房的合资旅游饭店，建筑面积为30000m^2，空调系统为具有冷源的带独立新风的风机盘管式集中空调系统，试计算该工程投资费用。

由表4-6知，该工程空调面积冷负荷为116W/m^2，于是有：

$$总冷负荷量=30000\times116=348万W$$

再由表4-7查得，冷量在120万W以上的每瓦供冷量的空调造价指标为5.2元/W。因而得：

$$空调工程投资=348\times5.2=1809.6万元$$

$$每平方米空调造价=\frac{18096000}{30000}=603.2元/m^2$$

如空调机房不设在同一建筑内，而另设独立机房时，则应将这一部分投资列入机房投资的子项内，以符合设计项目及其投资划分的要求。

每平方米建筑面积冷负荷估算指标表 表4-6

序号	建筑类别	指　　标（W）	附　　注
1	旅　馆	70～80（60～70）	中外合资旅游旅馆目前一般提高到105～116W（90～100kcal/h）
2	办公楼	84～98（72～84）	
3	图书馆	35～41（30～65）	
4	商　店	56～65（48～56）	只营业厅空调
5	商　店	105～122（90～105）	全部空调
6	体育馆	209～244（180～210）	按比赛馆面积计算
7	体育馆	105～122（90～105）	按总建筑面积计算
8	影剧院	84～98（72～84）	电影厅空调
9	大剧院	105～128（90～110）	
10	医　院	58～80（50～70）	
11	高级饭店	105～116（90～100）	

注：1．建筑面积小于5000m^2时取上限值；大于10000m^2时，取下限值。

2．按上述指标确定的冷负荷，即是制冷机的容量，不必再加系数。

3．博物馆可参考图书馆，展览馆可参考商店。其他建筑物可参考相近类别建筑。

4．本表整理自《民用建筑采暖通风设计技术措施》。

5．（ ）内数字单位为kcal/h。

集中空调通风工程经济参考指标（北京1996年价） 表4-7

序　号	冷量（W）	经济指标（元/W）	其中部分所占比重（%）			
			机房部分	风机盘管部分	新（通）风空调部分	冷却塔部分
一	甲类建筑					
1	6万以下	8.6～9.0	41～45	28～32	18～22	6～8

续表

序　号	冷量（W）	经济指标（元/W）	其中部分所占比重（%）			
			机房部分	风机盘管部分	新(通)风空调部分	冷却塔部分
2	6～12万	8.1～8.5	35～39	34～38	17～21	7～9
3	12～24万	7.4～8.0	31～35	36～40	19～23	7～9
4	36～48万	6.5～7.3	26～30	40～44	21～25	6～8
5	60～72万	6.3～7.1	22～26	42～46	23～27	6～8
6	120万以内	6.1～6.9	20～24	46～50	19～23	8～10
7	120万以上	5.2～6.0	18～22	48～52	21～25	6～8
二	乙类建筑					
1	12～24万	6.5～7.0	39～43		46～50	10～12
2	36～48万	5.9～6.4	37～41		50～54	8～10
3	60～72万	5.2～5.8	35～39		51～55	9～11
4	120万以下	4.8～5.6	36～40		49～54	10～12

注：1. 甲类建筑包括高级饭店、研究楼、实验楼等；乙类建筑包括高级影剧院、会堂等。

2. 本表适用于夏季室温24～29℃，采用制冷机组系统，不适用于采用整体空调器装置。制冷设备以水冷机组为准，采用风冷机组，应取消冷却塔部分的投资，但总的投资应增加20%～30%。

3. 设计冷量与表列有出入时，可套用最接近的或下一档的指标。

4. 设计中如无冷源设备（机房部分）或不需冷却塔者，套用时可减少这部分投资。

5. 上表指标中不包括自动控制设备的投资，应另行由专业单位报价计划。

6. 冷量较大的空调投资指标中的主要设备大都是合资或进口产品。

②非集中空调工程：用设备及其安装工程概算法计算。

首先，按设计方案所确定的各种型号规格的设备，逐台计算出设备原价，然后，再按费率计算运杂费和安装费，最后，求其和即得非集中空调工程投资费用。如为进口设备，还需计算海运、关税等从属费用。非集中空调工程总的投资费用应低于集中空调工程总的投资费用。

③通风工程：用面积造价指标或设备投资费计算。

通风工程系指人防或地下室通风、或卫生间、厨房的通风以及高层建筑的防排烟等。

人防通风：主要包括手摇、电动两用通风机，过滤器及过滤吸收器等设备及相应的排风管道。其投资估算指标为100～150元/m^{2}人防面积。

卫生间、厨房或其他通风：一般无现成指标可套，宜按设备估算投资。如有风管及零件者，可另加30%～40%。

高层建筑防排烟：主要包括房间和走廊的防排烟设备系统，以及楼梯间及其前室的防排烟设备系统等。其投资估算无现成指标可套，应按具体设备系统造价估算投资。

3. 锅炉设备安装工程

用单位锅炉蒸发量的造价指标计算。即用锅炉蒸发量乘以单位锅炉蒸发量的造价指标（参见表4-8）便可。对于热水锅炉，以万W为计算产量单位，52万W可折算为1t/h。

锅炉蒸发产量（t/h）的经济参考指标　　表 4-8

锅炉产量（t/h）	投资指标	附注
2	6～7 万元/t·h	如包括锅炉房土建工程者约另计 1/3
4	7～8 万元/t·h	
6.5	10～11 万元/t·h	
10	12～13 万元/t·h	
20	13～14 万元/t·h	

注：热水锅炉以万 W 为计算产量单位，可按 52 万 W 折算为 1t/h。

4. 室内给排水工程

①用比例法估算。

首先，确定出卫生设备及消防设备的种类、规格和数量，并套用相应的定额单价，计算出直接费和间接费，其余费用按上述造价的 25%～35% 计算，然后，将其相加即为室内给排水工程大致的全部投资费用。

②用单位面积造价指标估算。

对于有消防要求的一般民用建筑，其室内给排水工程的独立管道系统，它的造价估算指标见表 4-9。

一般民用建筑中室内给排水工程单方投资参考表　　表 4-9

序号	工程名称	投资指标	序号	工程名称	投资指标
1	多层砖混住宅	45～55 元/m^2	9	图书馆	20～30 元/m^2
2	高层现浇住宅	55～65 元/m^2	10	电影院	35～45 元/m^2
3	中小学	20～30 元/m^2	11	食堂	70～80 元/m^2
4	托儿所、幼儿园	40～50 元/m^2	12	社会旅馆	90～110 元/m^2
5	办公楼（一般标准）	20～30 元/m^2	13	商业服务楼	35～45 元/m^2
6	教学楼	20～30 元/m^2	14	车库	30～40 元/m^2
7	理化楼	40～50 元/m^2	15	仓库（单层）	20～30 元/m^2
8	科研楼	50～60 元/m^2	16	仓库（多层）	30～40 元/m^2

注：1. 本表为 1996 年北京地区的投资水平。
2. 给排水工程中包括一般消防设施。

5. 自动喷洒消防工程

用单位面积造价指标估算。对于消防要求较高的工程，如公共建筑、厅堂、地下建筑等，通常采用自动喷洒消防设计。该部分设计为独立管道系统，包括给水管道、喷洒头、支架等，每个喷头可控制消防面积 40m^2 左右，投资估算指标约为 70～100 元/m^2。

6. 室外工程

用比例法估算。室外民用管道工程通常包括上下水管道、暖气管沟及管道、天然气管道等。估算比例指标如下：

一般室外民用管道工程占全部工程项目投资之和的 5%～10%，当占地面积小或包括上述内容少时取其下限值；对占地面积不大，但标准高、投资大的高级宾馆和公寓等，该比例为 2%～5%；而对占地面积很大的小区住宅、综合大楼等整体民用建筑项目，该比例可取为 12%～15%。

下面给出北京市民用建筑估算用的设备运杂费及安装费指标。进口设备运杂费参考指标（占离、到岸价的百分比）见表4-10所示；设备安装费参考指标（占设备原价+浮动价+运杂费的百分比）见表4-11所示。

进口设备运杂费参考指标表（占离、到岸价百分比）　　表4-10

序号	交货条件		运杂费率（%）
1	国外部分	国外离岸价（FOB）以外币计算	10～12
2	国内部分	港口在工程所在地的到岸价（CIF）以外币折成人民币计算	3
3		港口在外地的到岸价（CIF）	
		（1）外地运杂费（货币同上）另加	4～6
		（2）本地运杂费（货币同上）	3

设备安装费参考指标表（占设备原价+浮动价+运杂费）　　表4-11

序号	设备名称型号	安装费率（%）
1	制冷、通风设备	10
2	集中空调设备	6
3	冷却塔设备	10
4	电气设备	8
5	电梯：安装公司、厂家安装	1
6	程控电话总机	12～15
7	快装锅炉 1/4t	10
8	非快装锅炉 4t、6.5 t	10
9	快装锅炉 10t	15
10	非快装锅炉 20t	13
11	非快装锅炉 35t	11
12	热水锅炉/58～290 万 W（50～250 万 kcal）	10
13	热水锅炉/292～698 万 W（251～600 万 kcal）	15
14	深井泵房	13
15	一级泵房（非深井）	17
16	加压泵房	30
17	煤气站、冷冻站、污水处理站	32
18	油库、汽车加油设备、氧气站	10
19	锅炉的配管、阀门、保温	5
	（1）1～4t	18
	（2）6.5～10t 锅炉	20
	（3）20t、35t 锅炉	15
	（4）热水锅炉 58～70 万 W（50～60 万 kcal）	10
	（5）热水锅炉 71～290 万 W（61～250 万 kcal）	13
	（6）热水锅炉 292～698 万 W（251～600 万 kcal）	15
20	锅炉炉体砌筑工程费（含炉体保温）	
	（1）2t 快装锅炉	4000 元/台
	（2）4t 快装锅炉	6700 元/台
	（3）4t 快装锅炉	16000 元/台
	（4）6.5t 锅炉	26000 元/台
	（5）10t 锅炉	71000 元/台
	（6）20t 锅炉	124000 元/台

注：上列安装指标已包括间接费等不得另取费，但税金（营业税）应另计。

4.1.5 概算的审查

1. 概算审查依据

概算审查依据主要有：初步设计图纸或扩大初步设计图纸、有关设计文件和资料；概算定额、概算指标等有关资料；有关费用定额、指标等。

2. 概算审查内容

①审查设计资料。审查的设计资料包括初步设计图纸或扩大初步设计图纸、设备表、材料表等。对照设计概算，审查其内容是否完整、项目是否有遗漏、工程量是否准确等。

②审查概算依据的定额或指标。审查编制概算依据的定额或指标，是否采用的是现行定额或指标。现行定额或指标与已过时旧定额或指标，在人工、材料、机械台班费用上有一定差异，若套错定额或指标，将会影响编制概算的准确性。

③审查其他各项费用。其他各项费用在概算中的编制，应按国家或省、市、自治区有关部门的规定执行，不得缺项，也不可随意增项，应防止不合理地提高工程建设造价。

3. 概算审查方式

①初审。初审是在初步设计和概算等上报审批前，由建设单位的主管部门或建设单位邀请有关部门和单位对概算（也包括初步设计）内容进行审查，以提高概算的质量和确保概算的准确性和合理性。对初审提出的意见和建议，经归纳整理成初审纪要连同初步设计和概算（或根据初审提出的意见和建议，设计单位对初步设计和概算修正后）一并报请国家或省、市、自治区有关主管部门审查批准。

②会审。大中型建设项目应由国家或省、市、自治区有关主管部门组织建设单位及其上级主管部门、设计单位、建设银行、环保消防等有关部门，对初步设计或扩大初步设计和概算进行审查。对会议提出的意见和建议，经归纳整理成初审纪要连同初步设计或扩大初步设计和概算一并报请国家或省、市、自治区有关主管部门审查批准。

4.2 施工图预算

施工图预算，是在施工图设计完成后，工程开工前，根据已批准的施工图纸和已确定的施工组织设计，按照国家和地区现行的统一预算定额、费用标准、材料预算价格等有关规定，对各分项工程进行逐项计算并加以汇总的工程造价的技术经济文件。建筑设备安装工程施工图预算是用来确定具体建筑设备安装工程预计造价的预算文件。

设计概算与施工图预算相比，不同点是，两者在编制依据、所处设计阶段、所起作用、项目划分粗细上不同，而且设计概算是最高投资额，施工图预算必须低于或不得超过概算费用；而相同点是，两者均属于设计预算范畴，而且在费用的组成和概预算的编制方法上是基本相似的。

国家计委、建设部、财政部联合颁发的《关于加强基本建设概、预、决算管理工作的几项规定》中指出：总概算第一部分的各主要生产项目和辅助生产项目、公用设施工程项目、生活福利、文化教育及服务性工作项目中的各种单位工程，均须分别编制单位工程预算书，即施工图预算。

4.2.1 施工图预算的主要作用

1. 施工图预算是落实和调整年度基建计划的依据

施工图预算比设计概算所确定的安装工程造价更详细、具体、准确。因此，可以落实和调整年度基建计划。

2. 施工图预算是实行招标、投标的依据

施工图预算是建设单位在实行工程招标时确定工程价款标底的依据。它也是施工单位参加工程投标时报价的依据。

3. 施工图预算是签订工程承包合同的依据

建设单位和施工单位是以施工图预算为基础，签订工程承包的经济合同，明确甲、乙双方的工程经济责任。

4. 施工图预算是办理财务拨款、工程贷款、工程结算的依据

建设银行根据施工图预算办理工程的拨款或贷款，同时，监督甲、乙双方按工期和工程进度办理结算。工程竣工后，按施工图和实际工程变更记录及签证资料修正预算，并以此办理工程价款的结算。

5. 施工图预算是建筑设备安装企业编制施工计划的依据

施工图预算是安装企业编制劳动力、材料供应、机械使用、施工作业等各项计划的依据，也是组织施工生产、控制生产成本的依据。

6. 施工图预算是建筑设备安装企业加强经济核算和进行“两算”对比的依据

“两算”是指施工图预算和施工预算。施工图预算是根据施工预算定额和施工图编制的，而预算定额是按平均偏上水平编制的。所以，安装企业只有在人、财、物耗用和技术水平及管理水平达到相当水准时，才能完成国家下达或自行承揽的工程任务。有了施工图预算，安装企业经济核算和“两算”对比就有了依据，企业的发展就有了方向，从而促使企业改善劳动组织、推行先进施工方法、合理组织材料采购和运输、减少各种杂项开支等，加强经济核算，降低工程成本，提高劳动生产率。

4.2.2 施工图预算文件的主要组成

1. 施工图预算书封面

封面应写明建设单位、工程名称、工程造价、施工单位、编制人、审核人、送审单位以及编制年、月、日。

2. 施工图预算书编制说明

编制说明书是编制人向使用单位交代编制情况的文件。说明书编制的内容主要包括：工程概况，编制依据，例如设计图纸、预算定额、费用定额及其他有关造价管理文件，编制方法，编制施工图预算造价中哪些内容和费用尚未包括等。

3. 工程量计算表

工程量计算表是计算各分部分项工程实物工程量的原始计算表，一般不进行复制，由编制人自己保存，留作审查核对。

4. 施工图预算表

施工图预算表一般应写明各分部分项工程的名称、套用预算定额的编号、工程量、计量单位、预算单价、合价及其中的人工费、材料费、机械费等。此外，施工图预算表中还应列出在汇总上述各分部分项工程预算价格基础上的直接费，然后，按费用定额和有关造价管理文件的要求，计取间接费、利润和税金等，并将它们列入预算表格中。值得指出的是，由于目前对基建工程项目的造价实行动态管理，故直接费中的人工费、材料费、机械费，应根据各地当时的物价水平、人工工资水平及机械使用水平等价格变化因素作相应调整，所以应随时注意使用调价文件和调价系数。

5. 汇总工程造价

工程造价数额的确定是编制施工图预算的最终目的，其数额是以上各项应计取费用的总和。将以上内容按封面、编制说明书、工程量计算表、施工图预算表、取费表和汇总表的顺序编制成册，就成为一套完整的施工图预算文件。有关施工图预算的编制依据、编制方法、工程量计算及其实例的详细叙述见下章内容。

4.2.3 施工图预算审查

为了保证施工图预算的合理、准确性，在施工图预算编制完成后，应对其进行审查。施工图预算审查必须遵照国家或省、市、自治区有关部门的相关政策、要求进行。

1. 审查依据

①设计资料。编制施工图预算所依据的设计资料包括：平面布置图、系统图、施工详图、施工采用的标准图集和设计说明书。

②合同或协议。合同或协议对工程承包方式、材料供应和材料价差费用计算方式、有关费用的取用和工程价款结算方式等作为预算审查的依据。

③预算定额和费用定额。预算定额、材料预算价格、地区单位估价表及费用定额是编制施工图预算的主要依据，同时也是审查施工图预算的主要依据。

④施工组织设计等也是施工图预算的审查依据。

2. 审查内容

建筑设备工程的各单位工程施工图预算造价是按安装工程费用计算程序计算出来的。因此，审查的内容应包括直接工程费，间接费，计划利润和税金。在上述审查内容中，最主要的应该是：审查工程量计算；审查定额套用和取费费率。

①审查工程量计算。工程量是计算工程造价的基础，工程量计算的正确与否，直接影响工程造价的准确性。因此，工程量计算是工程预算审查的关键内容。工程直接费和其中人工费都是以其为基础套用定额计算的。而人工费又是安装工程费用计算程序中除直接费外各项费用计算的基础。因此，按照工程量计算规则和施工图纸，审查各分部、分项工程量是否准确，是否符合计算规则，是否有多算或漏算等是非常重要的。

②审查定额套用和取费费率。审查选套定额，主要审查工程项目的工作内容和所选套定额的项目工作内容是否一致，需要换算的，换算是否合理，需要补充的，其是否得到有关部门批准。取费费率是否符合规定。

3. 审查形式

①联合会审。当建设规模较大，技术较复杂的工程预算，由建设银行、建设单位、设计单位和施工企业联合进行审查，以保证审查质量。

②建设银行单独审查。对于建设规模较小的工程项目，其施工图预算在施工企业自审并经建设单位审核后，再由建设银行进行审查、定案。

③委托审查。对于不具备联合会审或建设银行不能单独审查的工程预算，在征得建设银行同意后，建设单位委托或直接由建设银行委托，具有编审资格的部门或个人进行审查。

4. 审查方法

①全面审查法。对于建设规模较小的工程预算，可采用逐项（分部、分项工程预算项目）进行审查。该法具有质量高，但工作量大的特点。

②重点审查法。重点审查法是对工程预算中的重点部分进行审查的方法。该重点部分

通常是指价格高，对工程预算造价有较大影响的项目部分。建筑设备工程中影响预算造价的如供暖设备、水泵房、锅炉房、空调机房等设备及安装工程项目。

③经验审查法。根据以往的实践经验，对容易发生错误的工程项目进行审查，称为经验审查法。

④分解对比审查法。对于建于同一地区或城市，采用标准施工图或采用施工图的单位工程，因某些方面的不同，诸如施工企业级别、性质、施工条件、地点等，而产生费用上的差异，将有关差异部分项目费用单列出来进行分析对比的方法，称为分解对比审查法。

4.3 施 工 预 算

施工预算是企业内部对单位工程进行施工管理的成本计划文件。建筑设备安装工程施工预算是安装企业为了加强自身管理、吸收和创新先进的施工技术与方法、降低生产消耗和提高劳动生产率而编制的安装企业内部使用的预算文件。它是在施工图预算的控制之下，根据企业对所承接工程拟采用的施工组织设计，并依照施工定额，由施工单位自行编制的。它不能作为企业对外经济核算的依据，但却是企业内部进行项目承包和经济核算的重要依据之一。

4.3.1 施工预算的主要作用

1. 施工预算是安装企业安排各种施工作业计划的依据。

安装企业的施工作业计划包括：工人进场作业计划、材料分期分批供应计划、施工进度计划和工期计划等。与施工图预算相比，施工预算所做的工料分析更加详细地反映了实际施工过程中的人工、材料、机械设备等消耗量。安装企业的技术、生产、计划、质量、安全、材料、设备等职能部门，利用施工预算所提供的数据来安排各种施工作业计划，这对加强施工管理具有更大的合理性。

2. 施工预算是企业基层施工单位向作业班组签发施工任务单和限额领料单的依据。

施工任务单是施工队把施工作业计划具体落实到班组或个人的指令性文件，同时也是起到记录班组或个人完成工程量的作用，从而作为班组或个人与主管部门进行经济核算按劳付酬的依据。施工任务单作为企业内部实施的管理性的文件，其所下达的工程量、工作内容、质量要求、完成时间、定额指标、计划单价、材料消耗、机具使用数量等指标，很多方面都要依据施工预算提供的工料分析数据来确定下达。

限额领料单是安装企业为强化材料管理、减少材料浪费和流失、降低工程成本而采取的重要措施。限额领料单限定的材料种类和数量是施工班组完成规定工程量的材料消耗量的最高限额。而这最高限额的数据也是依据施工预算的工料分析确定的。

3. 施工预算是计算计件工资、超额奖金，进行企业内部承包，实行按劳分配的依据。

单项承包、计件工资充分体现了“多劳多得”的社会主义分配原则，我国的经济体制改革一贯倡导“有条件的尽可能实行基建工程单项承包和计件工资制”。施工预算中确定的人工消耗量比施工图预算更精细地反映了生产者的实际工作数量，因而施工预算就成为计算计件工资的主要依据，同时也为计算超额奖金提供了依据，从而大大提高了生产第一线工人的劳动积极性，使施工现场的劳动力管理更加规范化、更具合理性。

4. 施工预算是企业开展经济活动分析、经济核算和控制工程成本、进行“两算”对比的依据。

“两算”对比是指施工图预算和施工预算的对比。它是在“两算”编制完成后工程开工前进行的。通过“两算”对比，可以找出节约和超支的原因，搞清施工管理中的不合理的地方和薄弱环节，并提出解决问题的办法，防止因人工、材料、机械台班及相应费用的超支而导致工程成本的上升，进而造成亏损。因此，编制施工预算已成为安装企业加强内部管理的重要内容。

4.3.2 施工预算文件的主要组成

施工预算一般以单位工程为编制对象，按分部分项工程进行计算，其基本内容包括工程量、人工、材料、机械需用量和定额直接费等。它由编制说明书和计算表格两大部分组成。

1. 编制说明书

施工预算的编制说明书主要包括以下内容：

①工程概况：说明工程性质、施工特点、工作内容、施工安装期限等。

②编制依据：说明采用的有关图纸、施工定额、施工组织设计和图纸会审记录等。

③施工中采取的主要技术措施：新技术和先进经验的推广应用、冬雨季施工中的技术和安全措施、施工中可能发生的困难和处理办法等。

④施工中采取降低成本的措施：如劳动力、材料、机械设备等的节约措施等。

⑤其他需要说明的问题。

2. 计算表格

目前广泛采用“实物金额法”编制施工预算。该方法是根据工程量计算出人工、材料、机械设备的实物消耗量，实物消耗量作为施工班组签发施工任务单和限额领料单的依据，然后再根据工程量和施工定额提供的单价计算直接费，直接费用来作为管理部门进行经济活动分析和“两算”对比的依据。因此，施工预算的主要表格有：

①各分项工程的工程量统计分析表：这种表格和施工预算中的工程量计算表完全一样。

②人工汇总表：该表主要是将工程中使用的各个工种的所需人工统计汇总出来，便于向施工班组签发工程任务单。

③材料汇总表：该表主要是将工程中所需要的各种材料及辅助材料按种类、规格、数量分别列出，作为限额领料的依据。

④机械设备汇总表：该表是将工程中所需要的各种机械设备按种类、型号、台班数量列出，便于配合施工班组，对于大型机械可按计划调用。

⑤各种构件、半成品汇总表：该表主要是统计出结构件、支架、半成品、管件等，将其所需种类、数量交给施工企业的加工班组进行加工或外出加工，以保证施工能按时使用。

⑥施工预算直接费表：该表主要是根据前面汇总的工料和机械消耗量为依据，计算出各部分的人工费、材料费和机械费，再由此计算出直接费。这是进行“两算”对比的基础性依据。

⑦“两算”对比表：它是施工图预算与施工预算，分人工、材料、机械等三项费用进行对比的表格。其结果应该是施工预算的总消耗费用要低于施工图预算的总造价，否则施

工企业就会亏损。

4.3.3 施工预算与施工图预算的区别

1. 编制依据和作用不同

“两算”编制使用的定额不同,施工预算套用的是施工定额,而施工图预算套用的是预算定额或单位估价表,两种定额的各种消耗量有一定的差别,两者作用也不同。前者是企业控制各项成本支出的依据,后者是计算单位工程预算造价,确定企业收入的主要依据。

2. 工程项目划分的粗细程度不同

施工预算的项目划分和工程量的计算,要按分层、分段、分工种、分项进行,其项目划分要比施工图预算更细,工程量计算也更为精确。

3. 计算范围不同

施工预算一般以单位工程为编制对象,而且只算到直接费为止,这是因为施工预算只供企业内部管理使用,如向班组签发施工任务单和限额领料单;而施工图预算一般以单项工程及其各单位工程为编制对象,要计算整个工程造价,包括直接费、间接费、计划利润、税金和其他费用等。

4. 考虑施工组织因素的多少不同

施工预算所考虑的施工组织因素要比施工图预算细得多。如施工预算在考虑采用机械吊装法来安装架空管道时,需要具体考虑采用何种吊装机械,是起重机械,如汽车式起重机、履带式起重机,还是用桅杆及卷扬机等。而施工图预算则是综合计算的,不需要考虑具体采用哪种机械。

4.3.4 施工预算的编制依据

1. 施工图纸及其说明书、图纸会审记录及有关标准图集等技术资料。

2. 施工组织设计或施工方案。

施工组织设计或施工方案所确定的施工顺序、施工方法、施工机械和施工现场平面布置等内容,都是施工预算编制的依据。

3. 现行施工定额和补充定额。

目前,各省、市、地区或企业根据地区的情况,自行编制施工定额,为施工预算的编制与执行创造了条件。有的地区没有编制施工定额,编制施工预算时,人工可执行现行的《全国建筑安装工程统一劳动定额》,材料可按地区颁发的《建筑安装工程材料消耗定额》,施工机械可根据施工组织设计或施工方案确定的施工机械种类、型号、台数和工期等进行计算。

4. 现行人工工资标准、材料预算价格和机械台班预算价格。

它是计算直接费的基础。

5. 审批后的施工图预算。

施工图预算书中的数据,如工程量、直接费,以及相应的人工费、材料费、机械费,人工和主要材料的预算消耗量等,都为施工预算的编制提供有利条件和可比的依据。

6. 其他有关费用规定。

其他有关费用主要是指施工过程中可能发生的因自然,人为等各种原因引起的相关费用,如气候影响、停水停电、机具维修及不可预见的零星用工等引起的费用增加。企业可以通过测算这笔费用,由企业内部包干使用。该费用的计算应根据地区、本企业的规定执行。

4.3.5 施工预算的编制程序

1. 列工程项目

根据施工图和施工组织设计，按施工定额中的项目排列出分项工程的项目。对一般工程按常规方法施工时，可直接套用施工图预算的结果；对于比较特殊的工程项目，有些施工项目与施工图预算施工项目不同，则应按实际施工过程列出分项工程的施工项目。事实上，施工预算项目划分，根据施工的实际需要，其项目划分往往要比施工图预算项目划分更细。如车间（室）内低压管道（丝接）安装工程一项，在编制施工图预算时采用的预算定额中，不分立支管与干管，均为同一个分项工程项目。而在《建筑安装工程统一劳动定额》中，就分为立支管安装和干管安装等一些分项工程项目。这就说明了预算定额的项目划分工作内容较粗，而劳动定额或施工定额的项目划分则比较细，更便于组织施工安装。

2. 计算工程量

在复核施工图预算工程项目的基础上，按施工预算要求列出所需计算中心工程量的工程项目。除了新增项目需要补充计算工程量外，其他均可根据施工定额的项目划分和计量单位，将施工图预算书中与之相应项目的工程量，填写在施工预算各分部分项工程的工料分析表格中。

3. 套用施工定额

按分项工程项目，套用施工定额中相应项目的工料消耗定额，并填写到施工预算各分部分项工程的工料分析表格中。

4. 工料分析与汇总

① 分项工程工料分析

它是将各分项工程所包括的工程项目，逐项按其工程量及工料消耗定额，计算其各工程人工和各种材料的消耗量，并填写在表格中。其具体方法就是用工程量分别乘以所套用的工料消耗定额即可。

② 分部工程工料分析

它是按照各分项工程各自所消耗的各工种劳动量和各种材料数量进行汇总，得出每一分部工程中各工种劳动力和各种材料消耗的总数量。其具体计算方法就是将各分项工程中所消耗的各种相同工种劳动量和各种类别、型号、规格相同的材料，分别相加汇总在一起即可。

③ 单位工程工料分析

这是将单位工程中各分部工程相同的各工种人工、材料分别进行汇总，最后得出该单位工程的各工程工人的需要总数量和各种不同类别、型号、规格的材料（如管材、型钢、钢板、散热器、阀门等）需要的总数量。

5. 计算实际直接消耗费用

根据现行的人工工资标准、材料预算价格和机械台班预算价格，分别计算人工费、材料费、机械费和各分部工程或单位工程的施工预算直接费。再根据本地区或本企业的规定，计算其他有关费用，得到实际直接消耗费用。

6. 进行“两算”对比

进行施工图预算与施工预算，这“两算”对比是一项很重要的工作。如果不进行这项工作，就不知道施工企业是否能够保证降低工程成本计划指标的实现，就不知道“两算”编制的是否正确可行，因此必须进行“两算”对比。

4.3.6 施工预算的工料分析表与“两算”对比表的表格形式

1. 施工预算工料分析表的表格形式

以某厂办公楼的给水工程为例，表4-12、表4-13、表4-14分别给出了该工程施工预算工料分析表的表格形式。

施工预算表（人工定额） **表4-12**

单位工程名称：某厂办公楼给水工程 单位：工日 年 月 日

序号	定额编号	项　目	管工	电焊工	气焊工	起重工	铆工	电工	通风工	油漆工	其他用工
1	管道1-5	镀锌给水管丝接	35.41								
2	管道2506	小便槽冲洗管制作安装	4.46								
3	管道5121	水龙头安装	1.2								
4	管道551-1551	阀门安装 $DN=15-50$	2.86								
5	管道4228	管架安装 $DN=70$	1.12								
6	管道3229	单式立管卡子制作	0.15								
7	刷油41	钢管刷油									
		共　计	45.38								

注：本预算人工定额套用1979年的建筑安装工程统一劳动定额，仅供参考。

施工预算表（材料部分） **表4-13**

单位工程名称：某厂办公楼给水工程 年 月 日

序号	项　目	主材	管卡	钩钉	锯条	铅油	机油	电焊条	焦炭	油漆	L40×40角钢	$\phi8$圆钢
		m	个	个	根	kg	kg	kg	kg	kg	kg	m
	镀锌钢管丝接 $DN=15$	14.38	1	3	0.6	0.14	0.4					
	镀锌钢管丝接 $DN=20$	29.38	3	8	1.9	0.24	0.85					
	镀锌钢管丝接 $DN=25$	26.52	3	5	1.8	0.37	0.80					
	镀锌钢管丝接 $DN=32$	22.44	3	4	2.0	0.36	0.67					
	镀锌钢管丝接 $DN=40$	10.10			1.14	0.18	0.31					
	镀锌钢管丝接 $DN=50$	15.50			2.22	0.29	0.50					
	镀锌钢管丝接 $DN=65$	13.67			1.54	0.19	0.31					
	镀锌钢管丝接 $DN=80$	7.4										
	管道制作							1.21			24.8	1.7
	刷油（银粉）									0.52		
	合　计				11	1.77	3.84	1.21		0.52	24.8	1.7

单位工程负责人　　　　预算员　　　　材料部门

施工预算表（标准件） 　　**表 4-14**

单位工程名称：某厂办公楼给水工程 　　年　月　日

序号	名称与规格	数量	序号	名称与规格	数量	序号	名称与规格	数量
1	闸板阀 Z15T-10*DN*15	4	15	白 90°弯头 *DN*32	3	29	白三通 *DN*25×20	4
2	闸板阀 Z15T-10*DN*20	14	16	白 90°弯头 *DN*20	24	30	白三通 *DN*25×15	16
3	闸板阀 Z15T-10*DN*25	4	17	白 90°弯头 *DN*15	16	31	白三通 *DN*20×10	20
4	闸板阀 Z15T-10*DN*32	8	18	白三通 70×70	1	32	白三通 *DN*20×15	12
5	闸板阀 Z15T-10*DN*50	3	19	白三通 70×50	1	33	白三通 *DN*15×15	4
6	普通水嘴 *DN*15	40	20	白三通 *DN*50×32	4	34	白补心 *DN*70×50	2
7	普通水嘴 *DN*20	8	21	白三通 *DN*50×25	1	35	白补心 *DN*50×40	3
8	白活接头 *DN*15	4	22	白三通 *DN*50×20	1	36	白补心 *DN*40×32	3
9	白活接头 *DN*20	4	23	白三通 *DN*40×32	2	37	白补心 *DN*32×25	9
10	白活接头 *DN*25	4	24	白三通 *DN*40×25	1	38	白补心 *DN*25×20	12
11	白活接头 *DN*32	8	25	白三通 *DN*40×20	1	39	白补心 *DN*20×15	16
12	白活接头 *DN*50	3	26	白三通 *DN*32×25	1	40	平垫圈　ϕ8	34
13	白 90°弯头 *DN*70	1	27	白三通 *DN*32×20	2	41	螺　母　M8	34
14	白 90°弯头 *DN*50	1	28	白三通 *DN*32×15	8	42		

单位工程负责人　　　　预算员　　　　材料部门

2．“两算”对比表的表格形式

“两算”对比表的表格形式一般有两种：一种是实物量的单项对比表（见表 4-15 所示），该表是将施工预算所计算的单位工程人工和主要材料消耗用量与施工图预算中的相应工料用量进行对比分析，计算出节约或超支的数量差；另一种是直接费综合对比表（见表 4-16 所示），该表是将施工预算所计算的人工、材料和机械台班耗用量，分别乘以相应的人工工资标准、材料预算价格和机械台班预算价格，得出相应的人工费、材料费、机械费和直接费，然后与施工图预算所计算的人工费、材料费、机械费和直接费进行对比分析，计算出节约或超支的费用差。

实物量单项对比的两算对比表 　　**表 4-15**

建设单位： 　　建筑面积：

工程名称： 　　结构层数：

序号	工程名称及规格	单位	施工图预算		施工预算			对比结果					
								数量差			金额差		
			数量	单价	金额（元）	数量	单价	金额（元）	节约	超支	%	节约	超支	%
一	人工 其中：采暖工程 室内燃气工程 ……													
二	材料													
1	*DN*50 焊接钢管													
2	*DN*40 焊接钢管													

续表

序号	工程名称及规格	单位	施工图预算			施工预算			对比结果					
									数量差			金额差		
			数量	单价	金额（元）	数量	单价	金额（元）	节约	超支	%	节约	超支	%
3	……													
4	四柱 760 型铸铁散热器													
5	螺纹截止阀													
6	螺纹闸阀													
7	……													
8	DCJ2.5-IC 卡智能燃气表													
9	JZ-2 型双眼燃气灶													
10	……													

直接费综合对比的两算对比表 **表 4-16**

建设单位： 建筑面积：

工程名称： 结构层次：

序号	项　目	施工图预算（元）	施工预算（元）	对比结果		
				节　约	超　支	%
一	单位工程直接费 其中：人工费 材料费 机械费					
二	分部工程直接费					
1	采暖工程 其中：人工费 材料费 机械费					
2	室内燃气工程 其中：人工费 材料费 机械费					
3	……					

4.4 竣　工　结　算

基本建设项目或单位工程竣工后，建设单位应组织有关人员进行验收，并及时进行竣工结算，这是执行基本建设程序的一项重要环节。

竣工结算是指施工单位所承担的安装工程完工验收后的费用结算。它是以施工图预算或承包合同为基础，根据设计变更，工程量增减、材料变更等实际施工情况进行编制的。除按施工图预算加系数包干和工程施工中图纸无重大更改的项目外，一般都要进行工程竣工结算。

4.4.1 竣工结算的作用

竣工结算对于安装施工企业和建设单位均具有重要的意义，主要表现在：

1. 竣工结算是统计施工企业完成生产计划和建设单位完成建设投资任务的依据。

2. 竣工结算是施工企业完成该工程项目的总货币收入，是企业内部编制工程决算、进行成本核算、确定工程实际成本的重要依据。

3. 竣工结算是建设单位编制竣工决算的主要依据。

4. 竣工结算的完成，标志着施工企业和建设单位双方所承担的合同义务和经济责任的结束。

4.4.2 竣工结算编制原则

编制竣工结算是一项细致的工作，要求做到既要正确地反映出安装企业创造的产值，又要正确地贯彻执行国家的经济法规。因此，在结算时应遵循以下原则：

1. 编制竣工结算时要贯彻"实事求是"的原则

对办理竣工结算的工程项目内容，应进行全面清查。工程的形象要求、分部分项工程数量和质量等方面，都必须符合设计要求和施工验收规范的规定。对未完工程不能办理结算，对工程质量不合格的，应进行返工，待修理合格后方能结算。另外在编制竣工结算时，还要严格遵守各地区的有关规定，只有这样才能真正反映出工程的实际造价。

在编制工程竣工结算时，为了做到符合实际情况，避免多算、少算或漏算等现象发生，预算工作人员在施工过程中，应经常深入施工现场，了解工程施工情况和工程修改变更情况，为竣工结算积累和收集必要的原始资料。

2. 竣工结算必须通过建设银行办理

按国家规定，建设银行担负对基建资金的管理和监督职能，一切用于基建的资金都必须存入建设银行，各建设单位和施工企业基建资金的拨付和结算都必须由建设银行办理，必须接受建设银行的监督。

建设银行通过基建资金的管理，可以全面了解、掌握建设单位和施工企业的经济往来和资金流动情况，从而了解双方在执行建设计划，遵守合同和财务管理制度方面的情况或产生的问题，促使企业和建设单位采取改进措施和加强管理，以及合理的使用资金。

3. 竣工结算必须维护甲乙双方的正当经济权益，必须以双方签订的经济合同为依据。对乙方不履行合同条款的，甲方有权全部或部分拒付款，以督促乙方保质按期完成安装任务；对甲方不按期付款或无理拒付的，建设银行有权强制划拨。

4.4.3 竣工结算编制的依据

竣工结算的编制依据主要有以下资料：

1. 安装施工企业与建设单位签订的合同或协议书。

2. 工程竣工报告和工程验收单。

3. 施工图纸及其有关资料、会审纪要等。

4. 设计单位关于设计修改变更的通知单。建设单位关于工程的变更、修改、增加和减少的通知单。施工图预算未能包括的工程项目，而在施工过程中实际发生的现场工程签证单。

5. 安装工程设计概算、施工图预算文件和总安装工程量。

6. 市场议价材料价格凭证；定额、价目表、取费标准等。

4.4.4 工程价款的结算方式

工程款结算根据不同的承包方式，采取不同的结算方式，一般有如下结算方式：

1. 定期结算

定期结算是按确定的时间间隔进行工程价款结算。通常为了安装施工企业资金及时获得补充，根据月完成的工程量和预算单价、取费标准计算工程价款，按月结算。

2. 阶段结算

阶段结算是指以单项或单位工程为对象，按施工形象进度将其划分为若干施工阶段，按阶段进行工程价款结算。它一般可分为：

①阶段预支，阶段结算。根据工程的性质和特点，将其施工过程划分为若干施工形象进度阶段，以审定的施工图预算为基础，测算每个阶段的预支款数额。在施工开始时，办理第一阶段的预支款，在该阶段完成后，计算其工程价款，经建设单位签证，交建设银行审查并办理阶段结算，同时办理下一阶段的预支款。

②阶段预支，竣工结算。对于工程规模不大、投资额较小、工期较短的工程，将其施工全过程的形象进度大体分几个阶段，施工企业按阶段预支工程价款，在工程竣工验收后，经建设银行办理工程竣工结算。

3. 年终结算

年终结算是指单位工程和单项工程不能在本年度竣工，而要转入下年度继续施工。为了正确统计施工企业本年度的经营成果和建设投资完成情况，由施工企业、建设单位和建设银行对正在施工的工程进行已完成和未完成工程量盘点，结清本年度的工程价款。

4. 竣工结算

在安装工程竣工后，安装施工企业以原施工图预算为基础，按合同或协议的合同规定和施工中实际发生的情况，调整原施工图预算，经建设单位签证，交建设银行办理工程价款结算。

4.4.5 工程签证

凡在施工中发生的，未包括在原施工图预算中或合同中的临时增加的工程项目，或与施工图不符需要进行更改的项目引起的费用变化，取得建设单位同意或委托，采用现场经济签证形式处理计费。

1. 签证种类

按签证的范围不同，签证分为预算内和预算外费用签证两种。预算内费用签证，是指预算内工程更改构成工程造价的费用增减，列入计划统计工程完成量和结算；预算外费用签证，是指预算外和不构成工程造价的，不列入统计工程完成量，随时发生随时由有关业务部门向建设单位办理签证手续，以免发生补签和结算困难。

预算内费用签证包括：

①设计变更的增减费用签证。无论是设计单位或建设部门签发的设计变更核定单，预算部门应及时会同施工部门根据核定单计算增、减的预算费用，向建设单位办理签证手续或进行经济结算。

②材料代用的增减费用签证。凡因材料供应不足或不符合设计要求需要代用时，由材料部门提出，经技术部门核定，填写材料代用单，经建设单位签章后办理材料代用现场签证。

③有关技术措施费。在施工过程中需要采用预算定额中没有包括的技术措施或超越一般施工条件的特殊措施而产生的费用签证。

④其他有关费用签证。如由于建设单位的原因或施工特殊要求连续施工，而发生的夜间施工增加费用签证等。

预算外费用签证包括：

① 建设单位未按期交付施工图纸资料造成的损失费用签证。

② 由于建设单位的责任造成停工、返工损失费用的签证。

③由于设计变更、计划改变引起的加工预制品损失费用签证。

④由于建设单位中途停建、缓建、改建等原因造成材料的积压或不足产生的损失费用签证。

⑤因建设单位提供场地条件的限制而发生的材料、成品、半成品的二次搬运费用等签证。

⑥其他有关费用签证。如建设单位未按期拨款引起的信贷利息或罚金费用签证。

2. 签证办理

对于需要签证的项目，一般应先签证，后施工安装，签证是施工的依据。当遇到需要办理签证的项目，需随时遇到随时签证。发生在哪个施工队，由哪个施工队办理签证，以免时过境迁。计划统计部门对各基层单位的签证应及时落实和汇总管理。

4.4.6 竣工结算编制方法

工程竣工结算的编制方法一般是在施工图预算的基础上，根据施工中工程更改或变动的情况，对费用增减进行调整。在竣工结算编制时，应本着“实事求是”的原则，该调增的调增，该调减的调减，做到合理合法，正确地确定工程的结算价值。竣工结算并不是按照变更设计后的施工图纸和其他变更资料，重新编制一次施工图预算。只有在设计变更较大，使整个工程的工程量全部或大部分变更时，竣工结算就要按照施工图预算的做法，重新进行编制，即是重新编制施工图预算，并作为工程竣工结算的依据。

具体编制工程竣工结算时，先根据工程变化的签证单计算工程量，再套用预算定额单价，其算法同施工图预算，然后计算出调整工程的费用，将其列入竣工结算工程费用中。竣工结算工程费用的计算表达式如下：

竣工结算工程费用 = 原施工图预算费用 + 调增部分费用 − 调减部分费用

竣工结算的表格形式见表 4-17 所示。

竣工工程结算表 表 4-17

建设单位： 单位：元

<table>
<tr><td colspan="3">一、原合同预算工程造价</td><td>×××××</td></tr>
<tr><td rowspan="10">二、调整预算</td><td rowspan="5">（一）增加部分</td><td>1. 补充预算</td><td>×××</td></tr>
<tr><td>2. ……</td><td></td></tr>
<tr><td>3.</td><td></td></tr>
<tr><td>4.</td><td></td></tr>
<tr><td>合计</td><td>×××</td></tr>
<tr><td rowspan="5">（二）减少部分</td><td>1. 补充预算</td><td>×××</td></tr>
<tr><td>2. ……</td><td></td></tr>
<tr><td>3.</td><td></td></tr>
<tr><td>4.</td><td></td></tr>
<tr><td>合计</td><td>×××</td></tr>
<tr><td colspan="3">三、竣工结算总造价</td><td>××××××</td></tr>
</table>

4.4.7 竣工结算与竣工决算的关系

建设项目竣工决算，是反映竣工项目建设成果的文件，是确定新增固定资产价值、办理交付竣工验收、考核分析投资效果的依据，是竣工验收报告的重要组成部分。竣工决算由建设单位编制，用以向国家和上级主管部门报告建设成果及投资使用情况的文件。而竣工决算的计算编制，是在施工企业向建设单位办理竣工结算的基础上，加上建设单位自身开支和自营工程决算汇总而成的。竣工结算与竣工决算的关系，大体有以下两点：

1. 竣工结算对施工单位来讲，反映了承建项目的最终实际成本，但对于建设单位来说，反映的却是发包工程项目的建筑安装实际成本。因为竣工结算书是建设单位向施工单位支付或结算工程价款的凭证和依据。显然，竣工结算确定的工程价款，仅仅只是整个工程建设成本的一部分。除了竣工结算金额列入的建筑安装工程成本以外，还有其他基本建设费用的实际支出和分摊。

2. 办理竣工结算是实际竣工决算工作的基础。无论是施工单位还是建设单位，任何一项工程只有先办理工程竣工结算，才有可能编制竣工决算。这就要求当一项建设工程报竣工以后，应尽快办理工程结算，为编制决算文件创造条件。按规定，在竣工项目办理验收后一个月内，由建设单位编制竣工决算，上报主管部门，并抄送有关设计单位和建设银行。

第 5 章　建筑设备安装工程施工图预算

建筑设备安装工程施工图预算是建设单位招标、编制标底，施工单位投标、编制投标文件、确定工程报价以及甲乙双方签订工程承包合同、确定承包价款的依据；也是确定建筑设备安装工程造价、施工期间进行工程结算、办理竣工决算以及甲方向乙方预付备料款的依据，因此施工图预算的准确性直接关系到工程的总造价。

施工图预算编制，必须依据经由上级各有关管理部门批准的施工图纸，按照国家颁发的工程预算编制办法进行。首先将工程项目的分部分项工程量计算出来，然后套用相应项目的预算定额单价，累计计算其全部直接费，再按配套费用定额计取工程的其他费用，最后确定出单位工程或建设项目的预算值。本章主要讲述施工图预算的编制方法及其应用实例。

5.1　编制设备安装工程施工图预算的依据和程序

设备安装工程施工图预算的编制必须以有关的文件、资料和定额为依据，按一定的方法、程序和步骤进行。下面就施工图预算编制的有关问题进行说明。

5.1.1　编制施工图预算的依据

(1) 施工图纸等设计文件

施工图纸指经过会审及核定的图纸资料，它包括设计图纸、设计说明书、设备材料明细表以及有关的标准图和大样图等，这些图中明确表示了管道走向、设备位置、标高、尺寸、型号、规格和数量以及技术要求等内容。它们直接影响到工程量计算的准确性和定额项目选套的合理性，是编制施工图预算的主要依据。

(2) 国家和地方颁发的有关文件

国家和地方颁发的现行预算定额、地区材料预算价或单位估价表、人工工资标准、施工机械台班使用定额、间接费定额及其他有关费率标准、地区调价系数等，是计取各种费用、确定工程造价的依据。

(3) 预算文件和手册

编制预算的手册有：各种标准图集、五金材料手册、管道设备安装图集。其中列出了各种常用数据、计算公式、各种金属材料的单位重量、长度、面积和体积间的换算关系、主要材料损耗率和计算规则等内容，为准确、快速编制施工图预算提供方便。

(4) 工程合同或协议书

工程合同或协议书中有明确的工程承包内容和范围、双方的责任和权利、奖惩办法、设备和材料的供应方式、施工要求、工期要求、拨付款方式等内容，这些都与预算费用有关。

5.1.2 编制施工图预算的程序与步骤

在汇集了上述各项资料依据后，按下列程序编制预算，编制程序可用如下框图 5-1 表示。

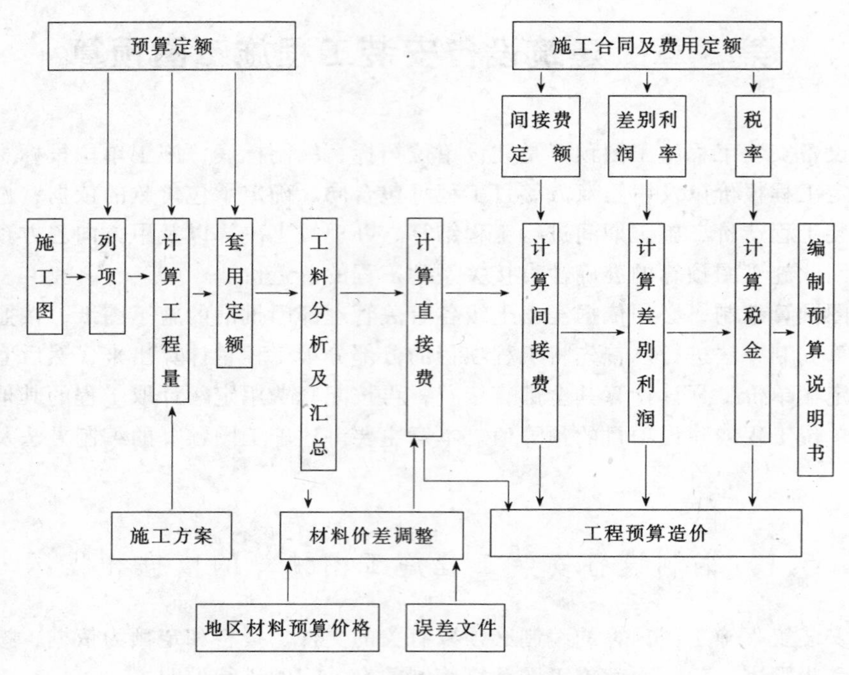

图 5-1 施工图预算编制程序框图

即按如下步骤编制：

(1) 阅读施工图纸和预算定额

施工图纸是编制施工图预算的根本依据，必须认真阅读图纸，全面熟悉图纸内容，理解设计意图，了解工程的性质、系统的组成、设备和材料的规格型号与品种以及有无新材料和新工艺的采用，掌握工程量计算的必要数据，才能正确排列出分项工程项目和进行工程量计算。

预算定额是编制施工图预算的计价标准，只有充分了解其适用范围、工程量计算规则及定额系数等，才能做到心中有数，使预算编制工作准确迅速进行。

(2) 熟悉合同或协议内容

工程合同或协议书中有明确的工程承包内容和范围、双方的责任和权利、奖惩办法、设备和材料的供应方式、施工要求、工期要求、拨付款方式等内容，这些都与预算组成费用有密切关系。

(3) 划分工程项目和计算工程量

划分工程项目时必须与定额规定的项目一致，不能重复列项计算，也不能漏项少算。有些工程量，在图样上不能直接表达，往往在施工说明中加以表述，如管道除锈、刷油、绝热及系统调试等，注意不要漏项。

工程量计算是一项细致的工作，工作量大而烦琐。工程量计算的准确与否直接影响到施工图预算的编制质量、工程造价的高低、投资大小、施工企业生产经营计划的编制等。

计算工程量必须按定额规定的工程量计算规则有序地进行，通常计算结果采用表格形式汇总，如表 5-1 所示，以防漏算或重复计算，也便于检查校对和审核。

工 程 量 统 计 表 表 5-1

建设单位： 单位工程： 年 月 日

编 号	分项工程名称	单 位	计 算 式	结 果

(4) 运用定额计算直接费

完成工程量计算及汇总工作之后，按分项工程选套有关定额项目计算直接费。即用定额中分项工程规定的单位工程量单价与工程量数值相乘，其乘积数据就是该工程项目的价值，然后将各项价值汇总（先分别求出人工费、计价材料费、机械费的总和）求得直接费 A

$$A = \Sigma(\text{定额单价} \times \text{工程量})$$

再依据定额中主要材料消耗标准和材料的市场价格或预算价格（应另计价差）求出未计价材料的价值 B

$$B = \Sigma(\text{定额主材消耗标准} \times \text{工程量} \times \text{材料单价})$$

对 A 和 B 分别按人工费、材料费、机械费分别乘以调价系数求出调价值，则 A 加 B 加上调价值之和为直接费，即：

$$\text{单项工程直接费} = A + B + \Sigma\,\text{调价值}$$

对于建筑设备工程，施工单位如果承担调试任务，则直接费中还包含系统调试费，若不承担调试就不取费。

此外，直接费还应包含脚手架搭拆费；若为高层建筑时，还应包含高层建筑增加费。它们的价值分别为调价之后的人工费与定额规定的相应系数的乘积。

为便于校核，在汇总工程量的基础上套用定额时，采用预算书的形式，如表 5-2 所示。

(5) 计算其他费用

其他费用包括：其他直接费、现场经费、间接费、差别利润、税金以及贷款利息等。确定这些费用，应注意：

①每项费的费率和取费基数应按国家或地方基本建设主管部门颁发的费用定额规定，根据工程类别和施工现场所在地区来确定各种费用的取费基础与费率，按照取费程序，计算各项费用的数量。

②管道及设备安装工程取费一般以人工费为基数，土建工程以直接费为基数计取。

③计取费用时，应本着该取则取，不该取就不取的原则，以免漏项和多算。

工程预算书 表 5-2

定额编号	名称及规格	工程量		单价				合价				主材费	
		定额单位	数量	合计	人工费	材料费	机械费	合计	人工费	材料费	机械费	单价	合价

(6) 计算工程预算造价

求得以上各项费用之后，各费用之和就是工程造价，即：

工程造价 = 直接工程费 + 间接费 + 差别利润 + 税金

此外，按建设部、中国人民建设银行建标 1993 年［894］号文精神，凡实行行业统筹的单位，职工养老保险费也应列入间接费，按不含税工程造价的一定比例计入工程造价中。在工程结算时扣除，由建设单位按标准上缴建筑行业劳保统筹管理部门，作为施工企业离退休人员的养老金和在职职工的养老保险积累。根据社会统筹的一系列文件精神，对参加了保险的施工企业，待业保险、工伤保险、医疗保险及残疾人就业保险也应按工程不含税造价的一定比例计入工程造价中。另外，结算时对于安全、文明施工企业应按不含税工程造价的一定比例给予补贴，补贴费一并计入工程总造价中。

工程预算造价一般可列表进行计算，表格形式见表 5-3。

工程预算总括表 表 5-3

建设单位： 单位工程：

工程总造价： 建筑面积：

编号	费用名称	金额（元）	取费基础	取费率（%）	计算式	备注
(一)	直接工程费	G			$A+A_2+A_3$	
(1)	直接费	A				
(A)	其中：人工费	A_1				
(2)	其他直接费	A_2	A_1	R_1	$A_1\times R_1$	
(3)	现场经费	A_3	A_1	R_2	$A_1\times R_2$	
(二)	间接费	C	A_1	R_3	$A_1\times R_3$	
(三)	差别利润	A_4	A_1	R_4	$A_1\times R_4$	
(四)	贷款利润	A_5	A_1	R_5	$A_1\times R_5$	
(五)	不含税工程造价	H			$G+C+A_4+A_5$	
(六)	养老保险统筹	A_6	H	R_6	$H\times R_6$	
(七)	四项保险费	A_7	H	R_7	$H\times R_7$	
(八)	安全、文明施工定额补贴	A_8	H	R_8	$H\times R_8$	
(九)	税金	A_9	$H+A_6+A_7+A_8$	R_9	$(H+A_6+A_7+A_8)\times R_9$	
(十)	预算造价	$H+A_6+A_7+A_8+A_9$				

(7) 编写施工图预算说明书

各项费用计算完毕、工程造价确定之后，应编制施工图预算说明书，它包括以下内容：

①工程概况；

②说明各类费用、费率的选取依据和取费理由；

③材料价格预算的依据，价差处理方法；

④工程中某些特殊项目的工程量计算处理方法；

⑤套用定额情况，是否有借套或编制补充定额套用情况。如果定额经过换算或者有其他变动，在填写定额编号时，则应在基价编号后加以注明。如“4 换”表示该子目基价不是原来的基价，是经过换算的；“6－1490×1.2”表示该子目套用的是低压碳钢法兰安装定额，按规定定额基价乘以系数1.2；“8－12（人工×1.3）”表明该项基价中人工乘以系数1.3，其他不变。若用的是补充定额，也应加以说明，如“补25”表示套用的是补充定额第25项。

⑥施工中原设计更改处理方法或变更部分的计费方式。

（8）工料分析

工料分析是依据定额或单位估价表，计算人工和各种材料的实物耗量，将主要材料汇总成表。

工料分析的方法，首先从定额项目表中分别将各项工程消耗的每项材料和人工定额耗量查出，再分别乘以该工程项目的工程量，得到分项工程工料耗量，最后将各分项工程工料耗量加以汇总，得出单位工程人工、材料的消耗数量，即

$$人工 = \Sigma(分项工程量 \times 综合工日消耗定额)$$

$$材料 = \Sigma(分项工程量 \times 各种材料定额耗量)$$

用同样的方法也可进行机械台班耗量分析。

本书由于篇幅关系，编制施工图预算的例题均未做工料分析。

5.2 工程量计算方法、规则和定额套用要求

在建筑安装工程中，每个单项工程都包括若干个分项工程，每个分项工程都包含一定的工程量。工程量计算必须采取一定的方法，根据施工图和工程量计算规则，依一定顺序按分项工程进行。

5.2.1 工程量计算方法

（1）根据施工图纸的内容和说明书划分分项工程项目

①采暖安装工程常用分项工程项目划分方法

室内采暖安装工程的分项工程项目常可分为：A. 室内管道安装；B. 散热器组对与安装；C. 阀门、仪表安装；D. 套管制作；E. 管道支架制作及安装；F. 管道除锈；G. 管道刷油；H. 散热器片刷油；I. 钢支吊架及结构刷油；J. 管道与设备保温；K. 法兰盘制作与安装；L. 膨胀水箱制作与安装；M. 集气罐制作与安装；N. 补偿器制作与安装。

②工业管道安装工程常用分项工程项目划分方法

工业管道安装工程的分项工程项目常可分为：A. 管道安装；B. 仪表、阀门安装；C. 法兰盘制作与安装；D. 管件制作与安装；E. 设备安装；F. 小型器具制作与安装；G. 管道除锈、刷油与绝热；H. 管道冲洗、消毒等。

③通风、空调安装工程常用分项工程项目划分方法

通风、空调安装工程的分项工程项目常可分为：A. 风管制作与安装；B. 检查口、测定口、导流叶片、软接口的制作安装；C. 阀门制作安装；D. 进、出风口部件制作安装；

E. 除尘设备制作安装；F. 消声器制作安装；G. 空调部件或设备制作安装；H. 风机安装；I. 刷油漆与保温；J. 其他。

(2) 根据分项工程的施工内容统计工程量

工程量统计一般以管道或设备为主线分类分段编号进行计算。例如室内采暖系统，管径有大有小，连接方式有螺纹连接、焊接及法兰接口。参照定额，可按连接方式分类，按管径大小排列逐段统计；也可以按安装方法分类，如明装、暗装及局部暗装等，以管径大小排列，分段统计。工程量统计形式有多种，可根据工程内容、个人习惯等，灵活选用。但无论用哪种方法，都要做到统计准确，既不漏项又不重项。

(3) 工程量汇总

各分项工程的每类工程量统计完毕之后，以分项工程为单位，将同类性质的项目依次排列，相加汇总，并填入表格，为套用定额做好准备。

5.2.2 工程量计算规则和套用定额的要求

(1) 采暖安装工程量计算规则和定额套用

① 室内外采暖管道界线的划分

A. 室内外以入口阀门或距建筑物外墙皮 1.5m 为界；

B. 室外采暖管道与工业管道界线以锅炉房或距泵站外墙皮 1.5m 为界；

C. 工厂车间内采暖管道以采暖系统与工业管道碰头点为界；

D. 设在高层建筑内的加压泵站间管道与采暖系统管道、给排水管道的界线以泵站外墙皮为界。

②管道安装

对于室内采暖安装工程，工程量计算一般顺序是分系统按步骤，从系统入口开始，先地下后地上，先主干后分支，逐步有条不紊地计算干管、立支管、器具、阀门等的数量。当系统较大较复杂时，要注明计算部位。

各种管道，均以施工图所示中心线长度，以“米”为单位计算，不扣除阀门、管件(包括减压器、疏水器、水表、补偿器等组成安装）所占长度，以“10m”为单位套用定额。

镀锌铁皮套管制作以“个”为单位计算，其安装已包括在管道安装定额内，不得另行计算。弯管制作安装已包含在钢管中，无论现场煨制或成品弯管均不得换算。铸铁排水管、雨水管及塑料排水管中均包括管卡及吊托支架、通气帽、雨水漏斗的制作安装，不得另行计算。

管道支架制作安装，公称直径 32mm 以下的室内管道安装工程，管卡及托钩的制作安装已包括在内，不得另行计算。公称直径 32mm 以上的，可另行计算，且其钢管支架按管支架另行计算。

各种补偿器制作安装，均以“个”为单位计算，方形补偿器的两臂，按臂长的两倍合并在管道长度内计算。

管道消毒、冲洗、压力试验，按管道长度以“米”为单位计算，不扣除阀门、管件所占的长度。

③阀门、水位标尺安装

各种阀门安装均以“个”为单位计算。螺纹阀门安装适用于内外螺纹连接的阀门安装。法兰阀门安装，如仅为一侧法兰连接时，定额所列法兰、带帽螺栓及垫圈数量减半，其余不变。

各种法兰连接用垫片，均按石棉橡胶板计算，如用其他材料，不得调整。

法兰阀（带短管甲乙）安装，均以“套”为单位计算，如接口材料不同时，可作调整。

自动排气阀安装以“个”为单位计算，已包括了支架制作安装，不得另行计算。

浮球阀安装均以“个”为单位计算，已包括了联杆及浮球的安装，不得另行计算。

浮球液面计、水位标尺是按《采暖通风国家标准图集》编制的，如设计与国标不符时，可作调整。

④供暖器具安装

长翼、柱型铸铁散热器组成安装以“片”为单位计算，并均采用成品汽包垫，如采用其他材料的汽包垫，不得换算；当柱型和 M132 型铸铁散热器安装用拉条时，拉条另行计算；圆翼型铸铁散热器组成安装以“节”为单位计算，汽包垫采用橡胶石棉板，如采用其他材料，不得换算。

各种类型的散热器不分明装或暗装，均按类型套用定额，柱型散热器为挂装时，执行 M132 的项目。

光排管散热器（A 型或 B 型）制作安装按公称直径不同分别以“米”为单位计算，其中已包括联管长度，不得另行计算。以“10m”为单位套用定额。

钢制闭式及板式散热器安装按型号不同以“片”为单位计算；钢制壁板式散热器安装按重量（15kg 以内或以上）不同以“组”为单位计算；钢制柱式散热器安装按片数不同以“组”为单位计算。其中板式、壁板式散热器的安装已包括了托钩的安装人工和材料；闭式散热器，如主材价不包括托钩者，托钩价格另行计算。

暖风机安装按重量不同以“台”为单位计算。

热空气幕安装按型号和重量不同以“台”为单位计算，其支架制作安装可按相应定额另行计算。

⑤小型容器制作安装

钢板水箱制作按施工图所示尺寸，不扣除人孔、手孔重量，以“千克”为单位计算，法兰和短管水位计可按相应定额另行计算；内外人梯和水位计未包含在定额中，如设计有，可另行计算；钢板水箱安装按国家标准图集水箱容量“立方米”，执行相应定额。

各种水箱安装均以“个”为单位计算，不包括支架制作安装，如为型钢支架，执行“一般管道支架”项目，混凝土或砖支座可按土建相应项目执行；且水箱连接管未包含在定额内，可执行室内管道安装的相应项目。

（2）通风、空调工程量计算规则和定额套用

通风、空调工程的风管及部件一般依据国家标准进行制作、加工和安装，其工程量的计算规则如下。

①管道制作安装工程量计算

A. 通风管道

通风管道的制作安装除柔性软风管外，不论材质（镀锌钢板、普通钢板、铝板、塑料或复合型材料）、制作方式（咬口、焊接）以及风管形状（圆形、方形、矩形），均以施工

图规格按展开面积计算，以“$10m^2$”为单位计量。不扣除检查孔、测定孔、送风口、吸风口等所占面积。

圆管面积　$F=\pi\times D\times L$

式中　F——圆形风管展开面积，m^2；

D——圆形风管管径，m；

L——圆形风管长度，m。

矩形风管面积按图示周长乘以管道中心线长度计算。

风管长度的计算一律以施工图示中心线长度为准（主管与支管以其中心线交点划分），包括弯头、三通、变径管、天圆地方等管件的长度，但不包括部件（如阀门及各种罩类）所在位置的长度。风管咬口重叠部分的面积不计入展开面积内。例如图 5-2、图 5-3、及图 5-4 所示。

在图 5-2 中，主管展开面积为　$S_1=\pi D_1 L_1$

支管展开面积为　$S_2=\pi D_2 L_2$

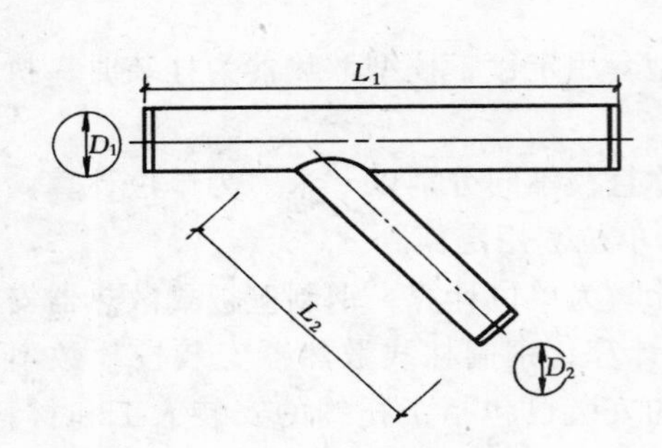

图 5-2　斜三通

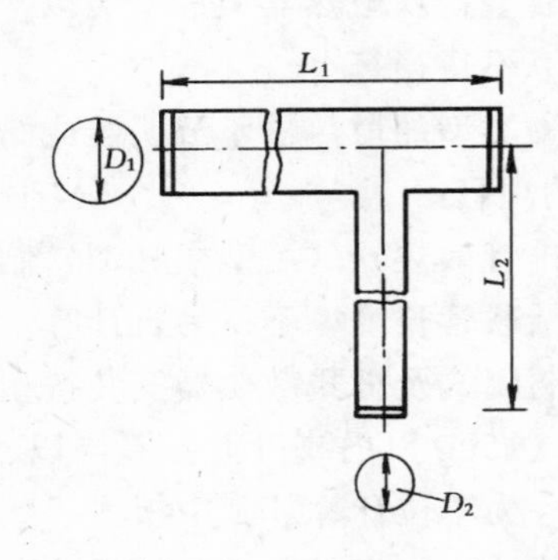

图 5-3　正三通

在图 5-3 中，主管展开面积为　$S_1=\pi D_1 L_1$

支管展开面积为　$S_2=\pi D_2 L_2$

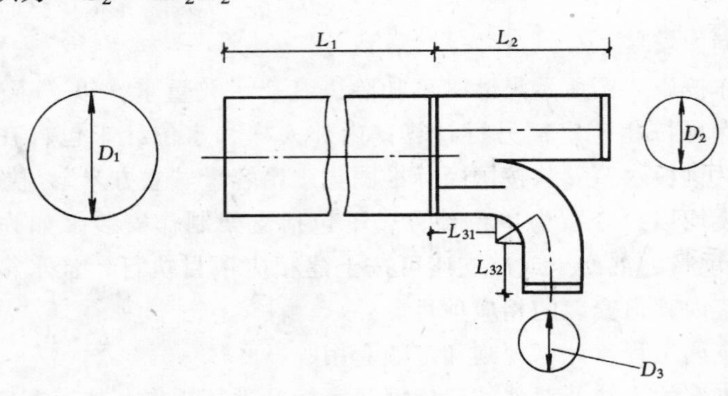

图 5-4　裤衩三通

在图 5-4 中，主管展开面积为　$S_1=\pi D_1 L_1$

支管 1 展开面积为　$S_2=\pi D_2 L_2$

支管 2 展开面积为　$S_3=\pi D_3\ (L_{31}+L_{32}+2\pi r\theta)$

式中　θ——弧度，$\theta=$角度$\times 0.01745$；

角度——中心线夹角；

r——弯曲半径，mm。

计算风管长度时应扣除通风部件的长度。例如对于蝶阀应扣除长度 $L=150$mm；止回阀应扣除 $L=300$mm；密闭式对开多叶调节阀扣除 $L=210$mm；圆形风管防火阀扣除 $L=D+240$mm；矩形风管防火阀扣除 $L=B+240$mm（B 为风管的高度）。由于通风部件种类很多，这里对于它们不一一列出应扣除的长度，需要时可查阅相关的手册。

若整个通风系统采用均匀送风渐缩风管，则圆形风管按平均直径、矩形风管按平均周长计算。套用定额时，执行相应规格项目，人工要乘以系数 2.5。

例如：某通风系统采用圆形渐缩风管均匀送风，风管大头直径 $D_1=680$mm，小头直径 $D_2=320$mm，管长 100m，请计算定额基价？

首先要求出平均直径，即

$$(D_1+D_2)/2=(680+320)/2=500\text{mm}$$

再求工程量，即 $F=\pi L(D_1+D_2)/2=3.14\times100\times0.5=157\text{m}^2=15.7(10\text{m}^2)$

查定额基价：直径为 500mm 的圆形风管定额基价为 371.79 元，其中人工费为 182.59 元。

套定额，计算定额基价费：定额基价费一般情况下等于基价与定额工程量的乘积。但是，该系统是圆形渐缩风管，按定额规定，其人工费应乘以系数 2.5，所以定额基价费为 $(371.79-182.59+182.59\times2.5)\times15.7=10137.10$ 元

塑料风管、复合型材料风管的制作安装按内直径、内周长计算。

软管（帆布接口）按图示尺寸以“平方米”为单位计算，软管接头使用人造革，不使用帆布者可以换算。

柔性软风管安装按图示管道中心线长度以“米”为单位计算，柔性软风管包括由金属、涂塑化纤织物、聚酯、聚乙烯、聚氯乙烯薄膜、铝箔等材料制成的软风管。

空气幕送风管的制作安装按矩形风管平均周长执行相应风管规格项目，其人工乘以系数 3.0，其余不变。

套用定额时，圆形风管执行矩形风管相应项目。

B. 风管附件

风管导流叶片制作安装按图示叶片的面积以“平方米”为单位计算，套用定额时不分单叶片和香蕉形叶片均执行同一项目。柔性软风管阀门安装以“个”为单位计算。

如图 5-5 所示的单叶片面积计算公式为 $F=2\pi r\theta b$

如图 5-5 所示的香蕉形叶片面积计算公式为 $F=2\pi(r_1\theta_1+r_2\theta_2)b$

式中 b——导流叶片宽度；

θ——弧度，θ = 角度 × 0.01745，

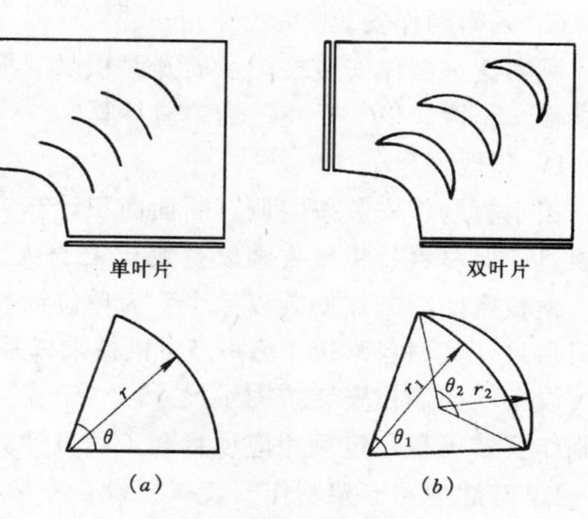

图 5-5 风管导流叶片

角度为中心线夹角；

r——弯曲半径。

风管检查孔的重量，按“国家通风部件标准重量表”计算；风管测定孔按其型号以“个”为单位计算。

薄钢板通风管道、净化通风管道、玻璃钢通风管道、复合型材料通风管道的制作安装中已包括法兰、加固框和吊托支架，不得另行计算。不锈钢通风管道、铝板通风管道的制作安装中不包括法兰和吊托支架，可按相应定额以“千克”为单位另行计算。塑料通风管道的制作安装不包括吊托支架，可按相应定额以“千克”为单位另行计算。

薄钢板通风管道、玻璃钢通风管道、净化通风管道的制作安装项目中不包括过跨风管落地支架，落地支架执行设备支架项目。

薄钢板风管、镀锌薄钢板风管、净化风管、塑料通风管道及铝板通风管道项目中的板如与设计要求厚度不同者可以换算，但人工、机械不变。

② 部件制作安装工程量计算

A. 标准部件与非标准部件的制作安装

标准部件的制作安装，按成品重量以“千克”为单位计算。根据设计型号、规格，按“国家通风部件标准重量表”计算重量；非标准部件按图示成品重量计算。部件安装按图示规格尺寸（周长或直径），以“个”为计算单位。

例如：某通风工程，按图样标注计算，共有 $D=160$mm 钢制蝶阀（T302-7）20 个，$D=400$mm 钢制蝶阀（T302-7）10 个，请计算蝶阀制作、安装工程量。

首先查看重量表知：$D=160$mm 钢制蝶阀 2.81kg/个，$D=400$m 钢制蝶阀 8.86kg/个。分别乘以个数，即 $\phi160$ 钢制蝶阀共重 $2.81\times20=56.2$kg，$\phi400$ 的钢制蝶阀共重 $8.86\times10=88.6$kg。两者单件重量都是 10kg 以下，属于同一子目，将其重量相加即得总重量为 $56.2+88.6=144.8$kg。因为定额计量单位是 100kg，所以钢制蝶阀制作、安装工程量为 1.45（100kg）。

B. 风口的制作安装

钢百叶窗及活动金属百叶风口的制作以“平方米”为单位计算，安装以“个”为单位计算。铝制孔板风口如需电化处理时，另加电化费。

C. 风帽制作安装

风帽泛水制作安装按图示展开面积以“平方米”为单位计算。风帽筝绳制作安装按图示规格、长度，以“千克”为单位计算。

D. 其他

挡水板制作安装按空调器断面面积计算。套用定额时，玻璃挡水板执行钢板挡水板相应项目，但材料、机械要乘以系数 0.45，人工不变。

钢板密闭门制作安装以“个”为单位计算。套用定额时，保温钢板密闭门执行钢板密闭门项目，其材料乘以系数 0.5，机械乘以系数 0.45，人工不变。

设备支架制作安装按图示尺寸以“千克”为单位计算，执行“静置设备与工艺金属结构制作安装工程”定额相应项目和工程量计算规则。套用定额时，清洗槽、浸油槽、晾干架、LWP 滤尘器支架制作安装执行设备支架项目。

电加热器外壳制作安装按图示尺寸以“千克”为单位计算。

风机减振台座制作安装执行设备支架定额，其中不包括减振器，应按设计规定另行计算。

高、中、初效过滤器、净化工作台安装以“台”为单位计算。过滤器安装项目中包括试装，如设计不要求试装者，其人工、材料、机械不变。风淋室安装按不同重量以“台”为单位计算。

洁净室安装按重量计算，执行“分段组装式空调器”安装定额。

套用定额时，薄钢板通风管道中的法兰垫料如与设计要求使用材料品种不同者可以换算，但人工不变。使用泡沫塑料者1kg橡胶板换算为泡沫塑料0.125kg；使用闭孔乳胶海绵者1kg橡胶板换算为乳胶海绵0.5kg。

定额中净化风管涂密封胶是按全部口缝外表面涂抹考虑，如设计要求口缝不涂抹而只在法兰处涂抹者，套用定额时，每$10m^2$风管应减去密封胶1.5kg和人工0.37个工日。另外，定额中的净化风管及部件项目，型钢未包括镀锌费，如设计要求镀锌者，另加镀锌费。

不锈钢风管及部件的制作应套用电弧焊制作子目，如使用手工氩弧焊者，其人工乘以系数1.238，材料乘以系数1.163，机械乘以系数1.673。铝板风管凡以电弧焊考虑的项目，如需使用手工氩弧焊者，其人工乘以系数1.154，材料乘以系数0.852，机械乘以系数9.242。

例如，直径为630mm的铝板风管，采用气焊制作、每$10m^2$安装基价为1064.48元。其中人工费为556.29元，材料费为435.98元，机械费为72.21元。如果使用手工氩弧焊制作风管，则其安装基价为

$$556.29 \times 1.154 + 435.98 \times 0.852 + 72.21 \times 9.242 = 1680.78 \text{元}$$

套用定额时，因塑料风管管件制作的胎具摊销材料费未包括在定额内，可按以下规则计算：风管工程量在$30m^2$以上的，每$10m^2$风管的胎具摊销木材为$0.06m^3$，风管工程量在$30m^2$以下的，每$10m^2$风管的胎具摊销木材为$0.09m^3$，按地区预算价格计算胎具材料摊销费。

玻璃钢风管及管件按计算工程量加损耗外加工订作，其价值按实际价格；风管修补应由加工单位负责，其费用按实际价格计算在主材费内。

③ 通风空调设备安装工程量计算

风机安装按设计不同型号以“台”为计算单位，其安装项目中包括电动机安装，安装形式包括A、B、C或D型，也适用于不锈钢和塑料风机安装。

整体式空调机组安装，空调器按不同重量和安装方式以“台”为单位计算，分段组装式空调器按重量以“千克”为单位计算。

风机盘管安装按照安装方式不同以“台”为单位计算，诱导器安装按风机盘管安装项目计。

空气加热器、除尘设备安装按重量不同以“台”为单位计算。

设备安装项目的基价中不包括设备费和应配备的地脚螺栓价值。

(3) 工业管道工量计算规则和定额套用

工业管道，又称工艺管道，指用于工业生产或满足某些生产工艺需要而输送工艺介质的管道。如压缩空气管道、氧气管道、乙炔管道、供热管道、煤气管道、制冷管道、石油

及各种化工管道等。工业管道按压力等级可划分为：低压 $0<P\leqslant1.6$MPa，中压 $1.6<P\leqslant10$MPa，高压 $10<P\leqslant42$MPa；蒸汽管道当 $P\geqslant9$MPa，工作温度 $t\geqslant500$℃时为高压。对于民用的各种介质管道执行《给排水、采暖、燃气工程》定额“工业管道工程定额”中的材料用量，凡注明“设计用量”者应为施工图工程量，凡注明“施工用量”者应为设计用量加规定的损耗量。定额中的管道是按管道集中预制后运往现场安装与直接在现场预制安装综合考虑的，执行定额时，现场无论采用何种方法，均不作调整。定额中的管道壁厚是考虑了压力等级所涉及的壁厚范围综合取定的，执行定额时，不得调整。

直管安装按设计压力及材质执行定额，管件、阀门及法兰按设计公称压力及连接方式、材质执行定额。

方形补偿器弯头安装执行定额中管件连接的相应项目，弯头制作执行定额中板卷管制作与管件制作的相应项目，直管执行定额中管道安装的相应项目。

空分装置冷箱内的管道属于设备本体管道，执行“静置设备与工艺金属结构制作安装工程”定额相应项目。

设备本体管道是随设备带来的，已预制成型，其安装包括在设备安装定额内；主机与附属设备之间连接的管道，按材料或半成品进货的，执行定额。

单件重 100kg 以上的管道支架，管道预制钢平台的搭拆，执行“静置设备与工艺金属结构制作安装工程”定额相应项目。

管道刷油、绝热、防腐蚀、衬里等执行“刷油、防腐蚀、绝热工程”定额相应项目。

地下管道的管道沟、土石方及砌筑工程，执行“建筑工程预算定额”。

①管道安装

管道安装工程量按压力等级、材质、焊接形式分别列项，以“米”为计量单位，其中管件的连接内容不包括在内，其工程量可按设计用量执行定额中相应项目。各种管道安装工程量均按设计管道中心线长度计算，不扣除阀门及各种管件所占长度，主材按定额用量计算。

衬里钢管预制安装，管件按成品，弯头两端按接短管焊法兰考虑，定额中包括了直管、管件、法兰全部安装内容，但不包括衬里及场外运输。煨弯工序已包含在伴热管项目中，不得另行计算。加热套管安装按内、外管分别计算工程量，执行相应定额项目。

②管件连接

各种管件连接按压力等级、材质、焊接形式，不分种类，以“个”为计量单位，其中已综合考虑了弯头、三通、异径管、管帽、管接头等管口含量的差异，按设计图纸用量执行相应定额。管件用法兰连接时，执行法兰安装相应项目，管件本身安装不再计算安装费，但成品管件材料费应另行计算。

现场在主管上挖眼接管三通、摔制异径管均按管件计算工程量，以主管径执行不同压力、材质、规格的管件连接相应项目，不另计制作费及主材费。挖眼接管三通支线管径小于主管 1/2 时，不计算管件工程量；在主管上挖眼焊接管接头、凸台等配件，按配件管径计算管件工程量。

全加热套管的外套管件安装，定额是按两半管件考虑的，包括两道纵缝和两个环缝。两个半封闭短管可执行两半弯头项目。半加热外套管摔口后焊在内套管上，每一个焊口按一个管件计算。外套碳钢管如焊在不锈钢管内套管上时，焊口间需加不锈钢短管衬垫，每个焊口按两个管件计算，衬垫短管按设计长度计算，如设计无规定时，可按50mm长度计算。

在管道上安装的仪表部件由管道安装专业负责安装一次部件，执行定额管件连接相应项目；仪表的温度计扩大管制作安装，执行管件连接定额乘以系数1.5，工程量按大口径计算。

管件制作执行相应定额项目。

③阀门安装

各种阀门均按不同压力、连接形式，不分种类以“个”为计量单位。压力等级按设计图纸规定执行相应定额。阀门安装综合考虑了壳体压力试验、解体研磨工序内容，但不包括阀体磁粉探伤、密封做气密性试验、阀杆密封填料的更换等特殊要求的工作内容。执行定额时，不得因现场情况不同而调整。阀门壳体液压试验介质是按普通水考虑的，如设计要求用其他介质时，可按实调整。

各种法兰阀门安装与配套法兰的安装，应分别计算工程量；螺栓与透镜垫的安装费已包括在定额内，其本身价值另行计算；螺栓的规格数量，如设计未作规定时，可根据法兰阀门的压力和法兰密封形式，查法兰螺栓的重量表计算。

减压阀直径按高压侧计算，执行“电气设备安装工程定额”相应项目。

电动阀门安装包括电动机安装。检查接线工程量应另行计算，执行“电气设备安装工程定额”相应项目。

直接安装在管道上的仪表流量计执行阀门安装相应项目。

④法兰安装

低、中、高压管道、管件、法兰阀门上的各种法兰安装应按不同压力、材质、规格和种类，分别以“副”为计量单位。压力等级按设计图纸的规定执行相应定额。

不锈钢、有色金属的焊环活动法兰安装可执行翻边活动法兰安装相应定额，但应将定额中的翻边短管换为焊环，并另行计算其价格。

中、低压法兰安装的垫片是按石棉橡胶板考虑的，如设计有特殊要求时可按实调整。

高压碳钢螺纹法兰安装包括了螺栓涂二硫化钼的工作内容。高压对焊法兰包括了密封面涂机油工作内容，不包括螺栓涂二硫化钼、石墨机油或石墨粉。硬度检验应按设计要求另行计算。

中压螺纹法兰、中压平焊法兰安装分别执行低压螺纹法兰、低压平焊法兰定额乘以系数1.2。

用法兰连接的管道安装，管道与法兰分别计算工程量，执行相应定额。在管道上安装的节流装置，已包括了短管装拆工作内容，执行法兰安装相应项目。

配法兰的盲板只计算主材费，安装费已包括在单片法兰安装中。焊接盲板执行管件连接相应项目乘以0.6，盲板材料费应另行计算。

⑤板卷管与管件制作

板卷管及板卷管件制作，按不同材质、规格以“吨”为单位计量，成品管材制作管件，按不同材质、规格、种类以“个”为单位计量，主材用量均已包括规定的损耗量。

三通不分同径或异径，均按主材管径计算；异径管不分同心或偏心，均按大管径计算。

各种板卷管与板卷管件制作，是按在加工厂制作考虑的，不包括原材料及成品的水平运输、卷桶钢板展开、分段切割、平直工作内容，发生时应按“静置设备与工艺金属结构制作安装工程”定额相应项目另行计算。

各种板卷管与板卷管件制作，其焊缝均按透油试漏考虑，不包括单件压力试验和无损探伤。用管材制作的管件项目，其焊缝均不包括试漏和无损探伤工作内容，应按管道类别要求计算探伤费用。

中频煨弯定额不包括煨制时胎具更换内容。

⑥管道压力试验、吹扫与清洗

管道压力试验、吹扫与清洗均按不同的压力、规格，不分材质以“米”为单位计量。定额内已包括临时用空压机和水泵做动力进行试压、吹扫、清洗管道连接的临时管线、盲板、阀门、螺栓等材料摊销量；不包括管道之间的串通临时管线及管道排放口至排放点的临时管线，其工程量应按施工方案另行计算。

调节阀等临时短管制作装拆项目，适用管道系统试压、吹扫时需要拆除的阀件，以临时短管代替连通管道，其工作内容包括完工后短管拆除和原阀件复位等。

液压试验和气压试验已包括强度试验和严密性试验工作内容。

泄露性试验适用于输送剧毒、有毒及可燃介质的管道，按压力、规格，不分材质以“米”为单位计量。

当管道与设备作为一个系统进行试验时，如管道的试验压力等于或小于设备的试验压力，则按管道的试验压力进行试验；如管道试验压力超过设备的试验压力，且设备的试验压力不低于管道设计压力的15%时，可按设备的试验压力进行试验。

⑦无损探伤与焊缝热处理

管材表面磁粉探伤和超声波探伤，不分材质、壁厚以“米”为单位计量。焊缝X光射线、γ射线探伤按管壁厚不分规格、材质以“张”为单位计量。

焊缝超声波、磁粉及渗透探伤，按规格不分材质、壁厚以“口”为单位计量。计算X光、γ射线探伤工程量时，按管材的双壁厚执行相应定额项目。管材对接焊接过程中的渗透探伤检验及管材表面的渗透探伤检验，执行管材对接焊缝渗透探伤定额。管道焊缝采用超声波无损探伤时，其检测范围内的打磨工程量按展开长度计算。无损探伤定额已综合考虑了高空作业降效因素，但不包括固定射线探伤仪器适用的各种支架的制作，因超声探伤所需的各种对比试块的制作，发生时可根据现场实际情况另行计算。

管道焊缝应按照设计要求的检验方法和数量进行无损探伤。当设计无规定时，管道焊缝的射线照相检验比例应符合规范规定。管口射线片子数量按现场实际拍片张数计算。

焊前预热和焊后热处理按不同材质、规格及施工方法以“口”为单位计量。热处理的有效时间是依据《工业管道工程施工及验收规范》（GB50235—97）所规定的加热速率、温度下的恒温时间及冷却速率公式计算的，并考虑了必要的辅助时间、拆除和回收用料等工作内容。执行焊前预热和焊后热处理定额时，如施焊后立即进行焊口局部热处理，人工乘以系数0.87。电加热片加热进行焊前预热和焊后局部热处理时，如要求增加一层石棉布保温，石棉布的消耗量与高硅布相同，人工不再增加。用电加热片或电感应法加热进行焊前预热或焊后局部处理的项目中，除石棉布和高硅布为一次性消耗材料外，其他各种材料均按摊销量计入定额。电加热片是按履带式考虑的，如实际与定额不符时可按实调整。

⑧其他

一般管架制作安装以“吨”为计量单位，适用于单件重量在100kg以内的管架制作安装；单件重量大于100kg的管架制作安装应执行“静置设备与工艺金属结构制作安装工程”定额相应项目。

木垫式管架重量中不包括木垫重量，但木垫安装已包括在定额内。

弹簧式管架制作不包括弹簧本身价格，其价格另行计算。

冷排管制作与安装以“米”为单位计量。定额内包括煨弯、组对、焊接、钢带的轧绞、绕片工作内容；不包括钢带退火和冲、套翅片，其工程量应另行计算。

分汽缸、集气罐和空气分气筒安装中不包括附件安装，应按相应项目另行计算。

套管制作与安装，按不同规格，分一般穿墙套管和柔、刚性套管，以“个”为单位计量，所需的钢管和钢板已包括在制作定额内，执行定额时应按设计及规范要求选用项目。有色金属管、非金属管的管架制作安装，按一般管架定额乘以系数1.1。

采用成型钢管焊接的异径管架制作安装，按一般管架定额乘以系数1.3，其中不锈钢用焊条可按实调整。

管道焊接焊口充氩保护定额，适用于各种材质氩弧焊接或氩电联焊焊接方法项目，按不同的规格和充氩部位，不分材质以“口”为单位计量。执行定额时，按设计及规范要求选用项目。

5.3 建筑设备安装工程施工图预算编制示例

前面两节讲述了施工图预算的编制方法、步骤及工程量的计算规则，本节以具体的建筑设备安装工程为例来讲述如何编制施工图预算。

5.3.1 室内采暖安装工程施工图预算编制示例

【例】 陕西省西安市某单位仓库的采暖工程系统图和平面图如图5-6、图5-7及图5-8所示，编制施工图预算。

(1) 阅读施工图纸，熟悉施工内容

采暖工程的设计图中用实线表示供水管道，用虚线表示回水管道，管道的规格型号用文字在线旁标注，散热器等在图中用图例符号表示。常用符号见表5-4。

从图5-6至图5-8中可以看，该采暖工程为上供下回普通热水采暖双管同程式系统，入户主管上未装阀门，各立管上均设截止阀，选用四柱760型铸铁柱型散热器和焊接钢管，供水和回水干管及总立管采用焊接，其余部分采用螺纹连接。

(2) 熟悉预算定额，进行项目划分

根据施工图纸和施工方法，参考定额有关内容，将该单项工程划分为如下一系列分项工程项目：

①室内管道安装；

②散热器组对与安装；

③阀门、集气罐制作与安装；

④铁皮套管制作；

⑤管道支架制作及安装；

⑥管道除锈刷油；
⑦散热器片刷油；
⑧支吊架刷油；
⑨管道保温。

采暖工程施工图常用图例符号　　表 5-4

名称	图例	名称	图例
供水（汽）管		散热器	
回（凝结）水管		暖风机	
流向		集气罐	
安全阀		减压阀	
截止阀		闸阀	
保温管		过滤器	
方形补偿器		套筒补偿器	
散热器放风门		固定支架	

(3) 工程量计算

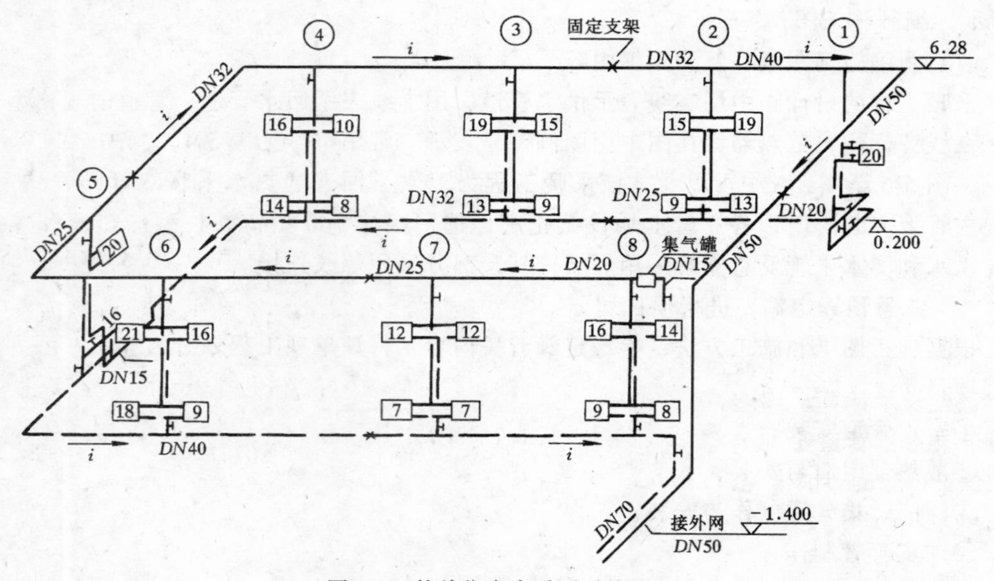

图 5-6　某单位仓库采暖系统图

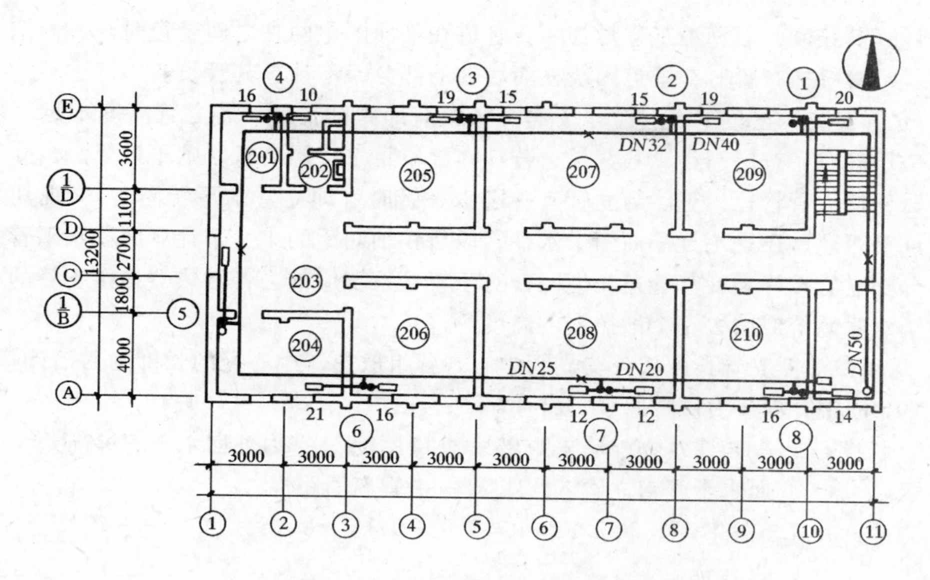

图 5-7 仓库二层采暖平面图

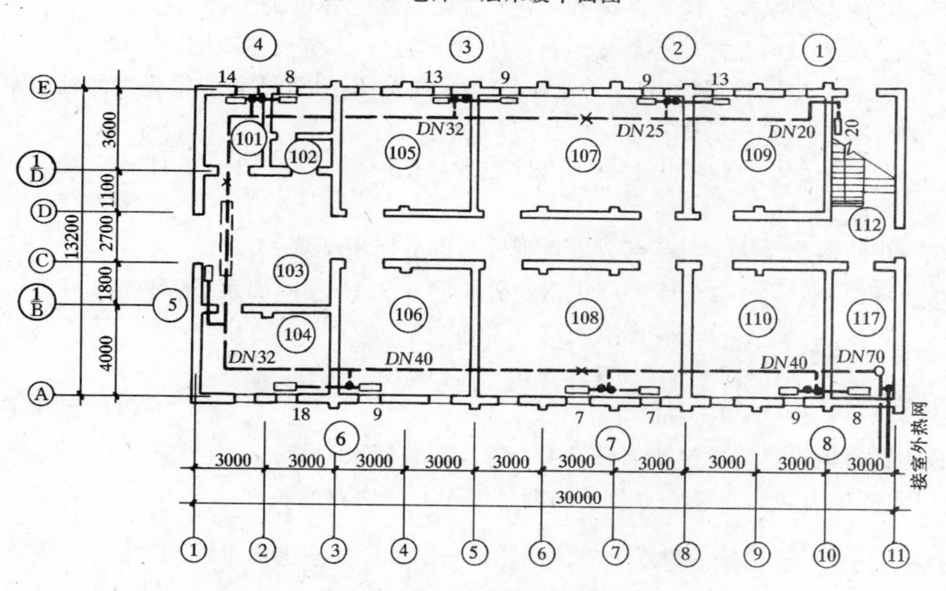

图 5-8 仓库底层采暖平面图

①钢管长度

图中管线用单线条绘制，管线长度按比例可以直接从图中量取和计算得出。水平管长可以从平面图上量出和按管中心计算得出，垂直管长可以由系统图标高计算得出。所有管长均以延长米计算。计算时按连接方式不同，分别以管道公称直径大小排列，变径处设在管道分支点。管道安装时，干管距墙 100～150mm，立、支管距墙 25～30mm，回水干管距地面 200mm。计算时应注意：

A. 供暖干管按建筑平面图轴线尺寸计算长度。若系统入口处未装阀门，则供回水引入管长度计算到距外墙皮 1.5m 处；若干管的始末端，水平转向和中途支干管道的长度超过 1/2 平面图两轴线间距时，则按两轴间距计算其长度；管道长度不足平面图 1/2 轴距时，不计算其长度，即管道工程量为零。管道在平面图中两轴之间变径时，一律按大管管径计算。干管绕柱布置时，管道因绕柱而增加的部分，不计算其管长。

B. 立管安装，正负零以上部分按建筑物层高计算其长度，若立管高度不足一层，却超过 1/2 层高时，按层高计算其数量；若其高度不足 1/2 层高时，则不计算。当立管在层间变径时，按大管管径计算。当立管有一段水平管时（即立管水平转向时），视其水平管段的长度是否超过还是不足平面图中水平管段所在轴间距的 1/2 来计算此段水平管的工程量。各分支立管按标高计算管道长度时，对于单管系统应减去各散热器连接支管的中心距离；对于双管系统应减去一个散热器的高度。

C. 每组散热器支管长度按分支立管中心到各组散热器中心处的长度的两倍计算。

*DN*70 的钢管焊接为供暖回水引出管，

长度 = 出口与建筑物外墙皮距离 + 外墙厚度 + 室内外回水干管标高差
+ 回水干管与立管 8 间距离 − 干管离墙距离
= 1.5 + 0.37 + 0.2 + 1.4 + 3.0 + 0.15 − 0.15
= 6.42m

*DN*50 的钢管焊接，包括供暖引入管、供暖总立管和供暖干管三部分，

长度 = 入口与建筑物外墙皮距离 + 外墙厚度 + 干管离墙距离
+ 主立管顶标高 − 主立管底标高 + *A*、*E* 两轴间距 + 楼梯间两轴间距
− 干管离墙距离
= 1.5 + 0.37 + 0.15 + 6.28 + 1.4 + 13.2 + 3.0 − 2 × 0.15
= 25.6m

*DN*40 的钢管焊接，包括部分供水干管与部分回水干管，

长度 = 立管 1、2 间供水干管长度 + 3、10 轴间回水干管长度
− 干管离墙距离
= 2 × 3.0 + 7 × 3.0 − 4 × 0.15
= 26.4m

*DN*32 的钢管焊接，包括部分供水干管与部分回水干管，

长度 = 供水干管在立管 2 与西外墙中心线之间的长度
− 两倍的供水干管离墙距离 + $\frac{1}{B}$、*E* 轴间供水干管长度
+ 1、3 轴间供水干管长度 − 两倍的供水干管离墙距离
+ *A*、*E* 两轴间回水干管长度 + 1、3 轴间回水干管长度
+ 立管 3 与西外墙间回水干管长度 − 四倍的回水干管离墙距离
= (30.0 − 3 × 3.0) − 2 × 0.15 + (13.2 − 4.0) − 2 × 0.15
+ 13.2 + 2 × 3.0 + 4 × 3.0 − 4 × 0.15
= 60.2m

*DN*25 的钢管焊接，包括部分供水干管与部分回水干管，

长度 = 轴 *A*、$\frac{1}{B}$ 间供水干管长度 − 两倍立管离墙距离
+ 轴 1、7 之间的供水干管长度 − 两倍立管离墙距离

$+$ 立管 2、3 间回水干管长度

$= 4.0 - 0.15 \times 4 + 6 \times 3.0 - 2 \times 0.15 + 3 \times 3.0$

$= 30.1m$

*DN*20 的钢管焊接，包括部分供水干管与部分回水干管，

长度 = 立管 7、8 间供水干管长度 + 立管 8 至集气罐接管长

$+$ 立管 1、2 间回水干管长度

$= 3 \times 3.0 + 0.15 + 0.3 + 2 \times 3.0$

$= 15.5m$

*DN*20 的钢管螺纹连接，包括部分供、回水立管，

长度 = 8 根供回水立管长度 $= (6.28 - 0.7) \times 8 + 3.5 \times 8 = 72.64m$

*DN*15 的钢管螺纹连接，包括 28 组散热器支管及放气放水管，

长度 $= 2 \times 1.2 \times 28 + 10.0 = 77.2m$

②散热器组对安装

散热器片数按实际使用数量在平面图和系统图中查取来计算。计算中可以通过将按平面图上标注的散热器片数计算的结果与按系统图上标注的片数计算的结果相比较，来检验计算的准确性。该仓库一层散热器采用沿墙面挂式安装，二层采用沿墙面散热器落地式安装（计算二层散热器时注意边片的需求数量）。

从系统图上查得 28 组散热器共 385 片。从底层平面图上查得共有散热器 160 片，从二层平面图上查得共有散热器 225 片。可见整个系统共需 385 片散热器。

③阀门安装

阀门安装根据管道连接方式不同，按螺纹连接和法兰连接分类（即管道螺纹连接选用螺纹阀门，管道焊接连接选用法兰阀门），以"个"为单位计量。集气罐公称直径为 150mm。

④除锈、刷油

本工程钢管除锈按除轻锈考虑，散热器带锈刷底漆和防锈漆后再刷两道银粉漆；钢管刷两道红丹防锈漆和两道银粉漆；金属支架刷两道红丹防锈漆和两道银粉漆。管道、散热器除锈、刷油均以"$10m^2$"计算，支架刷油按"吨"计算。

某仓库采暖工程施工预算工程量计算结果汇总见表 5-5。

工程量统计表 **表 5-5**

建设单位：某仓库　　单位工程：采暖工程　　2001 年 10 月 1 日

编号	分项工程名称	单位	计算式	结果
1	钢管焊接 *DN*50	m	1.5+0.37+0.15 ——供暖引入管 6.28+1.4 ——供暖总立管 13.2+3.0−2×0.15 ——供暖干管	25.6
	钢管焊接 *DN*40	m	2×3.0+7×3.0−4×0.15 ——供、回水干管	26.4
	钢管焊接 *DN*32	m	(30−3×3.0) −2×0.15+ (13.2−4.0) −2×0.15+13.2+2×3.0+4×3.0−4×0.15 ——供、回水干管	60.2

续表

编号	分项工程名称		单位	计算式	结果
	钢管焊接	DN25	m	4.0－4×0.15＋6×3.0－2×0.15＋3×3.0 ——供、回水干管	30.1
	钢管焊接	DN20	m	3×3.0＋0.15＋0.3＋2×3.0 ——供、回水干管	15.5
	钢管焊接	DN70	m	1.5＋0.37＋0.2＋1.4＋3.0＋0.15－0.15 ——回水干管	6.42
2	钢管螺纹连接	DN20	m	(6.28－0.7)×8＋3.5×8 (供、回水立管)	72.64
	钢管螺纹连接	DN15	m	2×1.2×28＋10.0 (供、回水立管、放气放水管)	77.2
3	螺纹截止阀	DN20	个		14
	J11T-10	DN15	个	见系统图（回水干管过门处放水阀1个）	5
4	螺纹闸阀	DN15	个	(回水支管)	3
	Z15T-10	DN65	个		1
5	集气罐制作安装	DN150	个		1
6	铸铁散热器组对安装		10片	四柱760型	38.5
7	镀锌铁皮套管制作	DN100	个		1
	镀锌铁皮套管制作	DN80	个		3
	镀锌铁皮套管制作	DN70	个		3
	镀锌铁皮套管制作	DN50	个		9
	镀锌铁皮套管制作	DN40	个		3
	镀锌铁皮套管制作	DN32	个		19
	镀锌铁皮套管制作	DN25	个		14
8	一般管架制作安装		100kg	DN40、DN50、DN70	0.5
9	管道刷防锈漆两遍		$10m^2$	按管径、管长查表分别计算后累加	3.42
10	管道刷银粉漆两遍		$10m^2$		3.42
11	散热器刷防锈漆两遍		$10m^2$	0.235×38.5	9.04
12	散热器刷银粉漆两遍		$10m^2$		9.04
13	支架刷防锈漆两遍		100kg		0.5
14	支架刷银粉漆两遍		100kg		0.5

（4）选套定额

该工程属于民用采暖工程，选用《全国统一安装工程预算定额陕西省价目表》第八册及第十一册有关定额内容。

根据工程施工内容和工程量计算数量及分项工程项目、直接套用定额的有：

管道安装：根据施工要求，分支立管和散热器支管采用螺纹连接；供、回水干管、总立管及引入管采用焊接连接。

阀门安装：根据管道连接方式不同，采用螺纹阀门和法兰阀门与管道配套安装。

集气罐制作安装：公称直径150mm，查取并套用第六册“工业管道”有关子目。

散热器组对与安装：各种散热器不分明装或暗装，均按类型分别编制，柱型散热器为挂装时，执行 M132 型散热器组对与安装项目。铸铁散热器组对安装项目有：制垫、加垫、组成、栽钩、稳固及水压试验等。

镀锌铁皮套管制作：取套管直径比管道公称直径大两个规格号，按不同管径分别套用定额有关子目。

管道支架制作安装。

管道人工除锈和管道刷油。

管道支架刷油和散热器刷油等。

查套定额结果见表 5-6 采暖工程施工图预算表。

(5) 计算直接费、收取综合费、其他直接费、计算利润和税金等

该采暖工程系统根据建筑工程类别划分的规定，属于三类工程。建设单位位于西安市一环以内，由省级国有施工企业施工，甲方不提供备料款，乙方负责供料。查间接费定额后，下面分别计算各项费用。

①确定直接工程费

A. 确定直接费

从施工图预算表中累积得出

人工费总和 = Σ(人工费)
= 2332.21 元

材料费总和 = Σ(计价材料费 + 未计价主材费)
= 2768.35 元

机械费总和 = Σ(机械费)
= 362.41 元

根据建筑安装工程造价动态管理的规定，若人工、材料、机械费与定额中对应的费用出现差额，则应按当地基建主管部门发出的调价文件，对人工费总和，材料费总和及机械费总和进行调价。(本工程未调价)

计取采暖系统调整费

系统调整费 = 调价后人工费总和 × 15% = 2332.21 × 15% = 349.83 元

其中人工费 = 系统调整费 × 20% = 69.97 元

计取脚手架搭拆费

脚手架搭拆费 = 调价后人工费总和 × 8% = 2332.21 × 8% = 186.58 元

其中人工费 = 脚手架搭拆费 × 25% = 168.58 × 25% = 46.64 元

将调价后的人工、材料、机械费总和与系统调试费及脚手架搭拆费相加，则为安装工程直接费用，即

直接费 = 调价后人工费总和 + 调价后材料费总和 + 调价后机械费总和
+ 系统调试费 + 脚手架搭拆费
= 2332.21 + 2768.35 + 362.41 + 349.83 + 186.58
= 14340.76 元

总人工费 = 调价后人工费 + 系统调试人工费 + 脚手架搭拆人工费
= 2332.21 + 69.97 + 46.64

= 2448.82 元

B. 现场经费

按工程类别查费用定额得出三类工程现场经费费率为 29.05%。

现场经费 = 总人工费 × 29.05% = 2448.83 × 29.05% = 711.38 元

C. 其他直接费

根据工程类别和施工地点等条件，查费用定额其他直接费率表得出一环以内的安装工程应计取的其他直接费率为 11.38%。

其他直接费 = 总人工费 × 11.38% = 278.67 元

直接工程费 = 直接费 + 现场经费 + 其他直接费

= 14340.76 + 711.38 + 278.67

= 15330.81 元

②综合间接费

收取该项费用时，按工程类别等查用间接费定额确定费率。

综合费 = 总人工费 × 综合费率 = 2448.82 × 20.29% = 496.87 元

③贷款利润

费用定额根据中国人民银行最新颁布的金融机构一年流动资金贷款利率，规定甲方不提供备料款时，按人工费的 15.39% 收取。因此，

贷款利润 = 总人工费 × 贷款利率 = 2448.82 × 15.39% = 376.87 元

④差别利润

差别利润 = 总人工费 × 19.45% = 2448.82 × 19.45% = 476.30 元

⑤不含税工程造价

不含税造价 = 直接工程费 + 综合间接费 + 贷款利润 + 差别利润

= 15330.81 + 496.87 + 376.87 + 476.30

= 16680.87 元

⑥税金

本工程纳税人所在地为西安市区，取营业税、城市建设维护税、教育经费附加综合税税率为 3.51%。

税金 = 不含税工程造价 × 3.51% = 16680.87 × 3.51% = 585.50 元

(6) 建筑安装工程造价

安装工程造价 = 不含税工程造价 + 税金 = 16680.87 + 585.50 = 17266.37 元

将以上各项填入表 5-6 中。

(7) 编制施工图预算说明书

①工程名称：某工厂仓库采暖工程安装。

②本工程预算采用 2001 年《全国统一安装工程预算定额陕西省价目表》第六、第八、第十一册及配套的间接费综合费用定额。

③本预算计价材料按定额预算单价计算，主材费用依据 2001 年 8 月份公布的陕西省建筑材料预算信息价格确定，材料实际价格高出预算价格部分，由建设单位按价差方式付给施工单位。

④本预算中不可预见工程项目费用未计入，发生时可用现场签证的方式处理，竣工时

采暖工程施工图预算表

表 5-6

定额编号	名称及规格		工程量		单价				合价				主材费			
			定额单位	数量	合计	人工费	材料费	机械费	合计	人工费	材料费	机械费	单价	数量	单价	合价
8-98	焊接钢管螺纹连接	*DN*15	10m	7.72	57.55	37.17	20.38		444.30	286.95	157.33		m	78.74	3.81	300.00
8-99	焊接钢管螺纹连接	*DN*20	10m	7.26	69.70	37.17	32.53		517.17	275.80	241.37		m	75.68	4.97	376.13
8-109	钢管焊接	*DN*20	10m	1.55	48.38	33.71	7.67	7.00	74.99	50.70	11.89	10.85	m	15.81	4.97	78.58
8-109	钢管焊接	*DN*25	10m	3.01	48.38	33.71	7.67	7.00	145.62	101.47	23.09	21.07	m	30.72	7.26	59.56
8-109	钢管焊接	*DN*32	10m	6.62	48.38	33.71	7.67	7.00	291.24	202.84	46.18	42.14	m	67.52	9.39	575.55
8-110	钢管焊接	*DN*40	10m	2.64	54.25	36.76	9.62	7.87	143.22	97.05	25.40	20.78	m	26.93	11.40	300.02
8-111	钢管焊接	*DN*50	10m	2.56	68.48	40.42	19.31	8.75	175.31	103.48	49.43	22.40	m	26.11	14.15	369.46
8-112	钢管焊接	*DN*70	10m	0.70	134.93	45.49	42.14	47.30	94.45	31.84	29.50	33.11	m	7.14	18.59	132.73
8-241	螺纹截止阀（J11T-10）	*DN*15	个	5	4.72	2.03	2.69		23.60	10.15	13.45		个	5.05	14.00	75.75
8-242	螺纹截止阀（J11T-10）	*DN*20	个	14	5.58	2.03	3.55		78.12	28.42	49.70		个	14.14	16.00	226.24
8-241	螺纹闸阀（Z15T-10）	*DN*15	个	3	4.72	2.03	2.69		14.16	6.09	8.07		个	3.03	15.00	45.45
8-247	螺纹闸阀（Z15T-10）	*DN*65	个	1	26.83	7.51	19.32		26.83	7.51	19.32		个	1.01	99.00	99.99
6-2896	集气罐制作	*DN*150	个	1	37.94	13.61	16.95		37.94	13.61	16.95		m 个			
6-2901	集气罐安装	*DN*150	个	1	6.98	5.48	1.50		6.98	5.48	1.50		个			
8-490	散热器挂装（四柱 760）		10 片	16.0	49.90	18.34	31.62		798.40	293.44	505.92		片	161.6	14.30	2310.88
8-491	散热器落地安装（四柱 760）		10 片	22.5	44.90	14.50	30.40		1010.25	326.25	684.00		片	227.5	14.30	3253.25
8-169	镀锌铁皮管制作	*DN*25	个	14	1.50	0.61	0.89		21.00	8.54	12.46					
8-170	镀锌铁皮管制作	*DN*32	个	19	2.56	1.22	1.34		48.64	23.18	25.46					
8-171	镀锌铁皮管制作	*DN*40	个	3	2.56	1.22	1.34		7.68	3.66	4.02					
8-172	镀锌铁皮管制作	*DN*50	个	9	2.56	1.22	1.34		23.04	10.98	12.06					
8-173	镀锌铁皮管制作	*DN*70	个	3	3.84	1.83	2.01		11.52	5.49	6.03					
8-174	镀锌铁皮管制作	*DN*80	个	3	3.84	1.83	2.01		11.52	5.49	6.03					
8-175	镀锌铁皮管制作	*DN*100	个	1	3.84	1.83	2.01		3.84	1.83	2.01					

续表

定额编号	名称及规格	工程量		单价				合价				主材费			
		定额单位	数量	合计	人工费	材料费	机械费	合计	人工费	材料费	机械费	单价	数量	单价	合价
8-178	一般管架制作安装	100kg	0.5	838.63	205.94	245.79	386.90	419.32	102.97	122.90	193.45	kg	53	2.6	137.80
11-51 52	钢管刷红丹漆两遍	$10m^2$	3.42	47.05	10.96	39.04		162.45	37.48	133.52					
11-56 57	钢管刷银粉漆两遍	$10m^2$	3.42	29.26	11.17	18.07		100.07	38.20	61.80					
11-198	散热器刷防锈漆一遍	$10m^2$	9.04	22.42	6.70	15.72		202.68	60.57	142.11					
11-199	散热器刷带锈底漆一遍	$10m^2$	9.04	23.19	6.70	16.49		209.64	60.57	149.07					
11-200 201	散热器刷银粉漆两遍	$10m^2$	9.04	34.46	13.61	20.85		311.52	123.03	188.48					
11-119 120	管架刷防锈漆两遍	100kg	0.5	51.50	9.14	25.02	17.34	25.75	4.57	12.56	8.67				
11-122 123	管架刷银粉漆两遍	100kg	0.5	39.72	8.94	13.48	17.34	19.86	4.47	6.74	9.94				
	合计							5462.97	2332.21	2768.35	362.41				8341.39
	系统调整费	人工费×15%，其中工资占20%						349.83	69.97						
	脚手架搭拆费	人工费×8%，其中工资占25%						186.58	46.64						
(一)	直接费	人工费+材料费+机械费+主材费+系统调试费+脚手架搭拆费						14340.76	2448.82						
(二)	现场经费	人工费×29.05%						711.38							
(三)	其他直接费	人工费×11.38%						278.67							
一、	直接工程费	直接费+现场经费+其他直接费						15330.81							
二、	综合间接费	人工费×20.29%						496.87							
三、	贷款利润	人工费×15.39%						376.87							
四、	差别利润	人工费×19.45%						476.30							
五、	不含税工程造价	直接工程费+综合间接费+贷款利润+差别利润						16680.87							
六、	税金	不含税工程造价×3.51%						585.50							
七、	含税工程总造价（元）	不含税工程造价+税金						17266.37							

按决算方式结算。

本仓库采暖工程安装工程造价为17266.37元，该预算仅供参考。

5.3.2 通风空调工程施工图预算编制示例

【例】 图5-9、图5-10及图5-11给出了某建筑室内恒温恒湿通风系统的平面图、系统剖面图及系统图。下面以该通风空调工程为例，说明施工图预算编制的方法。

(1) 阅读图纸，熟悉施工内容

通风管道在施工图上用直线表示，可用单线表达，也可用双线表达。若用双线表达，则图中用点画线表示出管道中心线。管道的规格在线旁用符号和数字加以标注。

设备和部件在通风图上是用规定的图例符号来表示的，其规格型号用文字和代号加以标注。常用图例符号见表5-7。

通风空调工程常用图例 表5-7

图例	名称	图例	名称
	送风口		伞形风帽
	回风口		筒形风帽
	轴流风机		排气罩
	蝶阀		加热器
	多叶阀		冷却器
	闸板阀		离心风机
	拉杆阀		

从图中可以看出该通风系统内设有一台恒温恒湿机，采用玻璃钢风管，防火阀为520mm×400mm，密闭对开多叶调节阀1200mm×400mm，方形直片式散流器250mm×250mm，密闭对开多叶调节阀250mm×250mm。

(2) 项目划分

该系统安装工程不包括保温、油漆。恒温恒湿机及主材由甲方提供。根据图纸和施工方法，将该空调系统单项工程中的分项工程项目划分如下：

①恒温恒湿机的安装；

②送风管道的制作安装；

③风阀、送风装置等部件的安装。

(3) 工程量的计算

本空调工程的工程量计算主要依据施工图纸的工作内容，按不同的分项工程项目，参

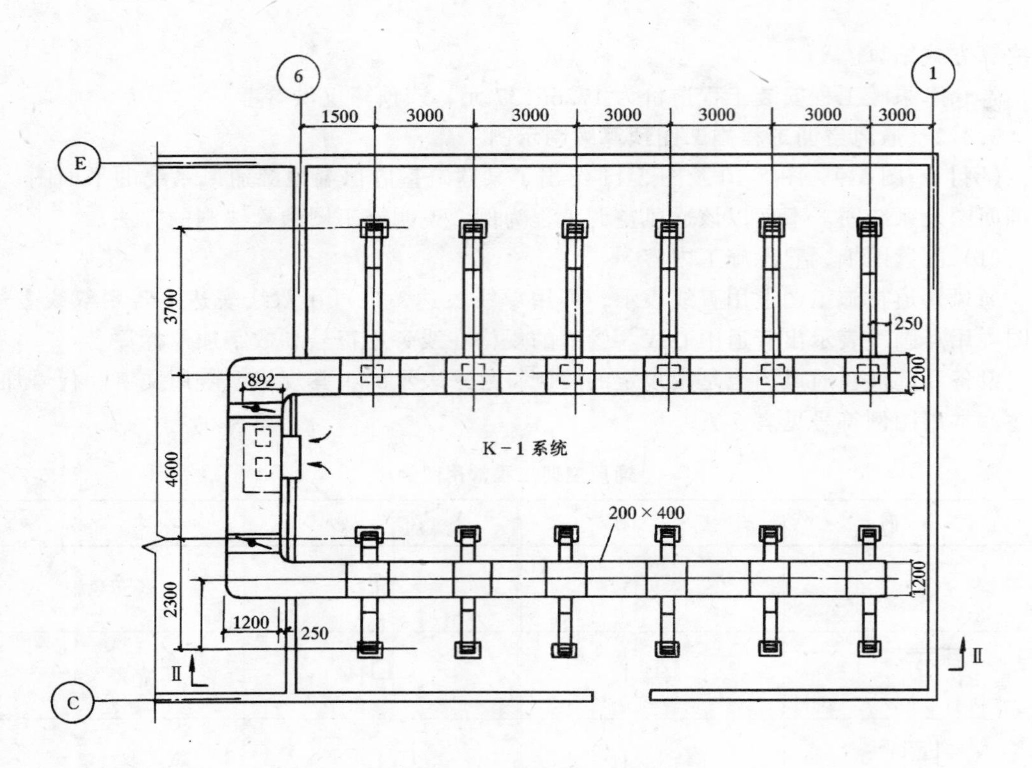

图 5-9　通风平面图

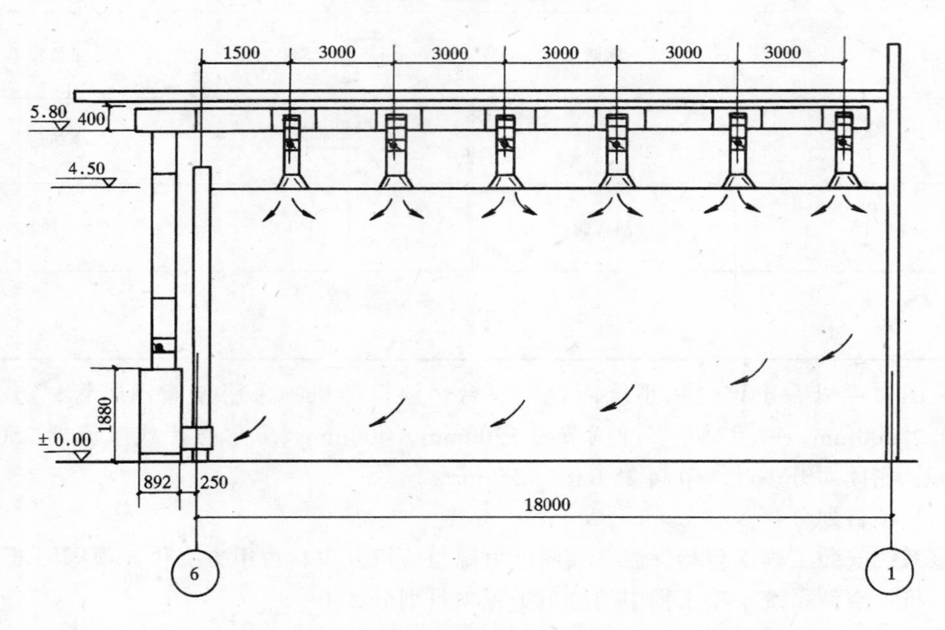

图 5-10　通风系统剖面图

照通风空调工程施工图预算工程量计算规则的要求，将计算过程列表进行，见表 5-8。恒温恒湿机出口按装一个方形百叶式启动阀计算；管道及支架的刷油工程量按风管及支架的制作安装工程量计算。

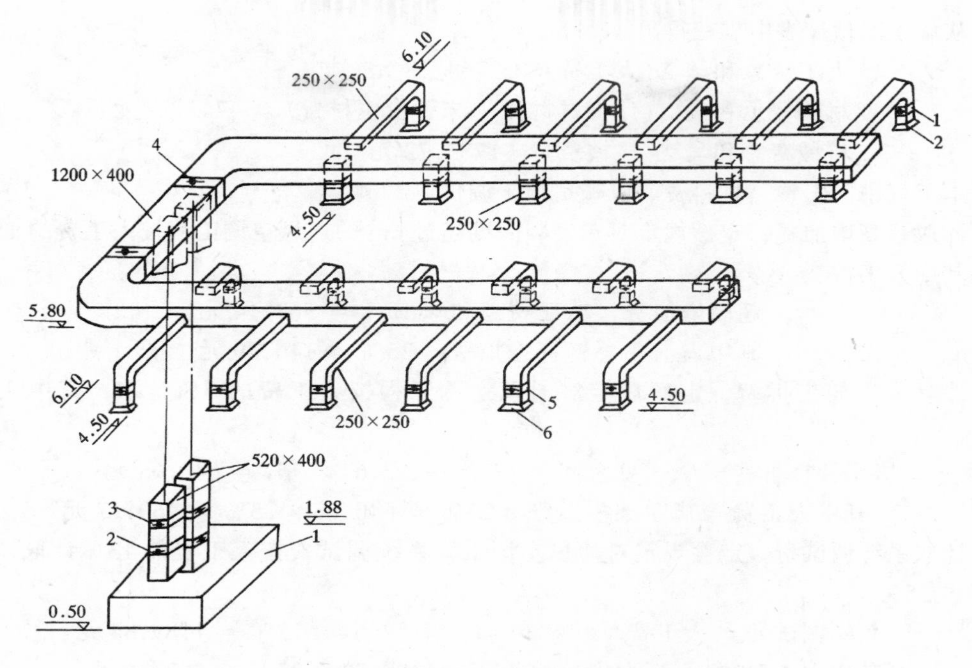

图 5-11　通风系统图

工 程 量 统 计 表　　　　**表 5-8**

建设单位：某工厂车间　　　　单位工程：通风工程　　　　2001 年 10 月 1 日

编号	分项工程名称	单位	计　算　式	结果
1	恒温恒湿机	台		1
2	玻璃钢风管制作安装 1200×400	$10m^2$	(5.8+2×17.6−2×0.64)×3.2	12.71
3	玻璃钢风管制作安装 520×400	$10m^2$	[(6.0−1.88)×2−2×0.21−2×0.21]×1.84	1.36
4	玻璃钢风管制作安装 250×250	$10m^2$	2×[(3.7+1.5+1.5)×6−12×0.21−12×0.21]×1.0	7.04
5	帆布接口	m^2		1.0
6	防火阀	kg	520×400，2 个，查国标质（重）量表，单个重 11.7kg	23.4
7	方形直片式散流器	kg	250×250，24 个，查国标质（重）量表，单个重 5.29kg	127
8	密闭对开多叶调节阀	kg	250×250，24 个，查国标质（重）量表，单个重 9.8kg	236
9	密闭对开多叶调节阀	kg	1200×400，2 个，查国标质（重）量表，单个重 27.4kg	55

(4) 选套定额

该恒温恒湿空调安装工程，选用《全国统一安装工程预算定额陕西省价目表》第九册“通风、空调工程”有关定额内容进行编制。计算结果见表 5-9。

(5) 计算直接费、收取综合费、其他直接费、计算利润和税金等

该建筑恒温恒湿空调系统安装工程，根据建筑工程类别划分的规定，属于一类工程。建设单位位于西安市一环以外，由国有施工企业施工，甲方提供主材。查间接费定额后，下面分别计算各项费用。

①确定直接工程费

A. 确定直接费

从施工图预算表中累积得出

人工费总和 = Σ(人工费) = 3754.28 元

材料费总和 = Σ(计价材料费 + 未计价主材费) = 4742.19 元

机械费总和 = Σ(机械费) = 1783.72 元

本工程中人工费、材料费、机械费均未调价。

计取超高增加费，定额规定对于安装高度超过 6m 的通风空调工程按人工费的 15% 计取，其中人工占 25%。

超高增加费 = 人工费总和 × 15% = 563.14 元

其中人工费 = 超高增加费 × 25% = 140.79 元

计取脚手架搭拆费，定额规定对通风空调工程按人工费的 7% 计取，其中人工占 25%。

脚手架搭拆费 = 人工费总和 × 7% = 9152.64 × 7% = 640.68 元

其中人工费 = 脚手架搭拆费 × 25% = 640.68 × 25% = 160.17 元

计取系统调试费，定额规定对通风空调工程系统调试费按人工费的 13% 计取，其中人工占 25%。

系统调试费 = 人工费总和 × 13% = 9152.64 × 13% = 1189.84 元

其中人工费 = 系统调试费 × 25% = 1189.84 × 25% = 297.46 元

将人工、材料、机械费总和与脚手架搭拆费、系统调试费及超高增加费相加，则为安装工程直接费用。

直接费 = 人工费总和 + 材料费总和 + 机械费总和 + 脚手架搭拆费
+ 系统调试费 + 超高增加费

= 3754.28 + 4742.19 + 1783.72 + 488.06 + 262.82 + 563.14
= 11593.39 元

总人工费 = 人工费 + 脚手架搭拆人工费 + 系统调试人工费 + 超高增加人工费
= 3754.28 + 122.01 + 65.70 + 140.79
= 4082.78 元

B. 现场经费

按工程类别查费用定额得出一类工程现场经费费率为 42.86%。

现场经费 = 总人工费 × 42.86% = 4082.78 × 42.86% = 1749.88 元

C. 其他直接费

根据工程类别和施工地点等条件，查费用定额其他直接费率表得出一环以外的一类安装工程应计取的其他直接费率为 15.15%。

其他直接费 = 总人工费 × 15.15% = 4082.78 × 15.15% = 618.54 元

直接工程费 = 直接费 + 现场经费 + 其他直接费
= 11593.39 + 1749.88 + 618.54
= 13961.81 元

②计取综合间接费

收取该项费用时，按工程类别查费用定额知一类工程间接费率为 31.32%。

综合费 = 总人工费 × 综合费率 = 4082.78 × 31.32% = 1278.73 元

恒温恒湿空调系统安装工程施工图预算表

表 5-9

定额编号	名称及规格	工程量		单价（元）				合价（元）			
		定额单位	数量	合计	人工费	材料费	机械费	合计	人工费	材料费	机械费
参 9-240	恒温恒湿机	台	1	572.10	471.90	4.12	96.90	572.10	471.90	4.12	96.90
9-346	玻璃钢风管（周长大于 2m）	$10m^2$	12.71	195.42	72.71	114.76	7.95	2483.79	924.14	1458.60	101.04
9-345	玻璃钢风管（周长小于 2m）	$10m^2$	8.40	245.50	96.47	134.41	14.62	2062.20	810.35	1129.04	122.81
9-41	帆布接口	m^2	1.0	157.60	41.84	108.94	6.82	157.60	41.84	108.94	6.82
9-65	防火阀制作安装	100kg	0.234	610.60	117.39	352.69	140.52	142.88	27.45	82.53	32.88
9-63	调节阀制作安装	100kg	2.91	917.12	198.23	438.55	280.34	2668.82	576.85	1276.18	815.79
9-113	散流器制作安装	100kg	1.27	1725.99	710.04	537.62	478.33	2192.00	901.75	682.78	607.48
	合计							10279.39	3754.28	4742.19	1783.72
	系统调整费	人工费×13%，其中人工工资占 25%						488.06	122.01		
	脚手架搭拆费	人工费×7%，其中人工工资占 25%						262.80	65.70		
	超高增加费	人工费×15%，其中人工工资占 25%						563.14	140.79		
（一）	直接费	人工费＋材料费＋机械费＋系统调试费＋脚手架搭拆费＋超高增加费						11593.39	4082.78		
（二）	现场经费	人工费×42.86%						1749.88			
（三）	其他直接费	人工费×15.15%						618.54			
一、	直接工程费	直接费＋现场经费＋其他直接费						13961.81			
二、	综合间接费	人工费×31.32%						1278.73			
三、	贷款利润	人工费×0						0			
四、	差别利润	人工费×63.00%						2572.15			
五、	不含税工程造价	直接工程费＋综合间接费＋贷款利润＋差别利润						17812.69			
六、	税金	不含税工程造价×3.51%						625.23			
七、	含税工程总造价（元）	不含税工程造价＋税金						18437.92			

③贷款利润

按建标［1999］1号文精神，当甲方提供备料款时，贷款利息已计入间接费中。

④ 差别利润

根据工程类别，查费用定额知一类安装工程差别利润率为63.00%。

差别利润＝总人工费×63.00%＝4082.78×63.00%＝2572.15元

⑤不含税工程造价

不含税造价＝直接工程费＋综合间接费＋贷款利润＋差别利润

＝13961.81＋1278.73＋0＋2572.15

＝17812.69元

⑥税金

本工程纳税人所在地为西安市区，取营业税、城市建设维护税、教育经费附加综合税税率为3.51%。

税金＝不含税工程造价×3.51%＝17812.69×3.51%＝625.23元

(6) 建筑安装工程造价

安装工程造价＝不含税工程造价＋税金＝17812.69＋625.23＝18437.92元

将以上各项填入表5-9中。

(7) 编制施工图预算说明书

①工程名称：某建筑恒温恒湿空调工程安装。

②本工程施工图预算采用2001年《全国统一安装工程预算定额陕西省价目表》第九册及配套的费用定额。

③本工程主材由建设单位提供给施工单位，预算中未加考虑。

④本预算中，由于图中对风管绝热安装部分表示不明，因此未计算，结算时可按实际发生的费用计入预算中。

⑤本预算中，不可预见工程项目费用未计入，发生时可用现场签证的方式处理，竣工时按决算方式结算。

本建筑恒温恒湿空调系统安装工程造价为18437.92元，该预算仅供参考。

5.3.3 工艺管道工程施工图预算编制示例

【例】 某学生公寓制冷站机房及屋面冷却塔管道系统的平面图及剖面图如图5-12至图5-18所示，编制工艺管道安装工程施工图预算。

(1) 阅读施工图纸，了解施工内容

在工艺管道工程施工图中，管线以不同的单线条表示各种不同的管道。设备和部件在工艺管道图上是用规定的图例符号来表示的，其规格型号用文字和代号加以标注。常用图例符号见表5-10。

从图5-12与图5-13中可以看出，该制冷站工艺管道工程安装主要施工内容有：两台制冷压缩机的安装，单台制冷量为703kW；水泵安装；管道安装；阀门和控制仪表的安装等。管道阀门选用U41S-16型柱塞阀；蝶阀，$DN \leqslant 50$时，为D71Xp-1.6型；$150 \leqslant DN < 250$时，为D371Xp-1型手动涡轮蝶阀；止回阀$DN \leqslant 50$时为H11T-16型；$DN \geqslant 200$时为H44T-10型；热水自动排气阀为OR0502型。

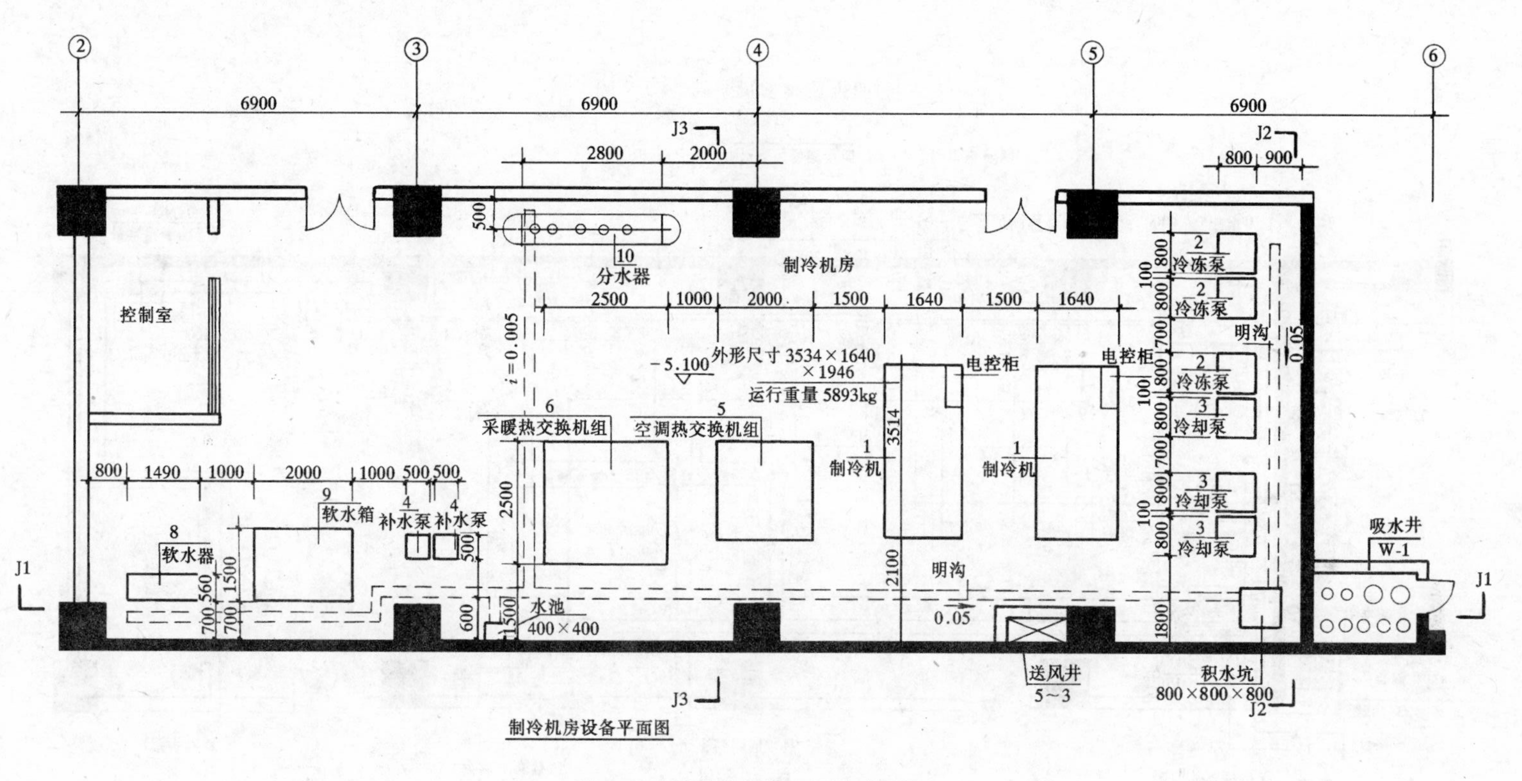

图 5-12　制冷机房设备布置平面图

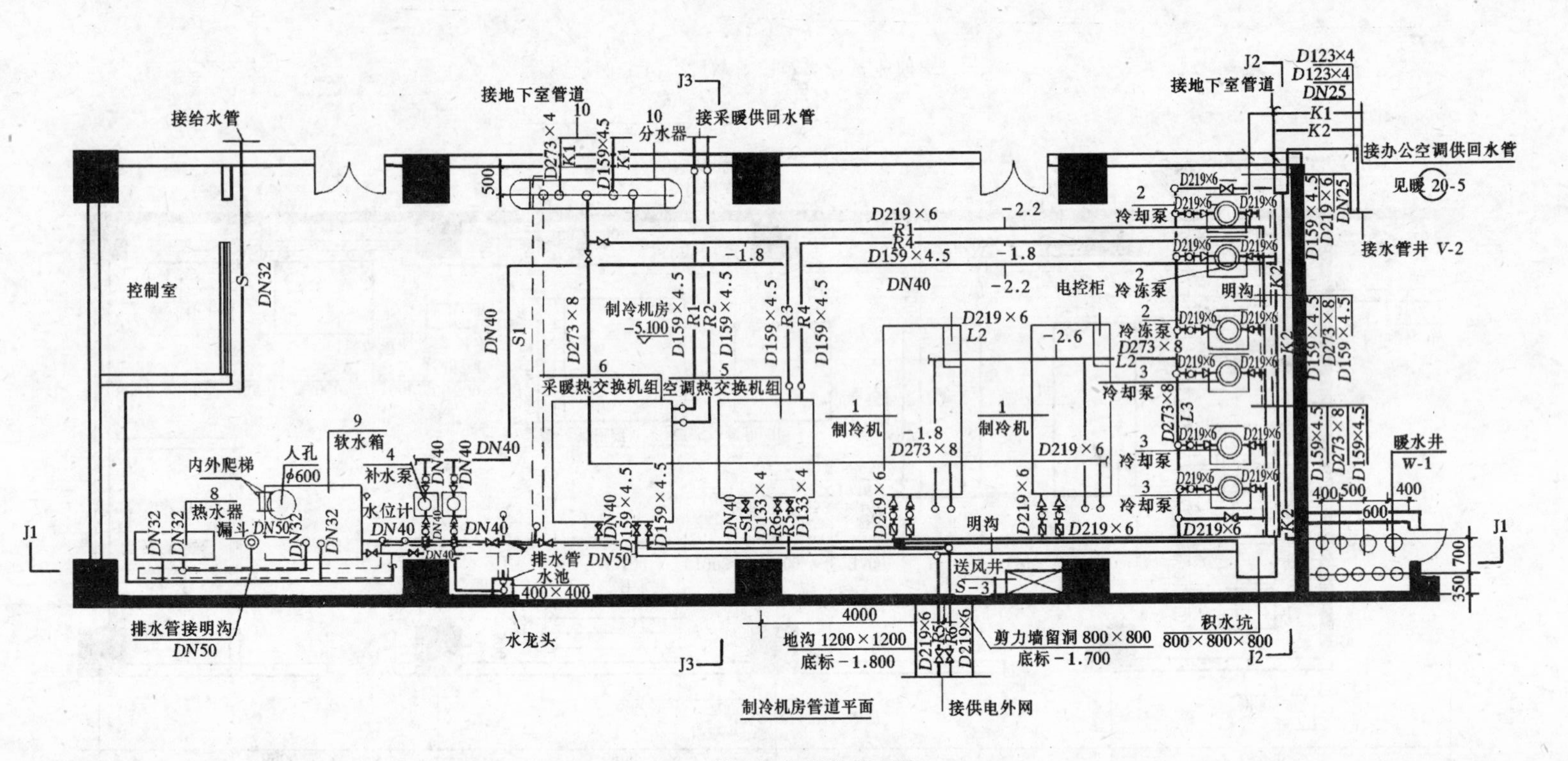

图 5-13　制冷机房管道平面图

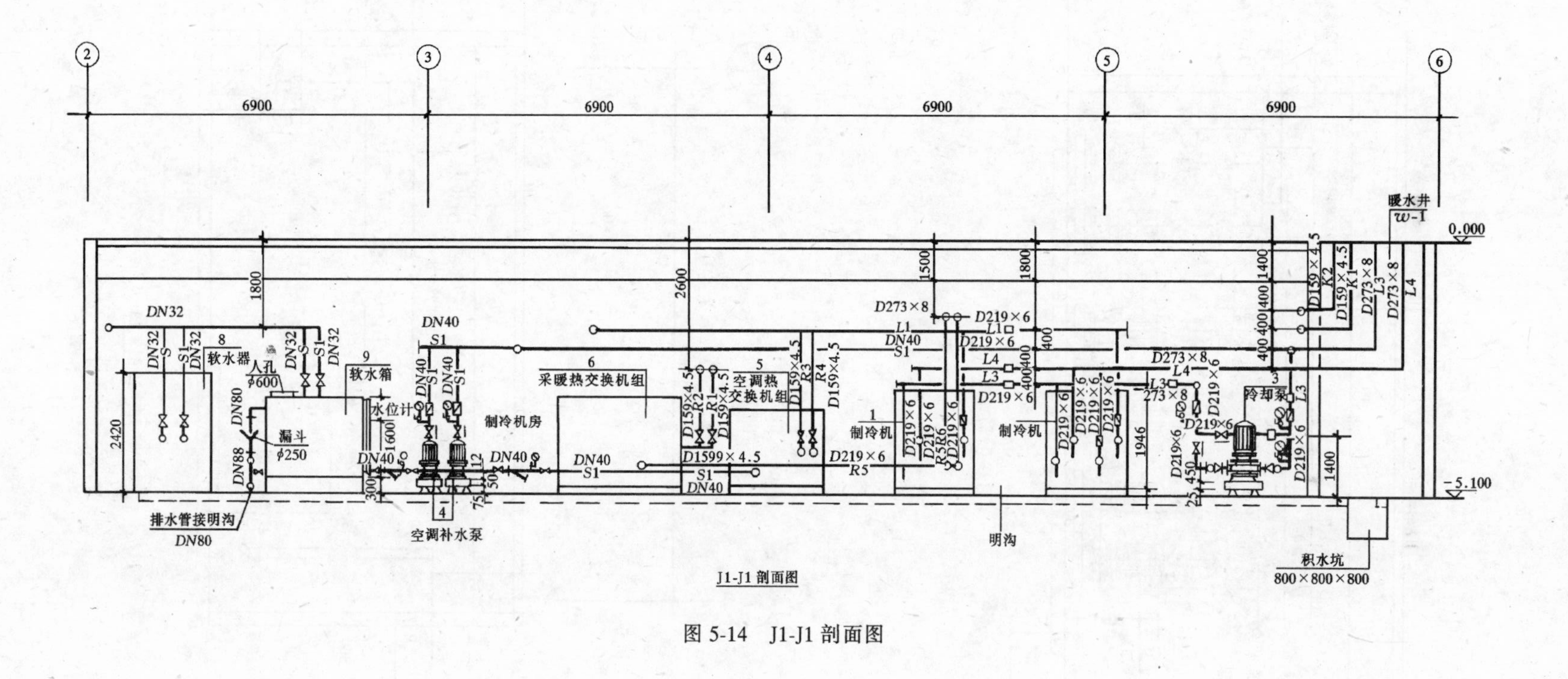

图 5-14　J1-J1 剖面图

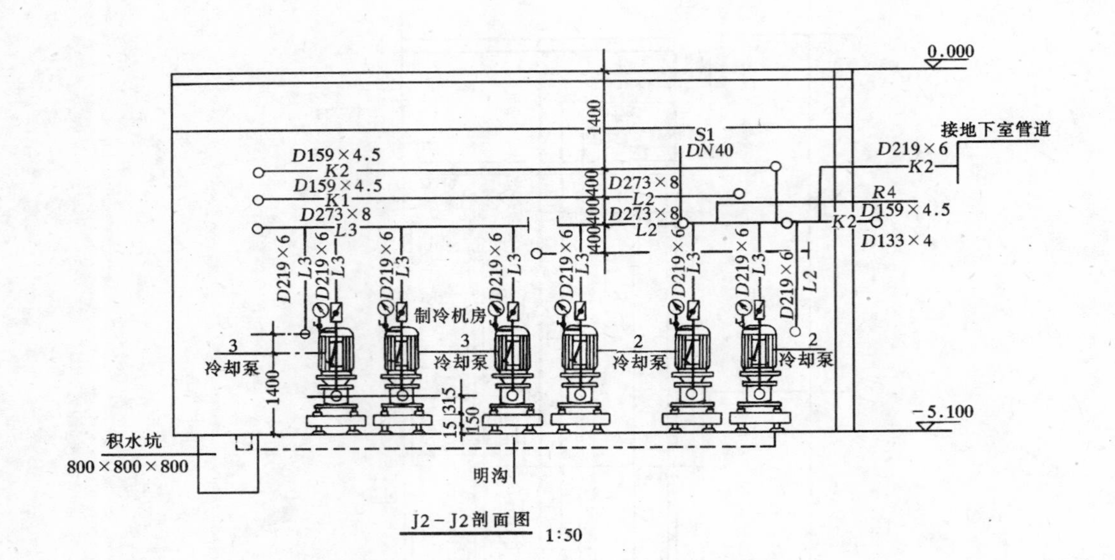

J2-J2剖面图 1:50

图 5-15

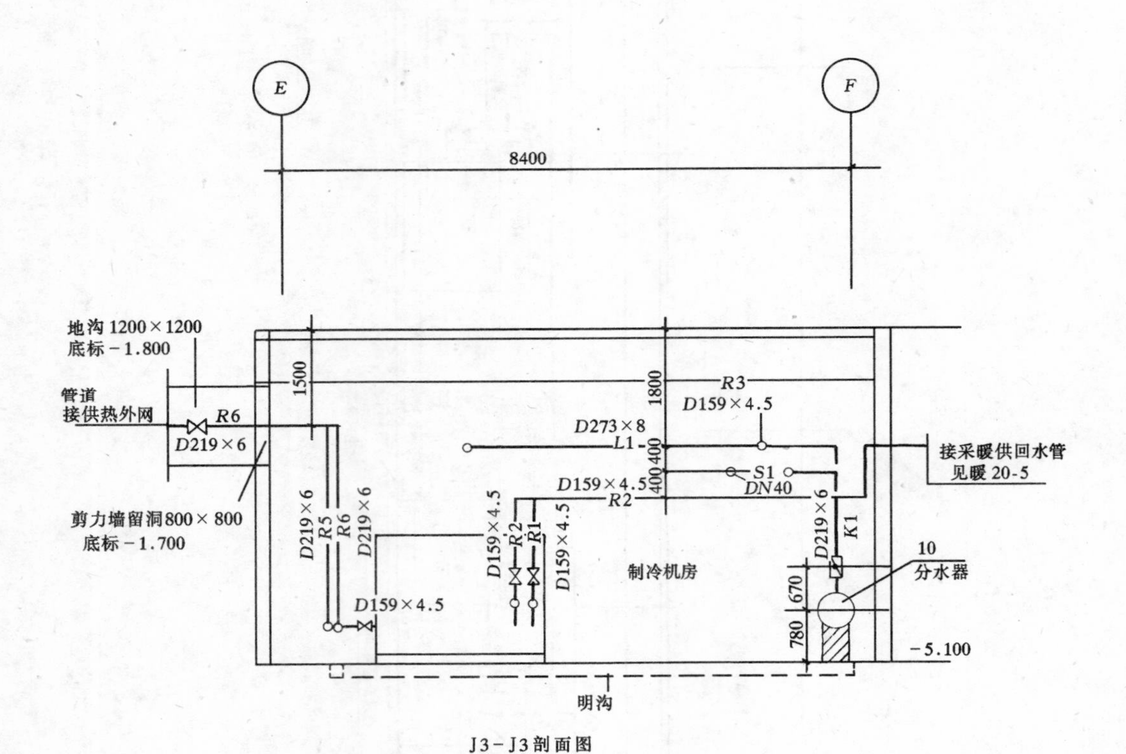

J3-J3剖面图

图 5-16

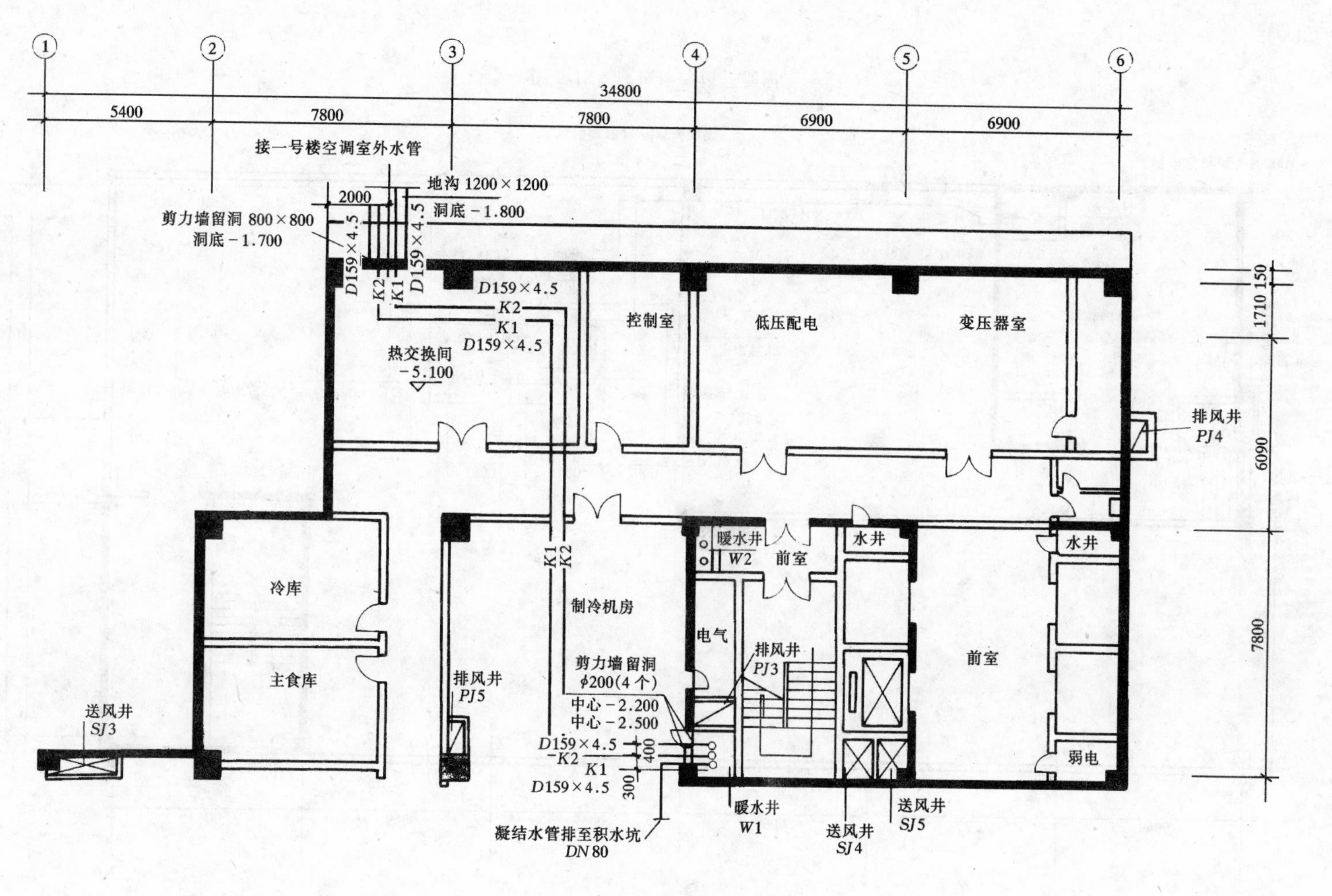

图 5-17 地下室空调水管平面图

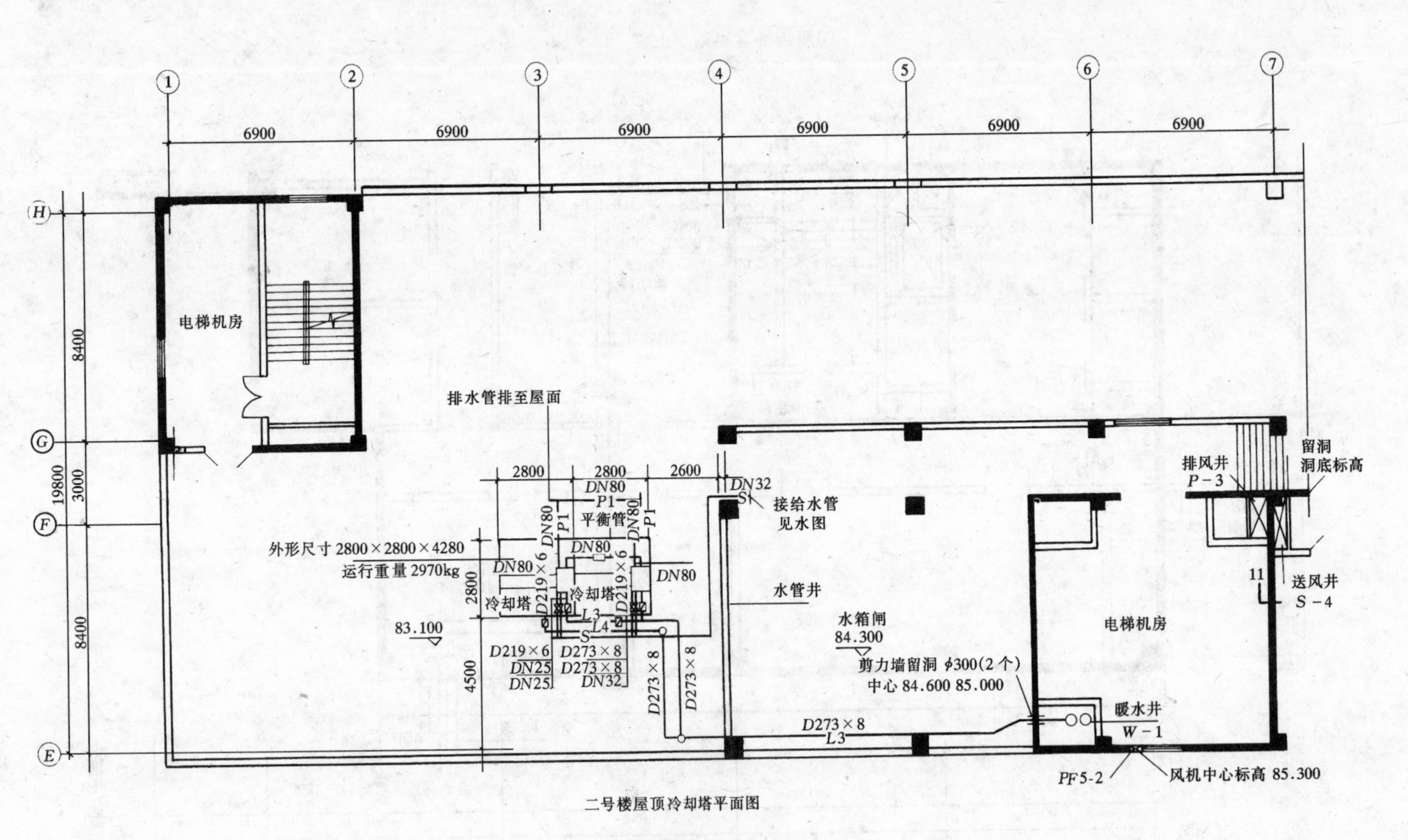

图 5-18 屋顶冷却塔平面图

工业管道工程常用图例　　　　表 5-10

名称	图例	名称	图例
直管		止回阀	
保温管或保冷管		蝶阀	
伴热管		直通球阀	
重叠管		出油阀	
交叉管		直通调节阀	
活接头		电动闸阀	
管帽		旋塞阀	
丝堵		封头	
螺纹法兰		一般支架或吊架	
90°弯头		带固定管托管墩	
45°弯头		网状过滤器	
卡箍		Y型过滤器	
套筒形补偿器		法兰阀	
波形补偿器		丝扣阀	
三通阀		弹簧式安全阀	

(2) 项目划分

根据制冷机房工艺管道施工图纸和施工方法的要求参照定额的有关规定和内容，将该工程的分项工程项目划分如下：

① 管道安装；

② 设备安装；

③ 仪表、阀门安装；

④ 法兰制作安装；

⑤ 水泵安装；

⑥支架制作安装；

⑦ 管道除锈、刷油、保温等。

(3) 工程量计算

在工艺管道工程施工图用平面图、系统图、剖面图、大样图、标准图、设计说明等定出管道间的相互位置。图中管线以不同的单线条表示各种不同的管道。根据图中所给的比例关系，量出或计算出管道的长度，从而确定出管道安装工程量。对于设备或阀件等安装工程数量，可以依图示个数，按不同种类、型号分别统计得出。下面根据图示尺寸和工程施工内容对制冷站机房工艺管道工程施工图预算编制方法加以介绍。

①管道安装工程量

根据《全国统一安装工程预算定额陕西省价目表》第六册陕西省补充定额的有关规定，对以下项目可按补充项目的定额子目套用：

A. 为了减少预算编制的工作量，陕西省将“工业管道工程”价目表 6-1～6-6，6-19～6-42 的低压碳钢管道的安装定额项目及相应的管件连接、管件制作内容综合为陕补 6-1～6-30。使用综合定额项目时，对于管口焊接如设计要求无损探伤者，按相应定额基价乘以系数 1.2。

B. 站类及所有室内工艺管道只能执行陕补 6-1～6-30 综合定额项目，其中电弧焊 *DN*50 以上的碳钢管道安装，压制弯头按定额含量作为未计价材料另计。室外工艺管道安装，执行《全国统一安装工程预算定额陕西省价目表》第六册的相应项目，不得执行综合定额项目。

C. 超过 *DN*500 的碳钢管安装，执行碳钢板卷管安装定额项目。管件如为现场制作，执行“工业管道工程”价目表第五章相应定额项目。

根据陕西省补充定额的项目的子目内容，本制冷机房的管道安装工程量有如下内容：

*D*273×8 的无缝钢管焊接连接共 302.80m：

空调冷冻水供、回水管：$5.5+7.6+1.9+2\times3.6=22.2$m（见平面图、J1-J1 剖面图）

空调冷却水供、回水管：

$2\times3.6+2.85+2.2+1.75+6.8+2.6+2\times15.0+4.2+4.0+4.2+2\times(84.3+5.1)=280.60$m

（见平面图、J1-J1 剖面图及二号楼屋顶冷却塔平面图）

*D*219×6 的无缝钢管焊接连接共 111.2m：

空调冷冻水供、回水管：$3.25+2\times2.6+1.5+3.25+2\times2.6=18.40$m

（见平面图、J1-J1 及 J2-J2 剖面图）

空调冷却水供、回水管：

$3.25+2\times(1.8+0.9)+6\times(2.35+1.65+2.0)+2\times(2.0+1.0)+1.5+2\times(1.8+0.9)+3.25=60.80$m

（见平面图、J1-J1 及 J2-J2 剖面图）

空调供水管：13.0+0.7+1.8=14.50m （见平面图）

外网热水供、回水管：3.0+2×（2.5+3.0）+3.5=17.5m

（见平面图图、J1-J1 及 J3-J3 剖面图）

*D*159×4.5 无缝钢管 128.30m：

采暖供、回水管：1.6+0.2+5.5+1.6+0.5+5.8=15.2m

外网热水供、回水管：0.6+0.7+2.7+3.2=7.2m （见平面图图、J1-J1 剖面图）

冬季空调供、回水管：2×（2.2+3.2+2.3）+4.2+10.0=29.6m

（见平面图图、J1-J1 剖面图）

空调供、回水管：6.5+7.0+1.1+1.8+0.7+1.4+3.8+4.2+5.5+5.6+2×13.8+5.6+5.0=76.3m （见平面图图、J1-J1 及 J2-J2 剖面图）

*D*133×4 无缝钢管 9.8m：

空调供、回水管：1.2+2.2+2.3+1.8+1.1+1.2=9.8m （见平面图）

*D*89×4 无缝钢管 16.4m

冷却塔溢流管、排水管、平衡管及软水箱溢流管、排水管，长度为

$$2\times3.4+3.4+2.9+2\times0.4+0.3+1.7+0.5=16.4\text{m}$$

*DN*40 焊接钢管 42.45m：

软水箱与空调热交换器接管、采暖热交换器接管、软水箱排水管以及补水泵与排水管连接管道，长度为

$$8.0+0.45+1.0+2\times(1.5+1.9)+20.0+4.0+2.2=42.45\text{m}$$

*DN*32 焊接钢管 42.2m：

软水器与软水箱接管：2.3+1.4+2.5+0.6+0.2=7.0m

软水器、软水箱的给水管：5.5+4.0+2.5+5.7+2.3+1.4+0.5+0.8=22.6m

冷却塔给水管：5.8+5.2+1.6=12.6m

*DN*25 焊接钢管 10.4m：

空调膨胀水箱水管以及冷却塔供水支管：0.3+0.9+1.5+1.3+1.6×4=10.4m

②其他部分工程量计算

法兰制作安装、阀门、水泵、过滤器、压力表、水位计、温度计的安装工程量可通过查阅各图统计得到，结果列于表 5-11 中。

③管架制作与安装

根据陕西省补充定额项目和各类管道工程量计算规则的有关规定，按管道工程施工及验收规范的要求，参照标准图，求出管道支架总重量约 1100kg。

④管道除锈、刷油

根据管道长度，管道公称直径，计算出各种规格管道刷油面积后累计得刷油总面积。（刷两遍红丹防锈漆、两遍银粉漆）

⑤管道保温

对屋面管道和空调冷冻水管用岩棉管壳保温，外边包玻璃丝布，布面刷调和漆两遍。

⑥ 支架除锈、刷油

刷两遍红丹防锈漆及两遍银粉漆，支架重量为 100kg。

制冷站机房工艺管道安装工程量汇总表见表5-11。

工程量统计表 **表5-11**

建设单位：某制冷站机房　　单位工程：工艺管道安装工程　　2002年10月1日

编号	分项工程名称		单位	计算式	结果
1	无缝钢管	D273×8	m	22.2+280.6	302.80
2	无缝钢管	D219×6	m	18.4+60.8+14.5+17.5	111.20
3	无缝钢管	D159×4.5	m	15.2+7.2+29.6+76.3	128.30
4	无缝钢管	D133×4	m		9.80
5	无缝钢管	DN89×4	m		16.40
6	钢管焊接	DN40	m		42.45
7	焊接钢管	DN32	m		42.20
8	钢管焊接	DN25	m		10.40
9	蝶阀	DN250	个	1.0	1.0
10	蝶阀	DN200	个	23.00	23.00
11	蝶阀	DN150	个	5.0	5.0
12	蝶阀	DN125	个	2.0	2.0
13	蝶阀	DN80	个	1.0	1.0
14	蝶阀	DN50	个	2.00	2.00
15	蝶阀	DN40	个	2.00	2.00
16	止回阀	DN250	个	1.00	1.00
17	止回阀	DN200	个	8.00	8.00
18	止回阀	DN40	个	2.00	2.00
19	过滤器	DN200	个	6.00	6.00
20	过滤器	DN40	个	2.00	2.00
21	软接头	DN200	个	20.00	20.00
22	软接头	DN50	个	2.00	2.00
23	软接头	DN40	个	2.00	2.00
24	柱塞阀	DN150	个	1.00	1.00
25	柱塞阀	DN125	个	2.00	2.00
26	柱塞阀	DN80	个	2.00	2.00
27	柱塞阀	DN50	个	5.00	5.00
28	柱塞阀	DN40	个	4.00	4.00
29	柱塞阀	DN25	个	15.00	15.00
30	法兰盲板	DN250	组	10.00	10.00
31	法兰盲板	DN80	组	1.00	1.00
32	法兰盲板	DN50	组	1.00	1.00
33	法兰盲板	DN40	组	1.00	1.00
34	单片法兰	DN150	副	28.00	28.00
35	单片法兰	DN125	副	2.00	2.00
36	单片法兰	DN50	副	2.00	2.00
37	单片法兰	DN40	副	3.00	3.00
38	单片法兰	DN32	副	5.00	5.00
39	单片法兰	DN25	副	4.00	4.00

续表

编号	分项工程名称	单位	计算式	结果
40	法兰安装　*DN*250	副	2.00	2.00
41	法兰安装　*DN*200	副	57.00	57.00
42	法兰安装　*DN*150	副	10.00	10.00
43	法兰安装　*DN*125	副	4.00	4.00
44	法兰安装　*DN*80	副	3.00	3.00
45	法兰安装　*DN*50	副	9.00	9.00
46	法兰安装　*DN*40	副	12.00	12.00
47	电动两通阀　*DN*150	个	4.00	4.00
48	排水漏斗　*DN*80	个	4.00	4.00
49	压力表	块	32.00	32.00
50	压力表阀	个	32.00	32.00
51	压力表弯	10套	3.20	3.20
52	温度计	支	15.00	15.00
53	温度计插座	个	15.00	15.00
54	冷冻机组（水冷螺杆型）701kW	台	2.00	2.00
55	冷冻水循环泵 SL125－160A	台	3.00	3.00
56	空调补水泵 SL40－200B	台	2.00	2.00
57	空调换热机组 LVH－No.95	台	1.00	1.00
58	软水器 ZRL－4	台	1.00	1.00
59	软水箱 2000×1500×1600	个	1.00	1.00
60	软水箱制作 $4m^3$	100kg	9.00	9.00
61	水位计	组	软水箱上	1.00
62	水箱除锈	$10m^2$	3.5	3.5
63	水箱刷红丹漆两遍	$10m^2$	3.5	3.5
64	水箱刷调和漆两遍	$10m^2$	1.75	1.75
65	分水器　*DN*500	个	1.0	1.0
66	管道支架制作安装木垫式管架	100kg	11.00	11.00
67	管道支架制作安装一般管架	100kg	7.50	7.50
68	管道水管冲洗　*D*50 以内	100m	0.98	0.98
69	管道水管冲洗　*D*100 以内	100m	0.17	0.17
70	管道水管冲洗　*D*200 以内	100m	1.87	1.87
71	管道水管冲洗　*D*300 以内	100m	0.88	0.88
72	管道水压试验　*D*100 以内	100m	1.15	1.15
73	管道水压试验　*D*200 以内	100m	1.87	1.87
74	管道水压试验　*D*300 以内	100m	0.88	0.88
75	屋面管道保温	m^3	3.90	3.90
76	铝板保护层	$10m^2$	5.50	5.50
77	空调水管保温	m^3	6.00	6.00
78	玻璃丝布保护层	$10m^2$	16.70	16.70
79	玻璃布面刷调和漆两遍	$10m^2$	16.70	16.70
80	管道支架除锈	100kg	18.50	18.50

续表

编号	分 项 工 程 名 称	单位	计 算 式	结 果
81	管道支架刷防锈漆两遍	100kg	18.50	18.50
82	管道支架刷调和漆两遍	100kg	18.50	18.50
83	管道除锈	$10m^2$	18.10	18.10
84	管道刷防锈漆两遍	$10m^2$	18.10	18.10
85	管道刷调和漆两遍	$10m^2$	3.80	3.80

(4) 选套定额

该制冷站机房属于民用工艺管道安装工程，选用2001年《全国统一安装工程预算定额陕西省价目表》第六册“工业管道工程”、第一章“机械设备安装工程”、第十章“自动化控制仪表安装工程”及第十一册“刷油、绝热、防腐蚀工程”等有关定额内容。

根据工程施工内容和工程量计算规则，直接套用定额的有：

冷冻机组及水泵安装：套用第一册“机械设备安装工程”相应定额项目。

软水器安装：套用第三册“热力设备安装工程”相应定额项目。

空调换热机组安装：套用第五册“静置设备与工艺金属结构制作安装工程”相应定额项目。

软水箱制作安装：套用第八册小型容器制作安装一章相应定额项目。

压力表、温度计安装：套用第十册自动控制仪表安装工程相应定额项目。

管道安装、管道水压试验等：套用第六册相应定额项目。

管道支架制作安装：套用第六册相应定额项目。

管道刷油、保温及管道支架除锈、刷油等：直接套用第十一册相应定额项目。

查套定额，结果见表5-12工艺管道安装工程施工图预算表。

(5) 计算直接费、收取综合费、其他直接费、计算利润和税金等

该制冷站机房工艺管道安装工程根据建筑工程类别划分的规定，当制冷量大于50万kcal/h时属于一类工程（该工程冷量为1406kW，相当于120万kcal/h）。建设单位位于西安市一环以外，阀门、制冷压缩机等主要设备由甲方提供，乙方负责提供管材。查费用定额后，下面分别计算各项费用。

①确定直接工程费

A. 确定直接费

从施工图预算表中累计得出

人工费总和 = Σ（人工费） = 23699.03元

材料费总和 = Σ（计价材料费 + 未计价主材费）

= 50424.58 + 157307.90 = 207732.48元

机械费总和 = Σ（机械费） = 25627.42元

本工程中对人工费、材料费及机械费均未调价。

计取脚手架搭拆费，定额规定对工业管道工程按人工费的9%计取，其中人工占25%。

脚手架搭拆费 = 人工费总和×9% = 23699.03×9% = 2132.91元

其中人工费 = 脚手架搭拆费×25% = 2132.91×25% = 533.23元

计取工艺系统调整费，定额规定对工业管道工程按人工费的35%计取，其中人工占50%。

系统调整费 = 人工费 × 35% = 23699.03 × 35% = 8294.66 元

其中人工费 = 系统调整费 × 50% = 8294.66 × 50% = 4147.33 元

将人工、材料、机械费总和与脚手架搭拆费、系统调整费相加，则为安装工程直接费用。

直接费 = 人工费总和 + 材料费总和 + 机械费总和 + 脚手架搭拆费 + 系统调整费

= 23699.03 + 207732.48 + 25627.42 + 2132.91 + 8294.66 = 267486.50 元

总人工费 = 人工费总和 + 脚手架搭拆人工费 = 23699.03 + 533.23 + 4147.33 = 28379.59 元

B. 现场经费

按工程类别查费用定额，得出一类工程现场经费费率为42.86%。

现场经费 = 总人工费 × 42.86% = 28379.59 × 42.86% = 12163.49 元

C. 其他直接费

根据工程类别和施工地点等条件，查费用定额其他直接费率表得出一环以外的一类安装工程应计取的其他直接费率为15.15%。

其他直接费 = 总人工费 × 15.15% = 28379.59 × 15.15% = 4299.51 元

直接工程费 = 直接费 + 现场经费 + 其他直接费

= 267486.50 + 12163.49 + 4299.51 = 283949.50 元

②计取综合间接费

收取该项费用时，按工程类别查费用定额确定一类工程的综合间接费率为31.12%。

综合费 = 总人工费 × 综合间接费率 = 28379.59 × 31.12% = 8831.73 元

③贷款利润

按建标［1999］1号文精神，甲方不提供备料款时，贷款利润按人工费的15.39%收取。

贷款利润 = 总人工费 × 贷款利率 = 28379.59 × 15.39% = 4367.62 元

④ 差别利润

根据工程类别，查费用定额知一类安装工程差别利润率为63.00%。

差别利润 = 总人工费 × 63.00% = 28379.59 × 63.00% = 17879.14 元

⑤不含税工程造价

不含税造价 = 直接工程费 + 综合间接费 + 贷款利润 + 差别利润

= 283949.50 + 8831.73 + 4367.62 + 17879.14

= 315027.99 元

⑥税金

本工程纳税人所在地为市区，取营业税、城市建设维护税、教育经费附加综合税税率为3.51%。

税金 = 不含税工程造价 × 3.51% = 315027.99 × 3.51% = 11056.48 元

(6) 建筑安装工程造价

安装工程造价 = 不含税工程造价 + 税金 = 315027.99 + 11056.48 = 326084.47 元

将以上各项填入表5-12中。

制冷机房工艺管道安装工程施工图预算表

表 5-12

定额编号	名称及规格	工程量		单价				合价				主材费			
		定额单位	数量	合计	人工费	材料费	机械费	合计	人工费	材料费	机械费	单位	数量	单价	合价
6SB-20	无缝钢管 D89×4	10m	1.65	200.16	62.19	109.37	28.60	330.26	102.61	180.46	47.19	m	15.79	34.36	542.56
6SB-22	无缝钢管 D133×4	10m	0.98	396.52	74.21	200.82	121.49	388.59	72.73	196.80	119.06	m	9.22	57.04	526.94
6SB-23	无缝钢管 D159×4.5	10m	12.83	536.26	84.25	306.40	145.61	6880.22	1080.92	3931.11	1868.18	m	120.73	68.60	8282.10
6SB-24	无缝钢管 D219×6	10m	11.12	876.03	111.42	573.40	191.21	9741.45	1238.99	6376.21	2126.26	m	94.38	129.24	12197.97
6SB-25	无缝钢管 D273×8	10m	30.28	1128.76	130.69	739.36	258.71	34178.85	3957.29	22387.82	7833.74	m	283.42	219.58	61383.27
6SB-3	焊接钢管 DN25	10m	1.04	103.49	41.21	60.72	1.56	107.63	42.86	63.15	1.62	m	10.40	7.02	73.01
6SB-4	焊接钢管 DN32	10m	4.22	109.76	44.03	63.32	2.41	463.19	185.81	267.21	10.17	m	42.20	9.08	383.18
6SB-5	焊接钢管 DN40	10m	4.25	119.13	46.98	69.56	2.59	506.30	199.67	295.63	11.01	m	42.50	10.95	465.38
6-1282	蝶阀 DN250	个	1.0	137.63	58.03	18.09	61.51	137.63	58.03	18.09	61.51	个	1.0		
6-1281	蝶阀 DN200	个	23.00	105.57	39.14	14.05	52.38	2428.11	900.22	323.15	1204.74	个	23.0		
6-1280	蝶阀 DN150	个	5.0	45.13	24.96	11.53	8.64	225.65	124.80	57.65	43.20	个	5.0		
6-1279	蝶阀 DN125	个	2.0	37.99	21.77	9.46	6.76	75.98	43.54	18.92	13.52	个	2.0		
6-1277	蝶阀 DN80	个	1.0	23.69	12.90	6.23	4.56	23.69	12.90	6.23	4.56	个	1.0	192.00	192.00
6-1275	蝶阀 DN50	个	2.00	15.82	6.76	4.93	4.13	31.64	13.52	9.86	8.26	个	2.0		
6-1274	蝶阀 DN40	个	2.00	14.70	5.89	4.68	4.13	29.40	11.78	9.36	8.26	个	2.0		
6-1282	止回阀 DN250	个	1.00	137.63	58.03	18.09	61.51	137.63	58.03	18.09	61.51	个	1.0		
6-1281	止回阀 DN200	个	8.00	105.57	39.14	14.05	52.38	844.56	313.12	112.40	419.04	个	8.00		
6-1274	止回阀 DN40	个	2.00	14.70	5.89	4.68	4.13	29.40	11.78	9.36	8.26	个	2.00		
6-1281	过滤器 DN200	个	6.00	105.57	39.14	14.05	52.38	633.42	234.84	84.30	314.28	个	6.00		
6-1274	过滤器 DN40	个	2.00	14.70	5.89	4.68	4.13	29.40	11.78	9.36	8.26	个	2.00		
6-1281	软接头 DN200	个	20.00	105.57	39.14	14.05	52.38	2111.40	782.80	281.00	1047.60	个	20.00	630.00	12600.00
6-1275	软接头 DN50	个	2.00	15.82	6.76	4.93	4.13	31.64	13.52	9.86	8.26	个	2.0	106.00	212.00
6-1274	软接头 DN40	个	2.00	14.70	5.89	4.68	4.13	29.40	11.78	9.36	8.26	个	2.0	90.00	180.00
6-1280	柱塞阀 DN150	个	1.00	45.13	24.96	11.53	8.64	45.13	24.96	11.53	8.64				

续表

定额编号	名称及规格	工程量		单价				合价				主材费			
		定额单位	数量	合计	人工费	材料费	机械费	合计	人工费	材料费	机械费	单位	数量	单价	合价
6-1279	柱塞阀 DN125	个	2.00	37.99	21.77	9.46	6.76	75.98	43.54	18.92	13.52				
6-1277	柱塞阀 DN80	个	2.00	23.69	12.90	6.23	4.56	47.38	25.80	12.46	9.12	个	2.00	729.00	1458.00
6-1275	柱塞阀 DN50	个	5.00	15.82	6.76	4.93	4.13	79.10	33.80	24.65	20.65				
6-1274	柱塞阀 DN40	个	4.00	14.70	5.89	4.68	4.13	58.80	23.56	18.72	16.53	个	2.0	249.00	498.00
6-1260	柱塞阀 DN25	个	15.00	14.98	5.44	6.03	3.51	224.70	81.60	90.45	52.65	个	2.02	147.00	296.94
6SB-48	法兰盲板 DN250	组	10.00	70.62	19.90	27.16	23.56	706.20	199.00	271.60	235.60	片	20.00	157.00	3140.00
6SB-45	法兰盲板 DN80	组	1.00	20.74	6.30	7.71	6.73	20.74	6.30	7.71	6.73	片	2.00	37.00	74.00
6SB-44	法兰盲板 DN50	组	1.00	13.01	4.87	3.43	4.71	13.01	4.87	3.43	4.71	片	2.00	26.00	52.00
6SB-44	法兰盲板 DN40	组	1.00	13.01	4.87	3.43	4.71	13.01	4.87	3.43	4.71	片	2.00	17.00	34.00
6-1509 换	单片法兰 DN150	副	28.00	23.40	6.13	7.72	9.55	655.20	171.64	216.16	267.40	片	28.00	79.00	2212.00
6-1508 换	单片法兰 DN125	副	2.00	20.52	5.66	6.42	8.44	41.04	11.32	12.84	16.88	片	2.00	65.00	130.00
6-1504 换	单片法兰 DN50	副	2.00	10.38	3.68	2.24	4.46	20.76	7.36	4.48	8.92	片	2.00	26.00	52.00
6-1503 换	单片法兰 DN40	副	3.00	8.58	3.25	1.80	3.53	25.74	9.75	5.40	10.59	片	6.00	17.00	102.00
6-1502 换	单片法兰 DN32	副	5.00	7.31	2.78	1.45	3.08	36.55	13.90	7.25	15.40	片	5.00	14.00	70.00
6-1501 换	单片法兰 DN25	副	4.00	6.41	2.50	1.29	2.62	25.64	10.00	5.16	10.48	片	4.00	12.00	48.00
6-1511	法兰安装 DN250	副	2.00	108.87	21.10	34.28	53.49	217.74	42.20	68.56	106.98	片	4.00	157.00	628.00
6-1510	法兰安装 DN200	副	57.00	77.93	15.74	23.50	38.69	4442.01	897.18	1339.50	2205.33	片	114.00	101.00	11514.00
6-1509	法兰安装 DN150	副	10.00	38.36	10.05	12.65	15.66	383.60	100.50	126.50	156.60	片	20.00	79.00	1580.00
6-1508	法兰安装 DN125	副	4.00	33.63	9.28	10.52	13.83	134.52	37.12	42.08	55.32	片	8.00	65.00	520.00
6-1506	法兰安装 DN80	副	3.00	24.97	7.76	7.02	10.19	74.91	23.28	21.06	30.57	片	6.00	37.00	222.00
6-1504	法兰安装 DN50	副	9.00	17.02	6.03	3.68	7.31	153.18	54.27	33.12	65.79	片	18.00	26.00	468.00
6-1503	法兰安装 DN40	副	12.00	14.06	5.32	2.95	5.79	168.72	63.84	35.40	69.48	片	24.00	17.00	408.00
6-1300	电动两通阀 DN150	个	4.00	53.70	33.53	11.53	8.64	214.80	134.12	46.12	34.56	个	4.00	4770.0	19080.0
6-2916	排水漏斗 DN80	个	4.00	67.12	13.61	38.31	15.20	268.48	54.44	153.24	60.80				
10-25	压力表	块	32.00	15.07	10.56	4.02	0.49	482.24	337.92	128.64	15.68	块	32.00	32.00	1024.00
10-716	压力表阀	个	32.00	8.83	5.28	1.26	2.29	282.56	168.96	40.32	73.28	个	32.00	39.00	1248.00
10-740	压力表弯	10 套	3.20	11.53	9.55	1.98		36.90	30.56	6.34		个	32.00	5.00	160.00
10-1	温度计	支	15.00	5.11	4.27	0.84		76.65	64.05	12.60		支	15.00	12.00	180.00
10-736	温度计插座	个	15.00	11.64	5.89	1.28	4.47	174.60	88.35	19.20	67.05	个	15.00	15.00	225.00
1-1078	冷冻机组(水冷螺杆型) 701kW	台	2.00	1681.41	918.76	352.35	410.30	3362.82	1837.52	704.70	820.60				
1-816	冷冻水循环泵 SL125-160A	台	3.00	683.87	377.77	197.33	108.77	2051.61	1133.31	591.99	326.31	个	24.00	20.00	48.00

续表

定额编号	名称及规格	工程量		单价				合价				主材费			
		定额单位	数量	合计	人工费	材料费	机械费	合计	人工费	材料费	机械费	单位	数量	单价	合价
1-814	空调补水泵 SL40-200B	台	2.00	312.64	158.42	115.53	38.69	625.28	316.84	231.06	77.38	个	8.00	16.00	128.00
5-854	空调换热机组 LVH-No.95	台	1.00	1230.71	207.37	578.12	445.22	1230.71	207.37	578.12	445.22				
3-431	软水器 ZRL-4	台	1.00	1692.22	446.82	781.91	463.49	1692.22	446.82	781.91	463.49				
8-553	软水箱 2000×1500×1600	个	1.00	115.78	70.07	2.22	43.49	115.78	70.07	2.22	43.49	个	1.0		
8-539	软水箱制作 4m³	100kg	9.00	440.03	40.42	366.00	33.61	3960.27	363.78	3294.00	302.49				
6-2981	水位计	组	1.00	52.47	4.47	48.00		52.47	4.47	48.00					
11-4	水箱除锈	10m²	3.5	11.04	7.31	3.73		38.65	25.59	13.06					
11-84 85	水箱刷红丹漆两遍	10m²	3.5	45.68	9.95	35.73		159.89	34.83	125.06					
11-93 94	水箱刷调和漆两遍	10m²	1.75	37.55	9.95	37.60		65.71	17.41	48.30					
6-2895	分水器 *DN*500	个	1.0	202.83	112.52	7.90	82.41	202.83	112.52	7.90	82.41	个	1.0		
6-2846	管道支架制作安装 木垫式管架	100kg	11.00	537.89	192.01	191.76	153.62	5911.29	2112.00	2109.36	1689.82	kg	1122.00	2.55	2861.10
6-2845	管道支架制作安装一般管架	100kg	7.50	524.85	216.91	142.48	165.46	3936.38	1626.83	1068.60	1240.95	kg	795.00	2.55	2027.25
6-2474	管道水管冲洗 *D*50 以内	100m	0.98	110.09	51.38	47.83	10.88	107.88	50.35	46.87	10.66	吨	2.12	2.00	4.23
6-2475	管道水管冲洗 *D*100 以内	100m	0.17	129.34	56.46	59.25	13.63	21.99	9.60	10.07	2.32	吨	1.88	2.00	3.76
6-2476	管道水管冲洗 *D*200 以内	100m	1.87	177.92	69.05	85.77	23.10	332.71	129.12	160.39	43.20	吨	81.79	2.00	163.59
6-2477	管道水管冲洗 *D*300 以内	100m	0.88	278.51	155.78	101.09	21.64	245.09	137.09	88.96	19.04	吨	86.85	2.00	173.69
6-2428	管道水压试验 *D*100 以内	100m	1.15	151.22	94.04	41.92	15.26	173.91	108.15	48.21	17.55				
6-2429	管道水压试验 *D*200 以内	100m	1.87	204.23	114.95	68.15	21.13	381.91	214.96	127.44	39.51				
6-2430	管道水压试验 *D*300 以内	100m	0.88	278.51	155.78	101.09	21.64	245.09	137.09	88.96	19.04				

续表

定额编号	名称及规格	工程量		单价				合价				主材费			
		定额单位	数量	合计	人工费	材料费	机械费	合计	人工费	材料费	机械费	单位	数量	单价	合价
11-1840	屋面管道保温	m^3	3.90	78.17	55.65	15.30	7.22	304.87	217.04	59.67	28.16	m^3	4.02	525.00	2108.93
11-2199	铝板保护层	$10m^2$	5.50	103.50	49.96	11.77	41.77	569.26	274.78	64.74	229.74	m^2	66.00	25.20	1663.20
11-1841	空调水管保温	m^3	6.00	71.67	49.15	15.30	7.22	430.02	294.90	91.80	43.32	m^3	6.18	525.00	3244.50
11-2153	玻璃丝布保护层	$10m^2$	16.70	9.71	9.55	0.16		162.16	159.49	2.67		m^2	223.80	8.50	1987.30
11-246 247	玻璃布面刷调和漆两遍	$10m^2$	16.70	85.76	34.52	47.24		1365.40	576.49	788.91					
11-7	管道支架除锈	100kg	18.50	18.34	6.91	2.76	8.67	339.30	127.84	51.06	160.40				
11-117 118	管道支架刷防锈漆两遍	100kg	18.50	54.06	9.14	27.58	17.34	1000.11	169.10	510.23	320.80				
11-126 127	管道支架刷调和漆两遍	100kg	18.50	47.43	8.94	21.15	17.34	877.46	165.40	391.28	320.80				
11-1	管道除锈	$10m^2$	18.10	10.64	6.91	3.73		192.58	125.07	67.51					
11-51 52	管道刷防锈漆两遍	$10m^2$	18.10	47.05	10.96	36.09		851.61	198.38	653.23					
11-60 61	管道刷调和漆两遍	$10m^2$	3.80	39.08	11.17	27.91		148.49	42.44	106.05					
	合　计							99751.12	23699.03	50424.58	25627.42				157307.90
	脚手架搭拆费	人工费×9%,其中人工工资占25%						2132.91	533.23						
	系统调整费	人工费×35%,其中人工工资占50%						8294.66	4147.33						
(一)	直接费	人工费+材料费+机械费+主材费+脚手架搭拆费+系统调整费						267486.50	28379.59						
(二)	现场经费	人工费×42.86%						12163.49							
(三)	其他直接费	人工费×15.15%						4299.51							
一、	直接工程费	直接费+现场经费+其他直接费						283949.50							
二、	综合间接费	人工费×31.12%						8831.73							
三、	贷款利润	人工费×15.39%						4367.62							
四、	差别利润	人工费×63.00%						17879.14							
五、	不含税工程造价	直接工程费+综合间接费+贷款利润+差别利润						315027.99							
六、	税金	不含税工程造价×3.51%						11056.48							
七、	含税工程总造价(元)	不含税工程造价+税金						326084.47							

(7) 编制施工图预算说明书

①工程名称：某制冷机房工艺管道安装工程。

②本工程施工图预算采用2001年《全国统一安装工程预算定额陕西省价目表》第一、三、五、六、八、十、十一册及配套的费用定额。

③本预算计价材料按定额预算单价计算，未计价主材费选用2002年6月份陕西省建筑材料预算信息价格计算，材料实际价格高出预算价格部分，由建设单位按价差方式付给施工单位。

④预算中不可预见工程项目费用未计入，发生时可用现场签证的方式处理，竣工时按决算方式结算。

本制冷机房工艺管道安装工程造价为325567.97元，该预算仅供参考。

限于篇幅，本节各安装工程施工图预算均未做工料分析，如需要可参阅有关书籍。

5.4 计算机编制施工图预算

编制工程建设的概预算是基本建设管理工作的重要环节。每当初步设计和施工图设计完成后，都要求准确、迅速地编制好概算和施工图预算，依据它开展各项基建活动。可是一个大型建设项目，可能有数以吨计的设计图纸，计算工程量任务巨大，整个预算工作量很大，需要相当长的时间才能完成。因为数据多、计算量大，还难免出错，所以效率低。因此手工法编制预算已不能适应现代社会发展的需要。

随着计算机广泛应用和计算机技术的不断发展，目前已多采用它来编制概预算。用计算机编制施工图预算不仅过程大为简化，而且运算速度快，减轻了大量烦琐和重复的手工计算劳动，避免了运算过程中的差错，计算结果准确，数据齐全存取方便。计算机编制施工图预算的过程可用图5-19表示如下：

图5-19 计算机编制施工图预算的过程

目前，《广联达——建筑工程系列软件》是国内较为流行的几种施工图预算编制软件之一，可用在确定工程造价的各个阶段，如投标报价、施工预算、计划统计、竣工结算、造价审核等。其中《工程概预算软件》包括多套定额，可以同时做全国各个地区、各个行业的土建、安装、市政、园林和房修等专业的预算，不仅能够使预算工作迅速准确完成，而且也便于在全国有分公司的大集团统一管理和异地招标。对于建筑平面较规整的土建工程，还可通过其中的《图形自动计算工程量软件》输入土建工程施工图，完成工程量计算，将计算结果传输给概预算软件，进一步完成施工图预算，从而大大简化了预算过程，运算速度得到提高，计算结果更加准确。本文限于篇幅，对利用计算机软件进行设备安装工程概预算的编制方法不加介绍，有兴趣者可参阅相关书籍。

第6章　建筑设备安装工程招标、投标

6.1　概　　述

招、投标是由买方（发包方）说明所需要产品或服务的内容和要求，邀请若干个卖方（承包方）根据买方的这些内容和要求条件进行投标报价，通过综合评比，并从中选择优胜者与之达成交易协议的活动。建设工程的招、投标不仅是我国工程项目管理同国际接轨、开拓国际工程承包市场，也是我国工程建设体制改革的主要方向之一。

6.1.1　建设工程招投标的基本概念

(1) 标

标是指发包单位公开的建设项目的规模、内容、条件、工程量、质量、工期、适用标准等要求，以及不公开的标底价。标的公开部分是招、投标过程中发包单位和所有投标单位必须遵守的条件，是投标单位报价和评比竞争的基础。

(2) 招标

招标是指工程发包单位利用报价的经济手段择优选择承包单位的商业行为。发包单位在发包建设工程项目、购买物资之前，以文件形式标明参加条件和工程（物资）内容、要求，由符合条件的承包单位按照文件内容和要求提出自己的价格，参与竞争，经过评比，选择优胜者作为该项目承包者。

(3) 投标

投标是工程承包单位根据招标要求提出价格和条件，供招标单位选择，以期获得承包权的活动。投标过程实质上是一个商业竞争过程，它不只是在价格方面的竞争，还包括信誉、管理、技术、实力、经验等多方面的综合竞争。投标的目的在于中标，在投标过程中应正确理解招标条件和要求，投标文件中要充分体现、证明自己在各方面的优势。

(4) 开标

开标是指招标单位在规定的时间和地点，在有公证监督和所有投标单位出席的情况下，当众公开拆开投标书，宣布投标各单位投标项目、投标价格等主要内容，并加以记录和认可的过程。开标过程必须按法定的程序进行。

(5) 评标

评标是指由招标单位组织专门的评标委员会，按照招标文件和有关法规的要求，对投标单位递交的投标资料进行审查、评比，择优选择中标单位的过程。评标过程要按招标要求，对投标单位提供的投标文件中的投标工程价格、质量、期限、商务条件等进行全面的审查，因此要求生产、质量、检验、供应、财务和计划等各方面的专业人员和公证机关参加。

(6) 中标

招标单位以书面的形式通知在评标中择优选出的投标单位，被选中的投标单位为中标单位，即该投标单位中标。

6.1.2 建设工程招投标的作用

招投标能规范建筑工程市场，保证建筑安装施工企业公平竞争，提高施工企业技术水平和管理水平，增强企业活力。具体作用体现在以下几个方面：

（1）规范建设工程操作过程

招标过程中对工程从设计、材料设备采购到工程的施工和竣工验收都有明确说明。在工程开始前，各方对工程的要求和建设程序达成共识，明确各方关系和各自责任，减少扯皮和混乱现象。

（2）提高施工企业自身水平

通过招投标，施工企业公平竞争，迫使企业在竞争中提高自身技术水平和管理水平，增加竞争力，才能获得较好的经济效益。

（3）保证建设工程按期高质量完工，降低工程造价

在投标竞争中，每个施工企业都会通过发掘自身潜力，提高工程质量、合理缩短工期、降低工程造价，以求在招标中标。这样，除了提高了施工企业竞争力外，也保证了建设单位的利益，提高了整个建设行业的经济效益和社会效益。

（4）适应国际工程承包需要

通过完善招标投标制度，与国际工程承包惯例接轨，能增加我国建筑施工企业在国际工程承包时的竞争力。

6.1.3 建设工程招投标原则

（1）建设工程招投标当事人和中介机构的一切活动必须符合法律、法规和有关政策的规定。具体体现在招投标的依据、程序，招投标当事人的资格及对招、投标过程的管理监督都必须是合法的。

（2）招标文件、招标条件、工作程序、评标标准等要统一规范，招投标过程应公开、开放，保证招投标活动的透明度。投标单位平等竞争，评标过程客观公正。

（3）招投标当事人和中介机构独立、自愿地表达自己的意志，自主决定自己行为，承担相应的责任，任何一方不得将自己的意志强加于对方或干预对方表达自己的意志。

（4）招投标过程应采取合理科学的程序和评标定标方法，讲求效益，择优定标。

（5）招投标当事人和中介机构在招投标过程中应实事求是、信守诺言，不得有隐瞒欺诈、损害他人利益的行为。

6.1.4 建设工程招投标方式

常用的工程招标方式有公开招标、邀请招标和议标三种。

（1）公开招标

由招标单位通过报纸、广播、电视等媒体公开发布招标公告，对投标单位没有数量限制，所有承包商参与机会均等。投标单位通过资格审查后，都可购买招标文件，参加投标。各投标单位的密封投标文件按规定时间交到指定地点，由招标单位统一当众开封唱标、统一评比后，在其中选择最优者作为中标单位。

公开招标是一种无限制竞争性招标，由于参加投标的单位较多，竞争性强，能降低工程投资，但招标单位应加强对投标单位的资格审查。公开招标过程工作量大，一般适合于大中型建设项目。

(2) 邀请招标

由招标单位根据经验或了解的情况，不刊登广告，直接邀请若干个有信誉和对投标项目有经验的承包单位前来投标。向被选择的这些企业发放招标邀请书，经过资格预审，对投标文件评比后，选择出中标单位。

邀请招标又称选择性招标，是一种有限竞争性招标。因为在投标前对被邀请的承包单位的施工经验、技术能力和信誉等有一定的了解，项目实施过程能基本保证预期的进度和质量；但投标报价可能高于公开招标，或遗漏某些具有竞争力的承包单位。一般邀请招标的投标单位少于公开招标，招标评标工作相对简单。邀请招标一般适用于工程规模较小，没必要公开招标；或规模大、专业性强，只有少数单位有承包能力的工程。

(3) 协议招标

又称议标，招标单位直接向一个或几个承包单位发出招标通知，双方通过谈判，就招标条件、要求和价格等达成协议。

议标是一种无竞争性招标。适用于专业性强、工期要求紧、工程性质特殊（如有保密要求）；设计资料不完整，需要承包单位配合；或主体工程的后续工程等。

此外，按招标项目的工作范围，招标可分为全过程招标和工程各环节招标。

0 全过程招标又称“交钥匙工程”招标，是指包括从工程的可行性研究、勘测、设计、材料设备采购、施工、安装调试、生产准备、试运行到竣工交付使用整个过程的全部内容的招标。工程各环节的招标包括勘察设计招标、工程施工招标和材料、设备采购招标等，其内容为全过程招标中的某一部分。

6.2 建筑设备安装工程招标

6.2.1 招标条件

在建设项目招标以前，建设单位必须做好招标准备。只有当建设单位和建设项目具备了必要的招标条件，才能保证招标过程和以后的施工过程能顺利、合法地进行。

(1) 建设单位招标条件

建设单位必须是法人或依法成立的其他组织，并具备与招标相适应的经济、技术管理能力；有组织、编制招标文件的能力；有审查投标单位资质的能力；有组织开标、评标、定标的能力。不具备以上条件的招标单位应委托具有相应资质的法人或组织代理招标。

(2) 建设项目招标条件

建设项目已经报建立项、概算已经批准；建设用地的征用工作已经完成，并取得建设规划许可；有能够满足施工需要的施工图纸和技术文件；资金和主要建筑材料、设备来源已经确定；项目的工程建设许可证得到当地规划部门的批准，施工现场准备已经落实。

6.2.2 招标程序与内容

招标过程要按照规定的程序进行。招标程序是指从开始提出招标要求和条件直到确定中标单位，签订施工合同的全部工作环节。不同的招标方式的招标程序不尽相同，招标中各操作环节和它们之间的关系见表 6-1。

建设单位有招标项目时，提出招标申请，主管部门按照前述招标条件对建设单位和建设项目进行审查，获得批准后，才能进入工程招标过程。招标过程主要操作环节有编制招标文件、编审标底、发布招标公告、投标单位资格预审、发放招标邀请书、发放招标文件、组织现场勘察、招标文件答疑、接受投标文件、开标、评标与定标等。

建设工程招标程序　　表 6-1

公开招标	邀请招标	议　标	管理监督
报建	报建	报建	备案登记
招标人资格审查	招标人资格审查	招标人资格审查	审批发证
招标申请	招标申请	招标申请	审批
编制投标资格预审文件			审查
编制招标文件	编制招标文件	编制招标文件	审查
编制标底	编制标底		
发布资格预审公告、招标公告	发出投标邀请书	发出投标邀请书	
资格预审			复核
发放招标文件	发放招标文件	发放招标文件	
勘察现场	勘察现场	勘察现场	
招标预备会	招标预备会		现场监督
接受投标文件	接受投标文件	接受投标文件	
标底报审			审定
开标	开标	开标、评标	现场监督
评标	评标		现场监督
中标	中标	中标	核准
合同签订	合同签订	合同签订	协调、审查

（1）编制招标文件

招标文件是由符合招标条件的建设单位自行编制或委托有招标条件单位（机构）编制的。招标文件中要完整说明招标项目的规模、内容、建设要求、商务条件和招、投标过程的有关规定等。主要内容包括以下几个方面：

①招标项目综合说明和招标工程范围说明：主要说明项目名称、地址、现场条件、招标工程内容、技术要求、质量要求、工期要求和对投标企业的资质要求等。

②承包条件：根据工程性质和条件，招标单位提出工程的承包方式、工程价款结算方式、材料设备供应方式等。

③设计图纸和技术资料：满足施工要求的完整设计图纸，施工方法要求和有关施工、验收要求和规范标准；材料、设备的要求等。

④施工合同条件：明确建设单位和中标单位应承担的责任和义务。

⑤投标须知：填写和递交投标书的注意事项。如书写要求、印章、密封要求，投标书递交地点和截止时间等；现场勘察和答疑安排；投标保证金的规定；开标地点和时间；废标条件等。

⑥其他需要说明的事项。

（2）编审标底

标底是由招标单位或其委托的具有编制标底能力和资格的单位编制的投标项目参考价格。标底价格由成本、利润和税金组成，一般应控制在批准的概算和投资包干限额内。标底要根据招标工程的设计图纸和有关资料、招标要求等，参照国家有关规范、标准和定额、当地预算价目表、取费标准等预算文件编制，力求与工程实际造价相吻合。一个工程只能有一个标底。标底编制完成后，经主管部门审定，必须密封，防止外传，直到开标时才能公布。协议招标时，承包价格由招投标双方谈判确定后，报主管部门备案。

(3) 发布招标公告

采用公开招标时，一般要在当地或全国的公开发行的报刊等媒体上发布投标单位资格预审通告或招标公告。邀请施工企业申请资格预审或通过预审的企业购买招标文件。招标公告一般包括：招标单位和招标项目名称，招标项目简况和基本要求，投标者资格要求，发放资格预审表或购买招标文件的时间、地点等内容。

(4) 投标单位资格预审和发放招标邀请书

投标单位资格预审是在投标前，招标单位对自愿投标的单位进行财政状况、技术能力、管理水平和资信等方面的审查，以确保投标单位具有足够的能力承担招标项目。施工企业在获知投标单位资格预审通告和招标公告后，若有投标意向，需购买《申请投标企业资格预审表》，填写后在规定的时间内交回。招标单位对投标单位资格的审查内容主要包括企业性质、组织机构、法人地位、注册证明和技术等级证明；企业人员状况、技术力量、机械设备情况；资金、财务状况和商业信誉；主要施工业绩等方面。通过审查后，招标单位向其发售投标邀请书。

采用邀请和协议招标时，招标单位要预先选定被邀请的施工企业，并向他们发出招标邀请书。

(5) 发放招标文件

招标单位按照招标邀请书规定的时间和地点，向接到邀请书有投标意向的施工企业发售招标文件和有关的图纸、资料等附件。获得招标文件的施工企业即成为合法的投标单位，具有本次投标的权利。

(6) 组织现场勘察、招标文件答疑

为保证投标单位能全面了解招标项目、正确理解招标文件，合理地编制投标文件，招标单位要组织投标单位进行现场勘察和对招标文件答疑。现场勘察主要了解工程的施工场地、施工条件等。招标文件答疑是由招标单位组织设计单位、招标管理部门和有关招标文件编制人员，介绍工程情况和招标文件内容及要求，解答投标单位提出的问题，补充、完善招标文件，并对补充内容作会议纪要，作为投标单位编制投标文件的依据之一。

(7) 接受投标文件

按照招标通告和招标文件中规定的时间、地点和方式，招标单位接受投标文件。在接受投标文件时，招标单位要检查投标文件的密封和送达时间是否符合要求。合格者发给回执，否则视为废标。在投标截止时间以前，招标单位仍接受投标单位的正式调价函件或补充说明。

(8) 开标

开标是由招标单位主持，在规定的时间和地点，在评标委员会全体成员和所有投标单位参加的情况下，经公证检查投标文件密封后，当众宣布评标、定标办法和标底，当众启封投标文件、宣读投标报价和招标文件规定内容，并作记录。开标时，在公证人员的监督下，除了未按时送达或密封不合格视为废标外，当发现投标书中缺少单位印章、法定代表人或法定代表委托人印章；投标书未按规定的要求填写，字迹模糊；内容不全或矛盾；没有响应招标书中要求响应的内容；投标单位未参加开标会议等情况时，宣布投标文件为废标。

(9) 评标与定标

评标工作由评标委员会独立、秘密地进行。评标委员会由建设单位或委托代理单位、主管部门、标底编制和审定单位、设计单位、资金提供单位等组成，成员包括有专业工程师、经济师和会计师等专业人员。评标过程分审查投标文件和投标文件内容评比。前者主要审查投标文件是否符合规定和要求，有无重大计算错误或不可接受的条件等，若有，则视为废标。后者是实质性评标，评定的重点有：①投标报价是否合理，主要将投标报价与标底比较，一般认为投标报价与标底差别不超过3%～5%为合理，在此基础上价格最低者最优；②工期适当，在保证工程质量的前提下，要满足招标文件中要求的工期，能通过采用一定技术组织措施提前工期者为佳；③施工方案可行，要求投标文件提供的施工方案或施工组织设计是合理、切实可行的。④企业的信誉好，投标企业在信守合同、遵守国家法规、保证工程质量和后期服务等方面得到社会和行业广泛好评为佳。除此之外，还要对投标单位的经验、业绩、财力、实力和所提供的附加优惠条件等其他因素作综合考虑。

评标方法有定性和打分两种。定性评标是对上述各因素进行综合定性评比，确定中标单位，评比过程主观随意性强，透明度低。打分法是将以上各因素按照规定的打分标准和权重打分，总分值最高者为最优，将评标意见总结为评标报告与评标结果上报批准。

定标是招标单位根据评标报告和结果，确定中标单位的法定过程。定标时，招标单位一般根据评标结果选择2～3家中标候选单位，分别与之会谈，澄清投标文件有关内容和其中的意愿，询问对于投标书中有关承诺的执行方法、依据和措施，进一步考察投标单位实力和投标书中施工方案的可行性。通过会谈选择最优、最可靠的投标单位为中标单位，发放中标通知书，抄报主管部门和经办银行，退还投标保证金和未中标单位投标文件。

6.3 建筑设备安装工程投标

6.3.1 投标程序与内容

投标工作的程序与招标程序相配合，一般投标程序见图6-1。主要过程包括申请投标和递交资格预审资料、接受投标邀请和购买招标文件、研究招标文件、调查研究和问题澄清、编制投标文件、递交投标文件、参加开标会等。

(1) 申请投标和递交资格预审资料

当施工企业获得工程招标信息，根据招标通告和招标资格预审通告中的工程介绍和工程要求，结合本企业经营目标、施工能力等，经过研究，做出决定参加投标的决策后，要在规定的时间报名参加投标，购买填写《申请投标企业调查表》。《申请投标企业调查表》是招标单位对投标单位资格审查的主要依据，投标单位要如实认真填写，充分反映本单位的实力和对投标工程的经验。必要时，应提供附件，以期能使招标单位更多的了解本企业。《申请投标企业调查表》和其他招标公告或资格申请公告中要求的资料要按照公告中

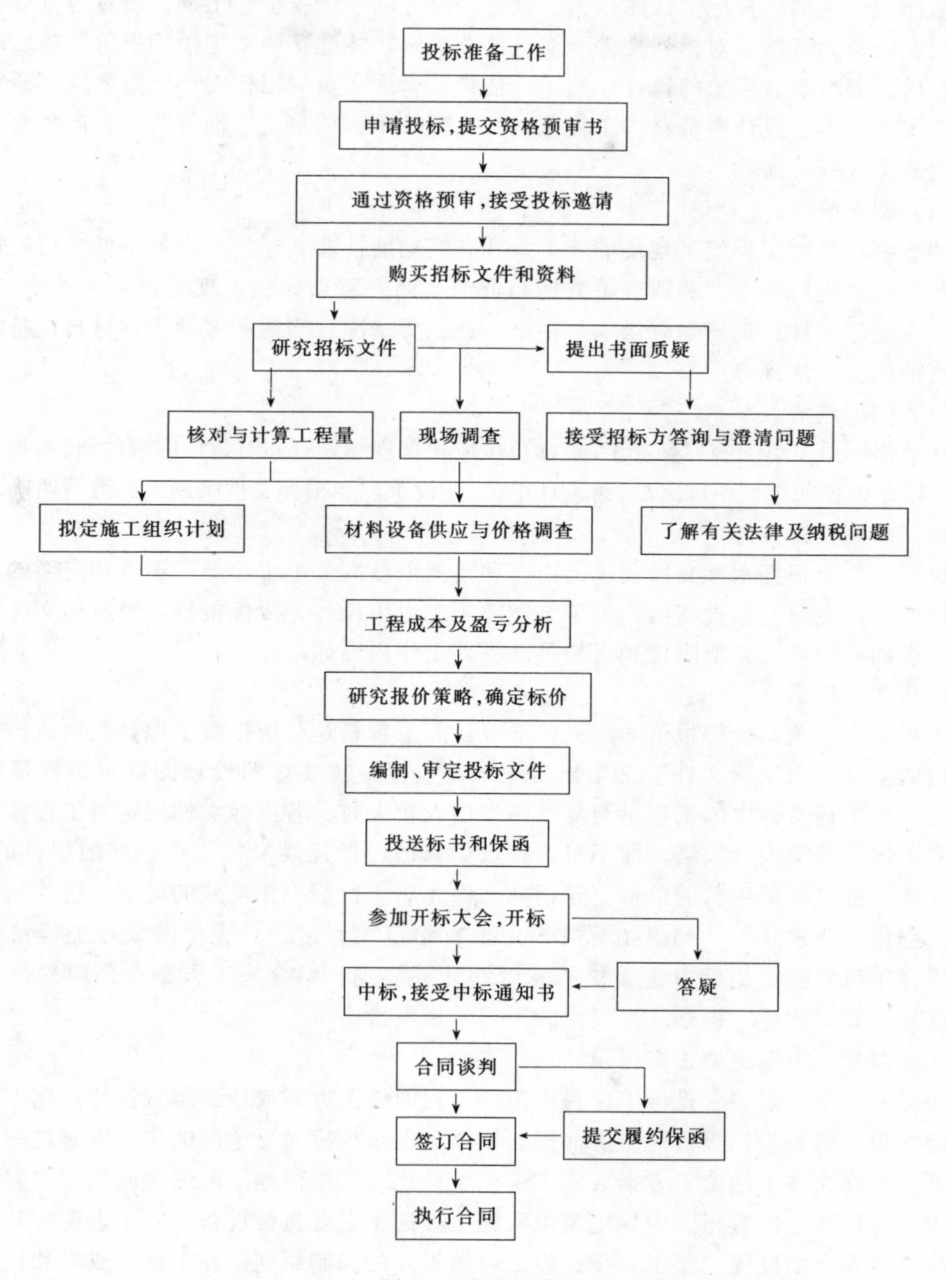

图 6-1　投标程序

要求的时间及时送到规定地点。

(2) 接受投标邀请和购买招标文件

施工企业通过资格预审或接到投标邀请书后，即表明该企业已经获得了本次投标的资格。若想参加本次投标，应携带有关证件、邀请书或预审合格证明及其他邀请书中要求的资料，按招标单位规定的时间和地点领取或购买招标文件。

(3) 研究招标文件

招标文件是编制投标文件的依据，投标文件中的投标报价、工期、质量等都要以招标文件规定内容为基础。对招标文件全面、透彻理解，才能正确制定投标报价策略。取得招标文件后，要组织有经验的设计、施工、估价、管理人员对招标文件认真研究。研究重点应放在工程条件、设计图资料、工程范围；工程技术、质量、工期等要求；商务要求和条件，付款方式等方面。

（4）调查研究

调查研究是对工程施工现场的施工条件和当地的社会、经济、自然条件中可能影响施工的各种因素进行考察，获取有关数据和资料。调查重点为施工现场位置、地质、水文、气候、交通等条件；现场临时供水、供电、通讯等情况；当地的劳动力、材料设备资源供应；当地的有关法规等。

（5）问题澄清

在由招标单位组织的答疑会上,投标单位应根据现场调查和对招标问题的研究,提出招标文件中概念模糊或把握不准之处,请设计单位、建设单位和招标文件编制人员澄清明确。

（6）编制投标文件

投标文件要根据招标文件要求的内容和格式以及有关施工标准、规范和定额的要求编制。投标文件主要包括投标函，施工方案或施工组织设计，投标报价、对招标文件中各条件和要求的响应，及其他附件和资料等。主要工作内容如下：

①核实工程量

工程量大小关系投标报价的高低，准确计算工程量是分析投标工程利润、进行投标报价决策的基础。当招标文件中已给出工程量，投标单位要按照设计图纸对工程量进行复核。当发现招标文件中的工程量与复核结果出入较大时，若招标文件规定对工程量不作增减，则采用不平衡报价策略，即不对工程量做修改，但提高复核工程量高的项目的单价，降低复核工程量低的项目的单价；若招标文件无对工程量不作增减的规定，则找招标单位核对工程量，要求认可。如果招标文件中没有给定工程量，只提供图纸和工程量计算规则，投标单位要根据招标单位提供的图纸和计算规则，结合施工方案，合理划分施工项目，认真计算工程量，根据计算得出的工程量作报价决策。

②编制施工方案或施工组织设计

招标文件中一般要求投标单位提供投标工程的施工方案或施工组织设计。施工方案或施工组织设计既是投标报价的重要前提和依据，也是评标时要考虑的主要因素之一。一般情况下，投标文件中的施工方案或施工组织设计比施工单位施工前编制的施工方案或施工组织设计深度浅、内容粗。内容主要说明施工方法、主要机械设备、施工进度、劳动力人数、技术及安全措施等。施工方案或施工组织设计的编制原则是在工期、成本和技术可行性上对招标单位有吸引力。

③报价

报价合理与否是投标能否中标的关键，要求投标报价必须接近标底。由于投标单位在开标前不可能知道标底，投标单位只能根据招标文件、图纸、有关工程造价的定额和规定，结合本次投标的报价决策计算报价。投标报价的依据有：（a）当地规定的招标投标办法和规定；（b）招标文件中对工程内容、质量、工期、材料及技术等的要求；（c）设计图纸资料；（d）国家及当地现行定额和取费标准；（e）施工方案或施工组织设计等。因为招标标底是由成本、利润和税金构成，投标报价也应该按照这种构成分析后确定。投标报价确定的步骤包括定额分析、单价计算、确定利润及其他费率、计算工程成本和确定标价等。

④投标文件编制

一般情况下，完整的投标文件至少包括：投标函、投标保证金、投标报价表、法人代表授权书、投标企业资格证明、施工方案或施工组织设计、合同或商务响应条款、其他附件和资料。投标文件的大部分内容应按照招标文件的格式和要求填写。对于介绍说明性的内容，编写时要言简意赅、重点突出，主要说明投标企业的优势（如信誉、经验、资金、设备和技术优势等）、投标方案的优点和可行性、投标文件编制依据等。

（7）递交投标文件

所有投标文件备齐盖章签字后，装订成册封入密封袋中，在规定的时间交送到指定投标地点。投标文件投送不能晚于规定时间，否则为废标，但也不必过早，以便在发生新情况时更改；投标文件发出后，在投标截止时间前，投标单位仍可更改投标文件中的有些事项。投标文件被接受并确认合格后，投标单位应领取回执作为凭证。

（8）参加开标会

招标采用公开开标方式时，投标单位要在规定的时间到指定地点参加开标会，在开标会上，招标单位当场宣读标底和符合条件的投标单位及其投标价并记录，投标单位对宣读内容进行确认。

6.3.2　投标报价组成

建筑设备安装工程的投标报价一般是按编制工程概预算的方法编制的。报价主要由直接工程费、间接费、计划利润和税金四部分组成。各组成部分的内容见图 6-2。

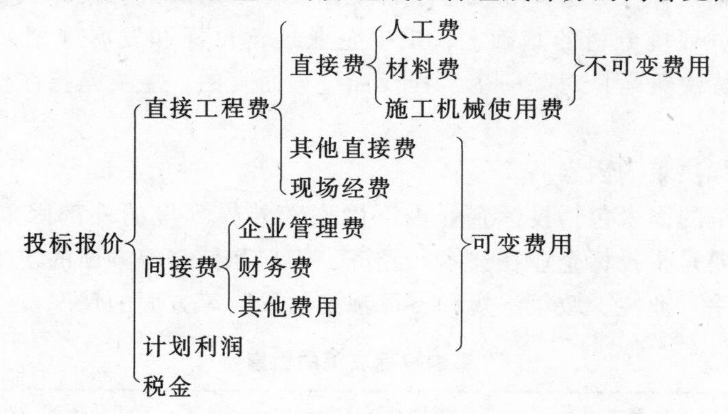

图 6-2　投标报价组成

直接工程费由直接费、其他直接费和现场经费组成，其中直接费是投标报价的主要部分。因为计算套用的定额是统一的，当投标工程确定时，直接费是固定不变的。直接费由人工费、材料费和机械使用费组成。人工费是指从事安装施工的生产工人的各项费用。材料费是指在生产过程中消耗的构成工程实体的原材料、辅助材料、半成品、零配件和周转使用材料的摊销费用等。机械使用费是指施工作业所发生的机械使用以及机械安、拆和进出场费。人工费、材料费和机械使用费可根据工程量套用定额计算得出。其他直接费是指直接费以外的在施工过程中发生的其他费用，如冬雨季施工增加费、夜间施工增加费、检验试验费、特殊工种培训费、特殊地区施工增加费、生产工具用具使用费等。现场经费是指为施工准备、组织施工生产和管理所需的临时设施费和现场管理费等。

间接费由企业管理费、财务费和其他费用组成。企业管理费是指施工企业为组织生产经营活动所发生的管理费用。财务费是指企业为筹集资金而发生的各项费用。其他费用包括向各个上级管理部门支付的管理费用。

计划利润指按规定施工企业在工程造价内应计入的利润。利润率根据工程不同的投资来源和工程类别计取。

税金是国家规定的应计入工程报价内的各项税务附加。税金是在工程直接费、间接费和计划利润之和的基础上按一定的税率计取的。

由于不同工程的类别、施工企业资质、项目资金来源等不尽相同，工程对应的各种取费系数和取费基础也不相同，所以不同投标单位的直接费、现场经费、间接费、计划利润和税金在投标报价中是不一定相同的。

6.3.3 投标决策

投标决策是施工企业在对投标竞争中的情报和资料收集、整理、分析的基础上，为实现企业生产经营目标，寻求并实现最优投标行动方案的策略和方法。施工企业的竞争力表现在工程的报价、工期、质量和信誉。这些方面都是需要提高企业的施工技术水平和管理水平来保证，因此提高企业自身的素质水平是企业生存发展的基础。但是施工企业要在投标竞争中获胜，除了要求企业具有较强的竞争力外，还要求企业能根据不同招标项目具体情况，结合自身条件和目标，做出正确的投标决策。

投标决策包括投标项目选择和工程项目投标操作中的决策。投标项目选择是指在对企业内部条件和竞争环境分析的基础上，根据企业经营目标和发展规划，对招标项目的选择。工程项目投标决策是针对某一个工程投标过程而言的，主要是指在投标过程中采用的策略和手段。

(1) 影响投标决策的因素

影响投标决策的因素包括投标企业内部因素和外界环境的外部因素（表6-2)。投标企业内部因素主要是指投标企业在技术、经济、管理和信誉等方面的实力水平。外部因素主要包括竞争对手、业主、政策法规和不可预见的风险等方面的情况。

影响投标决策的因素 **表6-2**

内部因素	技术因素	专业技术人员的水平、能力；施工队伍的经验、特长；设备水平等
	经济因素	周转资金、固定资产、担保能力、资金垫付能力和抵御风险能力等
	管理因素	管理模式和水平；管理人员经验和能力；有关管理的规章制度和章程等
	信誉因素	遵纪守法；讲信用、守合同；对工期、质量、安全等的保证等
外部因素	竞争对手因素	竞争对手的数量和各对手的资质、实力、特长等
	业主因素	业主的合法地位、支付能力、信誉等；监理工程师的水平、能力和职业素养等
	政策法规因素	有关的国家和地方的法律、政策、规定；行业惯例等
	风险因素	由于政治、经济、自然等不可预见因素产生的风险

(2) 投标项目选择

投标项目选择的依据主要包括工程项目的性质和特点；工程项目当地社会、经济和自然环境；本企业对该工程项目的承担能力；对后续工程的考虑；发包人的信誉等。当招标工程资质要求超过本企业资质等级；超过本企业承担能力；企业施工任务已经饱满，招标工程风险大、利润少；业主无合法地位或信誉不佳，项目有关手续不全；竞争对手竞争优势明显时，应放弃该项目投标。

(3) 工程项目投标报价决策

①投标报价策略

工程招标是以价格竞争为主的，投标项目报价策略是投标项目决策的最重要内容。工程项目报价策略包括成本估算和报价两方面的策略。

国家或地方的统一定额是反映普遍生产力水平的指标，可以作为编制工程预算、控制投资的依据。但由于实际工程的施工环境、技术要求等各异，施工企业的技术水平和管理水平也不相同，同样的工程对于不同的施工企业施工成本并不相同。施工企业在决定参加某一投标项目后首先要估算施工成本，并以此作为报价决策的依据。成本估算决策包含风险费决策和成本估算两部分。

风险费是指工程施工中难以事先预见的费用。工程中风险费用主要由于工程成本计算中工程量计算、单价估算不准确，材料、设备及人工价格波动，施工过程中自然因素的影响等原因产生。由于风险费是工程成本的组成部分，当风险费发生时，工程成本增加，企业利润减少。成本估算应尽量准确，估算越准确，风险费越小。但实际工程中风险费总是存在的，所以在投标中必须作风险费估算。由于工程中实际发生的风险费并不受风险费估算控制，当风险费估算过大，会提高估算成本，降低报价竞争力；风险费估算过小，一旦该费用发生，将减少利润，甚至亏损。在投标成本决策中应根据本企业对投标项目的把握程度，在尽量准确估算成本的基础上正确做出风险费决策。

工程的成本主要包括工程直接费和间接费，成本估算时要做到工程量计算准确、单价套用精确；满足招标要求的工期和质量，不盲目缩短工期或提高质量标准，造成成本提高；根据本企业施工管理水平，正确估算管理费用和产生的效益，合理精简管理机构、提高效率，减少工程间接费。

根据企业的发展规划和经营目标，对工程投标有三种报价策略。

(a) 高报价策略

以特长或满足特殊要求取胜。适用于有特殊技术或质量要求的工程；工期要求紧的工程；工程性质特别，一般施工企业无法竞争的工程；高风险的工程等。由于投标工程的特殊性，只有少数施工企业有能力承担的施工任务；竞争对手较少或者施工企业施工任务已经饱和时可采用高报价，以求得较高利润。

(b) 低报价策略

以价格取胜。对于普通工程，由于竞争对手多，施工企业必须在价格上占有优势才可能中标。在以下情况下施工企业多采用低价策略：为掌握新的施工技术或希望进入新领域；企业长期任务不饱和；为击败竞争对手进入或占据某一市场；为后续工程、追加工程或着眼于施工索赔；掌握了某些技术，可明显降低成本等。低价报价的方法有多种，如经过成本估算后保证微利的低价报价；开口升级报价；冒险低价报价等。

(c) 中报价策略

以其他策略取胜。由于招标中报价并不是惟一评标指标，投标企业采用中等报价，在报价不失大分的前提下，以缩短工期、提高质量、提供垫资等优惠条件或改进设计等吸引招标单位。

②投标报价技巧

投标报价有各种操作方法和技巧，其目的都是既要获得工程承包权，同时要保证施工企业的最大利润。

(a) 以优胜劣。把企业在技术、经验、管理、设备、材料供应等多方面的综合优势转化成报价优势，击败竞争对手。

(b) 不平衡报价。在不影响总报价的基础上，调整总标价内部项目的报价，以求在结算时获得理想的经济效果。

(c) 多方案报价。在招标文件允许时，以原招标文件为准报价，再提出不同方案并报价，指出新方案在造价、工期、质量等方面的优势，以吸引业主。

(d) 扩大标价。对正常施工内容编制标价，对工程中变化较大的项目采用增加不可预见费用的方法，扩大标价，减少风险。

(e) 薄利或无利报价。为了进入某一市场或竞争对手优势明显时，为增加中标的机会，采用薄利或无利润的方法夺取承包权。

(f) 开口升级报价。将工程中一些风险大、利润低的项目抛开，注明由双方再协商解决，这样可明显降低投标报价，吸引业主，待中标后与业主的谈判中提高报价。

6.4 招标投标的有关法规

我国招投标制度从1981年开始在深圳试行，1983年城乡建设环境保护部颁发《建筑安装工程招标投标试行办法》，1984年国家计委、城乡建设环境保护部颁发《建设工程招投标暂行规定》，1992年颁布《建设工程招标投标管理办法》，随后被2001年颁布的《房屋建筑和市政基础设施工程招标投标管理办法》（附录1）代替，1996年建设部印发《建设工程招标文件范本》，1999年颁布《招标投标法》（附录2），到2000年发布《建设工程招标范围和规模标准规定》和《建设工程招标代理机构资格认定办法》等。我国建设工程的招标投标法规经历了从无到有，逐渐完善成熟的过程。

6.5 建筑设备安装工程招投标文件范本示例

建筑设备安装工程招标文件中的招标申请书、投标单位资格预审通告表、投标单位资格预审申请书、投标单位资格预审合格通知书、招标公告表、招标邀请书和中标通知书见附录3（表1～表7）。招投标文件格式见附录4。

第 7 章　建筑设备安装施工合同

7.1　概　　述

7.1.1　施工合同的概念

建设工程施工合同，简称施工合同，是工程发包人（甲方）和工程承包人（乙方）为完成某一建设任务，就工程内容、要求和付款等问题，明确双方的权利和义务而达成的具有法律效力的协议。与其他经济合同一样，施工合同包含三个基本要素：主体、客体和内容，施工合同中的主体是以法人或其他经济组织形式存在的建设单位和建筑安装施工企业；客体指建筑安装工程项目；内容就是合同中的具体条款。施工合同除了具有一般经济合同的特征外，还有以下基本特征：

（1）合同标的物的特殊性

施工合同标的物是建设工程项目。不同于其他产品或商品，建设工程一般都具有结构复杂、体量庞大、资源消耗多、投资大；产品具有单件性，不同项目的施工对象、施工环境、施工方法等各不相同，生产过程不确定因素多；生产具有流动性等特点。这些特点要求施工合同与之相适应。

（2）合同内容多

由于建设工程项目受多方面、多种因素的限制和影响，各种因素都要反映在合同中。因此施工合同中要包括工作范围、工期、质量、造价、材料、设备、付款、保修、索赔等各种条款，合同中要全面考虑各种因素和完善各个条款，以保证合同无障碍履行。

（3）执行周期长

这是由于一般建设工程本身施工周期较长而决定的。这就要求合同有很强的计划性，施工过程必须按照要求按计划进行；另一方面由于周期较长，合同履行中不可预见因素的存在，要在合同履行过程中保证能实现双方约定的权利和义务。

（4）合同涉及面广

在合同的签订和履行过程中会涉及建设单位、施工单位和设计、监理、质检、咨询、材料设备供应等单位及银行、保险公司、主管部门等。各单位相互联系协调都是以合同为基础的。

（5）合同风险大

由于施工合同涉及内容多、金额大、周期长、涉及面广，履行过程中存在不可预见因素及激烈的竞争，造成施工合同比一般经济合同具有更大的风险。

7.1.2　施工合同的作用

施工合同是就某一工程项目的施工内容和要求，明确签订当事人责、权、利关系的合同文件，它除了具有经济合同一般作用外，还具有以下作用：

（1）计划作用

施工合同的计划作用体现在三个层次，一是实现国家或地方建设计划的重要手段，施工合同的订立和履行实际上是实现国家建设计划和指标的过程。二是施工企业经营计划的体现，施工企业通过签订施工合同承包工程，实现企业的经营计划。三是通过合同条文的规定，确保工程按计划施工、按期完工。

(2) 组织管理作用

施工合同确定了工程项目施工及管理的目标。对于工程的质量、工期、费用和安全等提出具体目标，为施工过程中的质量控制、进度控制和费用控制以及工程施工过程的监理监督提供了依据。

(3) 法律保障作用

合同一旦签订，合同当事人之间即形成一定的经济法律关系。合同中明确规定工程项目各环节的组织协调关系，明确了合同当事人的权利、义务关系。便于实现投资、设计、施工、监理、供货等环节相互协作。各方都必须按照合同中各条款规定内容履行应尽的义务，享受应得的权益。一旦发生纠纷，应以合同作为解决纠纷的主要依据。

7.1.3 施工合同的内容

施工合同的内容应包括工程范围、建设工期、中间交工工程的开工和竣工时间、工程质量、工程造价、技术资料交付时间、材料和设备供应责任、拨款和结算、竣工验收、质量保修范围和质量保证期、双方相互协作等条款。

7.1.4 施工合同的分类

(1) 按合同适用范围分

有建设工程勘察设计合同，建筑工程施工准备合同，建筑工程施工合同，材料、成品、半成品或设备供应合同，劳务合同。其中建筑工程施工合同又包括土建工程施工合同、建筑设备安装施工合同、装饰工程施工合同、修缮工程施工合同、机械设备安装施工合同等。

(2) 按承包方式分

有工程总承包合同、工程分包合同、劳务分包合同、联合承包合同等。

(3) 按计价方式分

①固定工程总价合同

又称总包干合同,建设单位与工程承包单位根据招标文件和施工图纸资料商定的工程内容和造价,一次包死。除非建设单位要求变更原定的承包工程内容,工程造价不得更改。

②固定单位造价合同

发包单位与承包单位根据招标文件和施工图纸资料共同确认工程内容，确定每一单位的工程造价，并以此为根据签订施工合同。

③固定总价加奖金合同

发包单位与承包单位共同确定一个固定工程总价，并规定奖金计算条件和办法。

7.2 建筑设备安装施工合同示范文本

7.2.1 示范文本组成

为了完善经济合同制度，解决施工合同存在的合同文本不规范、条款不完备、执行过程易发生纠纷的情况，我国根据有关法规、法律，借鉴国际经验，结合我国国情颁布了《建筑施工合同（示范文本)》。示范文本由《通用条款》、《专用条款》、《协议条款》和附件组成。

《通用条款》共11部分47条，为一般工程所具备的共同条款，基本适用于公共建筑、民用建筑、工业厂房、交通设施和管线道路等的施工和设备安装工程。其作用在于全面地对合同中涉及的各方面做出解释和给出普遍规定，除了双方经过协商就其中的某些条款进行修改、补充或取消，双方都必须履行。《通用条款》为双方签订合同提供一个提纲和参考，以防甲乙双方在签订合同时遗漏或由于表达含糊带来合同履行中发生纠纷。《通用条款》具体内容见下一节介绍。

《专用条款》部分是根据工程实际情况，按照《通用条款》中各条款的顺序，对《通用条款》条款的补充和具体化。《通用条款》只对合同的各方面做出了原则上和普遍性的规定，由于各实际工程的工程性质、施工内容、施工环境和条件各异，施工单位的施工能力不同，建设单位对工程的工期、质量、进度、造价等要求也不尽相同，需要根据双方协商结果，对《通用条款》进行补充、修改。《专用条款》中的条款号与《通用条款》中的条款号对应。

《协议书》是施工合同中总纲性文件，是工程承包人和发包人根据有关法律，在平等、自愿、公平和诚实信用的原则下，就工程施工中最基本、最重要的事项协商一致而订立的合同。它规定了合同当事人双方最主要的权利和义务，规定了合同的文件组成和双方对履行合同的承诺。建设单位和施工企业签字盖章后，《协议书》即具有法律效力。《协议书》主要包括以下内容：

（1）工程概况；

（2）工程承包范围；

（3）合同工期：开、竣工时间和合同工期总日历天数；

（4）质量标准；

（5）合同价款；

（6）合同文件：合同协议书，中标通知书，投标书及附件，合同专用条款、合同通用条款，标准、规范及有关技术文件，图纸，工程清单，工程报价表或预算表等；

（7）协议书中的有关词语含义与合同示范文本《通用条款》中的定义相同；

（8）承包人向发包人承诺按照合同约定进行施工、竣工及质量保证期内的保修责任；

（9）发包人向承包人承诺按照合同约定的期限和方式支付合同价款和其他应支付的款项；

（10）合同生效：合同订立的时间、地点及约定生效时间。

7.2.2 示范文本

第一部分 协 议 书

发包人（全称）：<u>××市×××房地产开发公司</u>

承包人（全称）：<u>××市×××建筑工程公司</u>

依照《中华人民共和国合同法》、《中华人民共和国建筑法》及其他有关法律、行政法规，遵循平等、自愿、公平和诚实信用的原则，双方就本建设工程施工项目协商一致，订立本合同。

一、工程概况

工程名称：××大厦工程

工程地点：××市××路南段

工程内容：空调系统安装

群体工程应附承包人承揽工程项目一览表（附件1）

工程立项批准文号：XJB第2000—18

资金来源：承包人自筹

二、工程承包范围

承包范围：空调系统、排风系统、防烟排烟系统安装

三、合同工期

开工日期：2000年4月1日

竣工日期：2000年6月20日

合同工期总日历天数81天

四、质量标准

工程质量标准：省级优良

五、合同价款

金额（大写）：陆佰壹拾捌万捌仟元（人民币）

￥：6188000.00元

六、组成合同的文件

组成本合同的文件包括：①本合同协议书，②中标通知书，③投标书及其附件，④本合同专用条款，⑤本合同通用条款，⑥标准、规范及有关技术文件，⑦图纸，⑧工程量清单，⑨工程报价单或预算书。双方有关工程的洽商、变更等书面协议或文件视为本合同的组成部分。

七、本协议书中有关词语含义与本合同第二部分《通用条款》中分别赋予它们的定义相同。

八、承包人向发包人承诺按照合同约定进行施工、竣工并在质量保修期内承担工程质量保修责任。

九、发包人向承包人承诺按照合同约定的期限和方式支付合同价款及其他应当支付的款项。

十、合同生效

合同订立时间：2000年2月28日

合同订立地点：×××房地产开发公司

本合同双方约定本合同签订后立即生效。

发包人：（公章）
××市×××房地产开发公司
住　　所：××市××路×号
法定代表人：×××
委托代表人：×××

承包人：（公章）
××市×××建筑工程公司
住　　所：××市××路×号
法定代表人：×××
委托代表人：×××

电　　话：××××××××　　　　　　电　　话：××××××××
传　　真：××××××××　　　　　　传　　真：××××××××
开户银行：××××银行　　　　　　开户银行：××××银行
账　　号：××××××××××××　　账　　号：××××××××××××
邮政编码：××××××　　　　　　　邮政编码：××××××

专 用 条 款

一、词语定义及合同文件

1. 词语定义

2. 合同文件及解释顺序

合同文件组成及解释顺序：按照合同示范文本通用条款

3. 语言文字和适用法律、标准及规范

3.1　本合同除使用汉语外，还使用＿＿无＿＿语言文字。

3.2　适用法律和法规

需要明示的法律、行政法规：＿＿无＿＿

3.3　适用标准、规范

适用标准、规范的名称：GB 50243—97、GB 50234—98、GB 50274—98、GBJ 304—88、TJ 305—75

发包人提供标准、规范的时间：＿＿2000年3月5日＿＿

国内没有相应标准、规范时的约定：＿＿经双方认可按照行业习惯执行＿＿

4. 图纸

4.1　发包人向承包人提供图纸日期和套数：＿＿2000年3月2日，3套＿＿

发包人对图纸的保密要求：＿＿按照合同示范文本通用条款要求＿＿

使用国外图纸的要求及费用承担：＿＿无＿＿

二、双方一般权利和义务

5. 工程师

5.2　监理单位委派的工程师

姓名：＿＿×××＿＿职务：＿＿经理＿＿发包人委托的职权：审查承包人提出的施工组织设计、施工方案和施工进度计划，提出改进意见；检查工程使用的材料和设备规格和质量；控制工程质量和进度；监督施工技术标准执行；工程验收和签署付款凭证；协调发包人和承包人争议。

需要取得发包人批准才能行使的职权：＿＿无＿＿

5.3　发包人派驻的工程师

姓名：＿＿×××＿＿职务：＿＿科长＿＿职权：＿＿发布开工、暂停施工和复工令；确认监理工程师签署的变更、移交、缺陷和付款等凭证；审核工程索赔。

7. 项目经理

姓名：＿＿×××＿＿职务：＿＿经理＿＿

8. 发包人工作

8.1　发包人应按约定的时间和要求完成以下工作：

（1）施工场地具备施工条件的要求及完成的时间：　2000年3月25日前，提供现场仓库用地和加工场地，大厦土建施工满足空调系统安装条件。

（2）将施工所需的水、电、电讯线路接至施工场地的时间、地点和供应要求：　利用已有的临时设施。

（3）施工场地与公共道路的通道开通时间和要求：　2000年3月25日，具备大型设备运输条件。

（4）工程地质和地下管线资料的提供时间：　2000年3月5日

（5）由发包人办理的施工所需证件、批件的名称和完成时间：　2000年3月20日

（6）水准点与坐标控制点交验要求：　2000年3月5日

（7）图纸会审和设计交底时间：　2000年3月8日

（8）协调处理施工场地周围地下管线和邻近建筑物、构筑物（含文物保护建筑）、古树名木的保护工作：　无

（9）双方约定发包人应做的其他工作：　2000年3月28日前，发包人保证冷水机组等设备到货

8.2　发包人委托承包人办理的工作：　无

9. 承包人工作

9.1　承包人应按约定时间和要求，完成以下工作：

（1）需由设计资质等级和业务范围允许的承包人完成的设计文件提交时间：2000年3月10日。

（2）应提供计划、报表的名称及完成时间：　2000年3月15日前提交施工进度计划、物资资料供应计划、机械需用量计划和工程进度款支付计划。

（3）承担施工安全保卫工作及非夜间施工照明的责任和要求：　承包人负责施工现场安全保卫、防盗、消防和文明施工，在原有设施的基础上解决非夜间施工照明。

（4）向发包人提供的办公和生活房屋及设施的要求：　利用原有的办公和生活房屋及设施。

（5）需承包人办理的有关施工场地交通、环卫和施工噪声管理等手续：　利用原有手续。

（6）已完工程成品保护的特殊要求及费用承担：　无

（7）施工场地周围地下管线和邻近建筑物、构筑物（含文物保护建筑）、古树名木的保护要求及费用承担：　无

（8）施工场地清洁卫生的要求：按通用条款要求。

（9）双方约定承包人应做的其他工作：　无

三、施工组织设计和工期

10. 进度计划

10.1　承包人提供施工组织设计（施工方案）和进度计划的时间：　2000年3月15日

工程师确认的时间：　2000年3月23日。

10.2　群体工程中有关进度计划的要求：　无

13. 工期延误

13.1　双方约定工期顺延的其他情况：发包人未能按时提供其供应的设备超过8小时。

四、质量与验收

17. 隐蔽工程和中间验收

17.1　双方约定中间验收部位：裙房部分施工完成。

19. 工程试车

19.5 试车费用的承担：承包人承担

六、合同价款与支付

23. 同价款及调整

23.2　本合同价款采用固定总价方式确定，合同价款中包括的风险范围：无。

24. 工程预付款

发包人向承包人预付工程款的时间和金额或占合同价款总额的比例：2000年3月10日前支付合同总价的25%，计1547000.00元作为预付工程款。

扣回工程款的时间、比例：完成工程量30%时，扣回预付工程款50%；完成工程量50%时，扣回预付工程款30%；完成工程量80%时，扣回预付工程款20%。

25. 工程量确认

25.1　承包人向工程师提交已完工程量报告的时间：完成工程量7日内

26. 工程款（进度款）支付

双方约定的工程款（进度款）支付的方式和时间：完成工程量30%时，支付合同总价的25%；完成工程量50%时，另支付合同总价的20%；完成工程量80%时，另支付合同总价的30%；工程竣工后，另支付合同总价的20%；其余5%作为质量保证金，一年后支付。支付方式为转账支票。

七、材料设备供应

27. 发包人供应

27.4　发包人供应的材料设备与一览表不符时，双方约定发包人承担责任如下：

（1）材料设备单价与一览表不符：由发包人承担所有价差。

（2）材料设备的品种、规格、型号、质量等级与一览表不符：经发包人同意，承包人可代为调剂替换，由发包人承担相应费用。承包人负责检验或试验材料设备，不合格的不得使用，检验或试验费用由发包人承担。

（3）承包人可代为调剂替换的材料：无

（4）到货地点与一览表不符：由发包人负责运至一览表指定地点。

（5）供应数量与一览表不符：供应数量少于一览表约定的数量时，由发包人补齐，多于一览表约定数量时，发包人负责将多出部分运出施工场地。

（6）到货时间与一览表不符：到货时间早于一览表约定时间，由发包人承担因此发生的保管费用；到货时间迟于一览表约定的供应时间，发包人赔偿由此造成的承包人损失，造成工期延误的，相应顺延工期。

27.6　发包人供应材料设备的结算方法：合同总价以内部分，从合同总价内扣除。

28. 承包人采购材料设备

28.1　承包人采购材料设备的约定：　品种、规格、型号、质量应与材料设备供应一览表相符，并接受监理工程师检查。

九、竣工验收与结算

32. 竣工验收

32.1　承包人提供竣工图的约定：　竣工后7日内提供5套竣工图。

32.6　中间交工工程的范围和竣工时间：　冷水机组安装，裙房的空调系统、排风系统和防排烟系统风机盘管和水系统安装，2000年10月20日。

十、违约、索赔和争议

35. 违约

35.1　本合同中关于发包人违约的具体责任如下：

本合同通用条款第24条约定发包人违约应承担的违约责任：　发包人未能按第24条约定支付预付工程款，承包人有权要求根据实际支付时间工期顺延。

本合同通用条款第26.4款约定发包人违约应承担的违约责任：　发包人未能按第26条约定执行付款时，承包人有权暂停施工，要求工期顺延；由发包人赔偿由此对承包人造成的经济损失；并按同期银行贷款利率向承包人支付拖欠工程价款的利息。

本合同通用条款第33.3款约定发包人违约应承担的违约责任：　除通用条款规定外，从第29日到55日每日期间，每延迟一日由发包人向承包人支付欠款额的1‰作为经济赔偿。

双方约定的发包人其他违约责任：　无

35.2　本合同中关于承包人违约的具体责任如下：

本合同通用条款第14.2款约定承包人违约承担的违约责任：　每延迟一日由承包人向发包人支付合同款额的1‰作为经济赔偿。

本合同通用条款第15.1款约定承包人违约应承担的违约责任：　承包人承担工程返修全部费用，并扣除未达要求部分工程费用20%，由此产生的工期延迟按上述条款执行。

双方约定的承包人其他违约责任：　无

37. 争议

37.1　双方约定，在履行合同过程中产生争议时：

(1) 请　××市建设工程招标中心　调解；

(2) 采取第二种方式解决，并约定向仲裁委员会提请仲裁或向人民法院提起诉讼。

十一、其他

38. 工程分包

38.1　本工程发包人同意承包人分包的工程：　无

39. 不可抗力

39.1　双方关于不可抗力的约定：　按通用条款执行。

40. 保险

40.6　本工程双方约定投保内容如下：

(1) 发包人投保内容：　建设工程和施工场地内的自有人员及第三方人员生命财产办理保险。

发包人委托承包人办理的保险事项：　场地内用于工程的材料和待安装设备。

（2）承包人投保内容：为从事危险作业的职工办理意外伤害保险，并为施工场地内自有人员生命财产和施工机械设备办理保险。

41. 担保

41.3 本工程双方约定担保事项如下：发包人向承包人提供付款担保，承包人向发包人提供质量担保和工期担保。

（1）发包人向承包人提供履约担保，担保方式为：担保合同作为本合同附件。

（2）承包人向发包人提供履约担保，担保方式为：担保合同作为本合同附件。

（3）双方约定的其他担保事项：无。

46. 合同份数

46.1 双方约定合同副本份数：8 份。

47. 补充条款

附件 1：承包人承揽工程项目一览表（略）

附件 2：发包人供应材料设备一览表（略）

附件 3：工程质量保修书（略）

7.3 FIDIC 土木施工合同条款

7.3.1 简介

《土木施工合同条款》是国际咨询工程师协会“FIDIC”总结各国在土木建筑工程施工承包方面的经验，几经改编完善，从法律、技术、管理、经济等方面详细规定了发包方、承包方和监理方的责任、义务和权益的国际通用的合同。《土木施工合同条款》已被许多国家广泛采用，成为国际工程承包的合同的范本。各国也根据该合同内容，结合本国特点制定土建工程的合同范本。了解 FIDIC 土木施工合同条款，对于完善我国施工合同，我国施工企业进行国际工程承包谈判、承包国际工程项目都有积极作用。

7.3.2 组成部分

FIDIC 土木施工合同由通用条款、专用条款、投标书及附件、协议书组成。

通用条款涉及各方的责任和权益，工程劳务，材料和设备，工期，付款，变更，合同管理等各方面内容。条款共有 72 条 194 款，内容包括：定义及解释；工程师及工程师代表；转让及分包；合同文件；一般义务；劳务；材料；工程设备和工艺；暂时停工、开工及延误；缺陷责任；变更、增添和省略；索赔程序；承包商设备、临时工程和材料；计量；备用金；指定的分包商；信用证与支付；补救措施；特殊风险；解除合同；纠纷处理；通知；业主违约；费用和法规的变更；货币及汇率等 25 个小节。通用条款是一个全面的标准合同范本，普遍适用于各种工程项目。

尽管通用条款针对地区、各行业已分类编制了详尽的合同样本，但由于各个工程的具体特点和工程所在地的具体情况不同，实际的合同不能照搬通用条款，而要对其中的个别项目适当调整。专用条款是根据具体工程特点，对于通用条款的选择、补充或修正。专用条款的序号应与所调整的通用条款序号相同。

专用条款包括以下三方面内容：

①疏浚与填筑工程的有关条款；

②对于通用条款的修正、补充或替代条款；

③作为合同文件组成部分的某些文件的标准格式。

FIDIC土木施工合同编制了标准的投标书、协议书和投标书的附件。标准的投标书和投标书的附件由投标人在规定的空格或表格中填写后递交。标准协议书由双方在空格处填写响应的内容，签字或盖章后即可生效。

7.3.3 有关条款

按条款功能不同，FIDIC土木施工合同可划分为权义性条款、管理性条款、经济性条款、技术性条款和法律性条款五个方面。

(1) 权义性条款

权义性条款分为四个方面的内容：

①合同文件组成和术语定义

FIDIC土木施工合同规定的合同文件由合同协议书、中标通知书、投标书、专用条款、通用条款和组成合同的其他文件共同组成，体现合同完整的法律效力。术语定义是明确合同中各术语的涵义和解释语言，以免由于发生理解歧义，引起纠纷。

②业主的权益

业主有对工程的发包、指定分包权利，对工程质量、进度控制的权利。业主应承担向承包商提供施工场地、图纸，向承包商按期付款，协助承包商工作等义务；应承担由于战乱、政变、污染、无法预测的自然力产生的风险，由于设计不当或提前使用造成的损失等。

③承包商的权益

承包商有付款或奖金合理要求，有获取由于业主或监理方原因造成损失的赔偿的权利。承包商应承认合同，并承担合同中规定的本方的全部义务，不得没有经过业主同意将合同或合同的一部分转让给第三方，遵守工程所在地的法律法规，执行监理工程师指令，照管工程、材料、设备和人员安全，完成工程和负责修补缺陷等。

④监理方权力和职责

监理工程师可以执行合同中规定或从合同中必然引申出的权力。监理工程师有权任命监理工程师代表和反对承包商授权的承包方施工监督管理人员；有权要求暂停施工、负责审核承包商索赔申请。监理工程师的职责包括：接受业主委托监督管理承包商的施工；向承包商发布指示，解释合同文件；评价承包商建议；保证材料质量和工艺符合规定；批准工程测量值和校核承包商向业主提交的付款申请；调解业主与承包商之间的合同争议和纠纷等。

(2) 管理性条款

①合同责任方面的条款

主要有承包商有向业主提交履约保证金的责任；保管施工图纸、现场材料、设备和临时工程的责任；处理交通、设施使用费和专利、污染等问题的责任；向业主移交发掘出的文物古迹，由业主根据相应法律和法规处理的责任；向同一施工现场其他承包商提供方便的责任；执行监理方指令的责任；按时开工、按进度计划和质量要求施工的责任等。

②管理程序方面的条款

包括签订合同前业主有关手续的办理，并向承包商移交程序；工程款支付的方式和程序；工程竣工验收和移交程序；由于业主违约，承包商要求解除合同的程序等。

(3) 技术性条款

包括进度控制和质量控制两方面内容。进度控制条款包含合同签订后承包方提供施工进度计划和说明，施工中定期进度报告，工程进度延缓后的赶工，非承包商责任造成的工期延长等。质量控制条款包括承包商应按照合同、图纸和监理工程师要求施工，工程中使用的材料、设备和采用的工艺必须符合合同要求，并接受监理工程师的检查，承包商按照监理工程师要求对工程缺陷进行修补、重建。

(4) 经济性条款

包括工程保险、承包商设备保险、人身保险和第三者责任保险等各种保险的投保规定；合同执行过程中中期付款、竣工结算条款和备用金使用、滞留金扣留和退还等条款；合同被迫终止时结算的有关条款；有关变更涉及的经济方面问题的条款；其他由于额外实验、检查，货币和价格调整，国家法律、法令或政策变更等引起的经济问题。

(5) 法律性条款

主要包括选择并明确使用的法律，解决和仲裁争端的条款，劳务人员的工资标准、劳动条件、安全健康、食宿遣返、宗教习俗等条款和其他涉及法律问题的条款。

7.4 建筑设备安装施工合同谈判与订立

7.4.1 合同谈判

(1) 谈判准备

谈判是一个双方为各自利益和目标企图说服对方，互相让步，最终达成协议的过程。要达到谈判目的，首先要作好谈判的准备工作。谈判准备包括组织谈判人员、了解工程情况、明确谈判目标、分析对方情况、估计谈判结果和安排谈判议程。

参加谈判的代表成员的素质反映所代表方的企业形象。业务能力强、经验丰富和素质高的代表成员在谈判中能掌握谈判的根本问题、分析对方心理、维护本单位利益、根据谈判过程的实际情况，运用谈判技巧，达到谈判目的。谈判前了解工程情况，是确定谈判目标的基础。了解工程情况，在谈判中才能有的放矢，避免由于不了解工程情况造成谈判漏项损失或目标过高而难以达成协议。谈判的目标有多种，如施工单位的盈利目标、扩大知名度目标、进入或占有市场目标等、建设单位的投资目标、工期目标和质量目标等。不同的目标，谈判的侧重点、态度、诚意不同。谈判是与对方就某一问题进行当面交流的过程，因此必须对对方的目标、要求和关键人员的态度、心理进行分析，在谈判中才能抓住关键问题、引起对方兴趣。在谈判前还应该充分准备有关文件资料、安排谈判议程，保证在谈判中能有理有据，引导谈判方向、控制谈判节奏。

(2) 谈判技巧

由于谈判是一个相互说服、相互让步的过程，在谈判过程中要审时度势，利用一些技巧，达到目的。常用的一些谈判技巧如下：

①承包商应反复强调自身的优势、特点，加深对方的印象；建设单位则强调竞争性和对方的不利因素。

②抓住工作范围、价格、支付条件、工期、违约责任等实质性问题，不轻易让步；并

利用其他次要问题转移对方注意力。承包商在出价时充分利用非价格因素，如技术、经验等。

③根据对方态度、心理采取对策，在价格谈判中采用灵活的让价策略。当竞争较少时，承包商先采用坚持不让步，削弱对方信心后再稍做让步；当竞争激烈时，可先作较大幅度的让价，吸引对方，继续谈判中少让价。建设单位可充分利用竞争作用，从承包商之间的竞争中渔利，也可将让步作为继续谈判或签约的条件，要挟承包商让价。

④在谈判中应尽量不要让对方看出自己的心理价位或底限条件。

⑤在谈判中还应该注意语言文字准确清楚，以免引起歧义，日后产生纠纷；避免有名无实的条款；防止因谈判考虑不周引起的潜在损失等。

(3) 主要谈判内容

①工作范围、承包方式；

②开、竣工日期和保修期；

③工程总价、预付款、保证金等和付款方式；

④工程有关罚款和奖金的条件和计算、执行方法；

⑤工程变更和增减工程款的手续；

⑥有关工程质量、施工工艺标准、规程；

⑦承包商、建设单位和监理单位的权利和义务；

⑧违约责任，合同纠纷的解决办法和地点；

⑨其他未尽事宜的解决办法等。

7.4.2 合同订立

(1) 合同订立的原则

①施工合同必须依法订立

施工合同必须依据《中华人民共和国经济合同法》、《建筑法》、《建筑安装工程承包合同条例》、《建筑工程施工合同管理办法》等法律、法规订立，合同的内容、形式均不得违反有关法律规定，也不得在违反其他法律、法规的基础上签订合同，或通过合同从事违法活动。

②施工合同应严密完善

由于施工合同履行时间长、涉及面广，合同主体之间有连带的权利和义务关系，在订立合同时，要求合同条款完整、严密、细致，不留漏洞，避免日后履行中发生纠纷。

③施工合同应体现平等、互惠和协作关系

与其他经济合同一样，施工合同必须体现订立双方平等互惠的关系。订立合同的当事人在法律地位上是平等的，其各自的权利和义务也是对等的，双方需要相互协作才能实现合同中规定的双方的权利，任何一方都不得干预合同的合法执行，或将自己的意志强加于对方。合同的变更或解除需要经过双方共同认可。

④施工合同具有强制性和严肃性

施工合同体现合同主体之间的法律关系，合同中规定的当事人的权利、义务和责任受法律保护和限制。合同一旦订立，当事人必须按合同履行其规定义务，任何其他人无权阻碍当事人合法履行合同，否则要承担法律责任。

(2) 合同生效

合同订立后，若法律上对所订立的合同无专门规定，则根据当事人的意愿，合同立即生效；若另有法律规定，则合同订立后要经过主管部门的认可，或经过司法公证后才能生效。合同生效的标准是：合同的内容是合法的，并符合国家和社会利益的；合同当事人订立合同是真实自愿的；必要时合同经过主管部门签证和司法公证。

7.5 施工合同履行

7.5.1 施工合同履行方式

施工合同签订生效后，即具备法律效力，合同当事人必须依法履行合同内容。建设工程合同的履行，是指当事人双方按照建设工程合同规定的标的、价金、期限、地点、方式等条款，全面适当地完成各自的义务，实现建设工程合同的目的和内容。履行方式主要有以下几种：

（1）实际履行

建设工程合同的实际履行，是指建设工程合同当事人按照合同的约定，完成各自的义务，不得不履行或用其他方式替代履行；在一方违约时，另一方有权要求违约方按照合同的约定，在客观可能的条件和限度内继续完成应尽的义务。按照实际履行的原则，招标人和中标人都不得转让定标后的建设工程项目；双方都有根据合同的性质、目的和交易习惯履行通知、协助、保密等义务；合同生效后，双方不得因姓名、名称的变更或法定代表人、负责人、承办人的变动而不履行合同的义务。

（2）全面履行

建设工程合同的全面履行，是指当事人对合同规定的所有义务不折不扣地履行。如果当事人只完成建设工程合同规定的部分义务，称为不完全履行或部分履行。对部分履行，债权人有权拒绝，但部分履行不损害债权人利益的除外。因债务人部分履行而给债权人增加的费用，由债务人负担。

（3）适当履行

对建设工程合同的适当履行，是指建设工程合同履行的主体、标的、时间、地点和方式等，都符合合同规定的要求，合同生效后，当事人就质量、价款或报酬、履行地点等内容没有约定或约定不明确的，可以协议补充；不能达成补充协议的，按照合同有关条款或交易习惯确定；按照合同有关条款或交易习惯仍不能确定的，适用下列规定：

①质量要求不明确的，按照国家标准、行业标准履行，没有国家标准、行业标准的，按照通常标准或符合合同目的的特定标准履行。

②价款或报酬不明确的，按照订立合同时履行地的市场价格履行；依法应当执行政府指导价的，按照规定履行；在合同约定的交付期限内政府价格调整时，按交付时的价格计价；逾期交付标的物的，遇价格上涨时，按原价格执行；价格下降时，按新价格执行；逾期提取标的物或者逾期付款的，遇价格上涨时，按新价格执行；价格下降时，按原价格执行。

③履行地点不明确的，给付货币的，在接受货币一方所在地履行；交付不动产的，在不动产所在地履行；其他标的的，在履行义务一方所在地履行。

④履行期限不明确的，债务人可以随时履行，债权人也可以随时要求履行，但应给对

方必要的准备时间。

⑤履行方式不明确的，按照有利于实现合同目的的方式履行。

⑥履行费用的负担不明确的，由履行义务一方负担。

7.5.2 施工合同当事人的权利和义务

(1) 施工合同发包方的权利和义务

①办理正式工程和临时设施范围内的土地征用、租用，申请施工许可执照和占道、爆破以及临时铁路专用线接岔等的许可证。

②确定建筑（或构筑物）、道路、线路、上下水道的定位标桩、水位点和坐标控制点。

③开工前，接通施工现场水源、电源和运输道路，拆迁现场内民房和障碍物（也可委托承包方承担）。

④按双方商定的分工范围和要求，供应材料和设备。

⑤向经办银行提供拨款所需的文件（实行贷款或自筹的工程要保证资金供应），按时办理拨款和结算。

⑥组织有关单位对施工图等技术资料进行审定，按照合同规定的时间和份数交付承包方。

⑦派驻工地代表对工程进度、工程质量进行监督，检查隐蔽工程，办理中间交工工程验收手续，负责签证、解决应由发包方解决的问题，以及其他事宜。

⑧负责组织设计单位、施工单位共同审定施工组织设计、工程价款和竣工结算，负责组织工程竣工验收。

(2) 承包方的权利和义务

①施工场地的平整、施工界区以内的用水、用电、道路和临时设施的施工。

②编制施工组织设计（或施工方案），做好各项施工供应和管理。

③及时向发包方提供开工通知书、施工进度计划表、施工平面布置图、隐蔽工程验收通知、竣工验收报告；提供月份施工作业计划，月份施工统计报表、工程事故报告以及提出应由发包方供应的材料、设备的供应计划。

④严格按照施工图与说明书进行施工，确保工程质量，按合同规定如期完工和交付。

⑤已完工的房屋、构筑物和安装的设备，在交工前应负责保管，并清理好场地。

⑥按照有关规定提出竣工验收技术资料，办理工程竣工结算，参加竣工验收。

⑦在合同规定的保修期内，对属于承包方责任的工程质量问题，负责无偿修理。

7.5.3 违反施工合同的责任

施工合同的当事人既有一定的权利，也承担一定的义务。因此，当合同当事人有一方没有履行合同规定义务或违约，就会使另一方享有的权利受到损害，违约一方就要承担一定的违约责任。

违反施工合同责任，是指施工合同当事人不履行合同义务或履行合同义务不符合约定时依法应当承担的民事法律责任。不履行合同义务或履行合同义务不符合约定即通常所说的违约，包括不能履行、逾期履行、拒绝履行、不完全履行、受领迟延、迟延支付等各种形态。违反施工合同责任，实际上就是当事人因违约而引起的法律后果，通常主要是财产责任，既具有惩罚性，又具有补救性。至于具体责任形式，可以由当事人在法律允许的范围内约定。对于一般建筑安装工程项目，违反施工合同的责任通常包括以下内容：

(1) 发包方违反合同的责任

①未按合同规定的时间和要求提供材料、场地、设备、资金、技术资料等，除竣工日期得以顺延外，还应赔偿承包方因此发生的实际损失。

②工程中途停建、缓建或由于设计变更以及设计错误造成的返工，应采取措施弥补或减少损失，同时，应赔偿承包单位因停工、窝工、返工和倒运、人员和设备调迁、材料和构件积压等实际损失。

③工程未经竣工验收，发包单位提前使用或擅自动用，由此发生的质量问题或其他问题，由发包方自己负责。

④超过承包合同规定的日期验收，按合同的违约责任条款的规定，应偿付逾期违约金。

⑤不按合同规定拨付工程款，应按合同规定和银行有关逾期付款办法处理。

(2) 承包单位违反合同的责任

①承包工程质量不符合合同规定，负责无偿修理或返工。由于修理或返工造成逾期交付的，应偿付逾期违约金。

②承包工程的交工时间不符合合同规定的期限，应按合同中违约责任条款，偿付逾期违约金。

③由于承包方的责任，造成发包方提供的材料、设备等的损坏或丢失，应承担赔偿责任。

7.6 合同的变更、解除及合同争议处理

7.6.1 合同变更和解除

合同变更是指在合同仍然存在的前提下，由于施工条件的改变而不得不对合同中某些权利义务作相应修改。合同变更一经成立，原合同相应条款就要解除。发包方和承包方签订的建设工程施工合同是一种法律行为，任何一方都不能随意提出变更或解除合同的要求。但是《中华人民共和国经济合同法》、《建筑安装工程承包合同条例》规定，若确定发生下列情况之一时，可以按一定程序变更或解除施工合同：

①当事人双方经过协商同意，并且不因此损害国家利益和影响国家计划的执行；

②订立施工合同所依据的国家计划被修改或取消；

③当事人一方由于关闭、停产、转产、破产而确定无法履行施工合同；

④由于不可抗力或由于一方当事人虽无过失但无法防止的外因，致使施工合同无法履行；

⑤由于一方违约，使施工合同履行成为不必要。

当事人一方要求变更或解除经济合同时，应及时通知对方，因变更或解除合同使一方遭受损失的、除依法可以免除责任的外，应由责任方负责赔偿。其中可追究责任的变更有下列情况：国家计划调整；发包方要求缩短或延长工期，扩大或缩减工作范围和数量，暂停或缓建工程或部分工程；设计错误，设计所依据条件与实际不符，图与说明不一致，施工图的遗漏与错误等。

不可追究责任的变更有：固定总价合同，物价不正常波动；发生强烈自然灾害或其他不可抗力情况；国家标准修订等。

变更或解除施工合同的通知、答复和协议均应在事件后一定期限内采用书面形式提

出。协议未达成以前，原施工合同仍然有效。施工合同的变更或解除如涉及国家指令性产品或项目，在签订变更或解除协议前应报下达计划的国家业务主管部门批准。

7.6.2 合同争议处理

施工合同的争议是指施工合同订立至完全履行前，合同当事人因对合同的条款理解产生歧义或因当事人违反合同的规定、不履行合同中应承担的义务等原因而产生的纠纷。发生争议后，双方都要继续履行合同或采取措施保全工程。但发生下列情况除外：当合同确已无法履行；双方协议停止施工；调解要求停止施工，且为双方接受；仲裁机关要求停止施工；法院要求停止施工。

合同争议的处理方式有和解、调解、仲裁和诉讼四种。

(1) 和解

和解是指在合同发生争议后，合同当事人在自愿互谅的基础上，依据法律、法规的规定和合同的约定，自行解决合同争议。当合同争议产生时，当事人双方依照平等自愿的原则，自由、充分地进行意思表达，弄清争议的内容、要求和焦点所在，分清责任是非，在互谅互让的基础上，使合同争议得到及时圆满的解决。一般是在合同争议发生时，由一方当事人以书面形式向对方提出具体、完整的解决方案，另一方对提出的方案根据自己的意愿做出修改，或提出其他方案，双方对新方案进行反复的协商、修改，最终达成一致协议，并以书面的形式确认，作为对原合同的变更或补充。施工合同的和解应遵守合法、自愿、平等和互谅互让的原则。

(2) 调解

调解是指当合同争议发生后，在第三人的参与和主持下，对双方当事人进行说服、协调和疏导工作，使双方当事人互相谅解并按照法律、法规的规定及合同的有关约定达成解决争议的过程。当合同争议产生后，双方当事人将自己的想法和解决方案通过调解人向对方提出；调解人在初步审查合同内容、发生争议的问题后选择调解的时间、地点和主持人，确定调解方式、方法，召集当事人说明争议的问题、原因和要求，研究证据材料，以事实为根据，以法律、法规为准绳，进行说服工作；在争议双方对争议分歧缩小后，调解人提出调解意见，并促成双方达成调解协议，签订调解书。调解应在自愿、合法和公平的原则下进行。根据调解人不同，调解的种类有民间调解、行政调解、仲裁调解和诉讼调解等。

(3) 仲裁

仲裁当施工合同当事人发生争议，协商不成时，根据当事人之间的协议，由仲裁机构依照法律，对争议在事实上做出判断，在权益上做出裁决的过程。施工合同双方发生争议，应先根据平等、协商的原则先行和解、调解，尽量取得一致意见。若仍不能达成一致协议，则可要求有关主管部门调解或有管辖权的经济合同仲裁委员会仲裁。仲裁应在独立、自愿、一裁终局和先行调解的原则下进行。

施工合同纠纷的解决应首先采取调解方式。一般在施工合同协议条款中应预先写明双方同意的调解单位或调解方式。若施工合同的纠纷经调解仍无法解决，可送交工程所在地工商行政管理局的经济合同仲裁委员会进行仲裁。我国经济合同纠纷仲裁的程序如下：

仲裁的受理——调查和取证——保全措施——进行调解——案件的仲裁——仲裁决定

的生效与执行。

已发生法律效力的仲裁决定书，当事人应当按照规定的期限自动执行。一方逾期不执行，另一方有权请求仲裁机关监督执行。

（4）诉讼

施工合同的诉讼是指合同争议的一方当事人诉诸国家机关，由人民法院对合同纠纷案件行使国家审判权，法院在按照法律程序查清事实、分清是非、明确责任、认定双方当事人的权利、义务关系，解决纠纷，裁判发生法律效力后，由国家强制执行。

7.7 工程索赔与反索赔

7.7.1 工程索赔与反索赔的内容

工程索赔是指承包人或发包人对由于非自身原因发生的建设工程合同规定之外的工作或损失，向对方提出的给予合理补偿的要求。一般把承包人向发包人提出的赔偿或补偿要求称为索赔；把发包人向承包人提出的索赔要求称为反索赔。

（1）建设工程索赔的内容

①工程延期索赔。因业主要求延长工期，或未按合同要求提供施工条件，或因业主指令暂停或不可抗力事件等原因提出的索赔。

②施工加速索赔。由于业主或监理工程师指令承包商加快施工速度，缩短工期，引起承包方人、财、物的额外开支而提出的索赔。

③不利现场条件索赔。是指在施工中由于地质条件变化或人为障碍使得施工现场条件异常困难和恶劣引起的索赔。

④工程范围变更索赔。由于业主或监理工程师指令增加或减少工程量或增加附加工程、修改设计、变更施工顺序等提出的索赔。

⑤其他索赔。如由于业主或监理工程师原因造成临时停工和工效降低；由于业主不正当的终止施工；由于拖欠工程款；由于业主承担的风险导致承包人损失；由于物价上涨或法规、货币、汇率变化造成的损失；由于合同条文漏洞或错误等产生的索赔。这种分类能明确指出每一项索赔的根源所在，使业主和工程师便于审核分析。

（2）建设工程反索赔的内容

①施工责任反索赔。指由于承包人的施工质量未达到规定要求，或在保修期内未履行修补工程义务，发包人向承包人提出的索赔。

②工期延误反索赔。由于承包人原因，工程未能按期完工，而给承包人造成经济损失而产生的索赔。

③对超额利润反索赔。由于工程量增多而承包人并不增加任何固定成本，或因法规变化使承包人降低了工程成本，业主要求回收由此产生的部分超额利润。

④对指定分包商的付款索赔。由于承包人未按合同要求向指定的分包商付款，业主向指定的分包商付款，并从承包人的付款中如数扣除。

⑤承包人不履行的保险费用索赔。承包人未按合同约定投保，业主可直接投保，并从工程承包款中扣除。

⑥业主正当终止合同或承包人不正当放弃工程的索赔。发包人合理终止合同，或承包

人不正当放弃工程，发包人要求回收的合同未付工程款与新承包人完成工程工程款的差额。

⑦业主或第三方由于事故损失的索赔。由于工伤事故或其他原因给业主或第三方造成的人身或财产损失。

7.7.2 建设工程索赔程序

建设工程索赔程序，一般包括发出索赔意向通知、收集和提供索赔证据、编制和提交索赔报告、评审索赔报告、举行索赔谈判、解决索赔争端等。

①发出索赔意向通知

索赔意向通知是一种维护自身索赔权利的文件。承包方发现索赔或意识到存在潜在的索赔机会后，要将自己的索赔意向在索赔事件发生后 28 天内，用书面形式通知业主或监理工程师。索赔意向通知主要包括以下几点内容：索赔事由发生的时间、地点、简要事实情况和发展动态；索赔所依据的合同条款和主要理由；索赔事件对工程成本和工期产生的不利影响。

②索赔资料的准备

索赔的成功很大程度上取决于承包商对索赔做出的解释和真实可信的证明材料。因此，承包商要注意记录和积累保存工程施工过程中的各种资料，并可随时从中索取与索赔事件有关的证明资料。

③索赔报告的编写与提交

索赔报告是承包商向业主或监理工程师提交的一份要求业主给予一定经济补偿和（或）延长工期的正式报告。发出索赔意向通知后 28 天内，承包商应向业主或监理工程师提出补偿经济损失和（或）延长工期的索赔报告及有关资料。如果索赔事件影响持续延长，承包商应当分阶段性向业主或监理工程师报告，并在索赔事件终了后 28 天内，提交有关资料和最终索赔报告。业主或监理工程师在收到承包人送交的索赔报告和有关资料后 28 天内给予答复，或要求承包人进一步补充索赔理由和证据。若 28 天内未予答复，或未对承包人作进一步要求，视为该项索赔已经认可。

④索赔报告的评审

业主或监理工程师在接到承包商的索赔报告后，应当站在公正的立场，以科学态度及时认真地审阅报告，重点审查承包商索赔要求的合理性和合法性，审查索赔值的计算是否正确、合理。对不合理的索赔要求或不明确的地方提出反驳和质疑，或要求做出解释和补充。

⑤索赔谈判

业主或监理工程师经过对索赔报告的评审后，由于承包商常常需要做出进一步的解释和补充证据，而业主或监理工程师也需要对索赔报告提出的初步处理意见作出解释和说明。因此，业主、监理工程师和承包商三方就索赔的解决要进行讨论、磋商、谈判。

⑥索赔争端的解决

如果业主和承包商通过谈判不能协商解决索赔，就要将争端提交给监理工程师解决，监理工程师在收到有关解决争端的申请后，在一定时间内要做出索赔决定。业主或承包商如果对监理工程师的决定不满意，可以申请仲裁或起诉。

承包人未能按合同约定履行自己的各项义务或发生错误给发包人造成损失，发包人也按以上各条款确定时限和程序向承包人提出索赔。

7.8 施工合同的管理

7.8.1 合同管理的作用和内容

施工合同管理是指各级主管部门和合同当事人根据法律和自身的职责对合同的订立和履行进行指导、监督、检查和管理。主管部门的管理主要从法律和市场管理的角度出发，执行指导、监督、检查、考核和调解合同纠纷的作用。建设单位对合同的管理体现在合同的前期策划和签订后的监督方面。施工企业是合同内容的主要执行者，要把合同管理转换成企业生产经营机制，建立合同管理制度、制定管理办法和指定管理人员。

施工合同管理的整个过程可分为合同签订和合同履行过程两个阶段的管理。施工合同签订阶段管理的任务是提出合理的工程报价和签订公平、合理、有利的施工合同。工作内容包括合同类型的选择、投标策略、风险防范、合同分析、合同谈判和签订等方面。合同签订管理是合同履行过程管理的基础。合同履行阶段管理的目标是保证工程进度、质量、造价和双方权益能够实现，施工企业能够获得赢利和信誉。工作内容包括合同分析、合同资料的文档管理、合同事件网络、合同实施控制、合同变更和索赔管理等。

7.8.2 合同管理的特点

合同管理是项目管理的重要组成部分，是项目管理的核心。合同管理贯穿于工程的策划和实施的整个过程，完善的合同管理是项目管理中其他管理职能和项目目标实现的重要条件。由工程项目的特点决定合同管理具有下列特征：

(1) 由于程项目的工程量大、施工周期较长、变数多，一般情况下，工程合同的管理期较长、变更多、风险大、管理难度大。

(2) 合同内容和条款多、涉及单位多、实施过程参与专业多，综合性强。

(3) 工程项目造价高、市场竞争激烈，施工合同对经济效益影响大。

7.8.3 合同管理方法

(1) 设立专门的合同管理机构和管理人员。合同管理是项目管理中的一个专业管理职能，必须由专业人员组成专门的合同管理机构负责合同管理。

(2) 进行合同分析，落实合同责任。通过合同分析和合同交底，落实实施合同时的具体问题，明确各方或各施工小组的责任。用合同指导工程的实施。

(3) 建立合同管理工作程序。建立严格的经常性合同管理工作程序和非经常性应变程序，规范合同管理工作，使合同管理有序、协调进行。

(4) 建立报告和行文制度。严格的报告和行文制度是合同履行管理和避免纠纷的保证。合同报告和行文都以书面形式，并应有相关机构或人员签收手续。

(5) 建立文档管理制度。建立合同文档管理制度，全面、科学、系统地收集、整理、保存合同管理中的大量资料、信息等。

7.9 安装施工合同的有关法规

有关施工合同的法规主要有：1979 年原国家建委颁发《关于基本建设推行合同制的意见》，1981 年颁发《中华人民共和国经济合同法》（附录 5），1983 年国务院颁发《建设工程承包合同条例》（附录 6），1991 年国家工商管理局和建设部制定《建设工程施工合同》示范样本（附录 7），1993 年建设部颁发《建设工程施工合同管理办法》等。

第8章　建筑设备安装工程施工组织设计

8.1　概　述

建筑设备安装施工是一项复杂的生产过程，施工过程涉及基本生产、附属生产和辅助生产等生产中各专业工种在时间上和空间上的配合，要合理安排人力、资金、材料和机械等各生产因素，才能保证施工过程能有组织、有秩序，按计划地进行。施工组织设计是对拟建工程施工过程进行规划和部署，以指导施工全过程的技术经济文件。

8.1.1　施工组织设计的任务

在施工组织设计中，要制定先进合理的施工方案和技术措施，确定施工顺序，编制进度计划，编制各种资源的需要和供应计划，进行施工现场布置规划。希望以最低的成本、最少的劳动力消耗、最合理的工期高质量地完成工程。具体任务体现在以下方面：

①确定开工前必须完成的各项准备工作；

②确定在施工过程中，应执行和遵循国家的法令、规程、规范和标准；

③从全局出发，确定施工方案，选择施工方法和施工机具，做好施工部署；

④合理安排施工程序，编制施工进度计划，确保工程按期完成；

⑤计算劳动力和各种物资资源的需用量，为后期供应计划提供依据；

⑥合理布置施工现场平面图；

⑦提出切实可行的施工技术组织措施。

8.1.2　施工组织设计的分类和内容

根据不同适用场合，施工组织设计分为内用型和外用型两种。外用型适用于施工企业投标过程。主要向招标机构或建设单位就投标项目施工组织方案进行说明，编制重点在于对施工企业资质条件、施工技术力量、施工队伍素质和与工程各方的协调上。内用型用于施工企业内部施工过程的组织管理。编制时施工条件已基本确定，编制重点在于组织的合理性和技术的可行性上。通常所说的施工组织设计是指内用型的。根据施工对象的规模和阶段，编制内容的深度和广度，施工组织设计可分为施工组织总设计、单位工程施工组织设计和分部工程施工组织设计。

(1) 施工组织总设计

施工组织总设计是以整个建设项目群或大型单项工程为对象，对项目全面的规划和部署的控制性组织设计。是在初步设计阶段，根据现场条件，由工程总承包单位组织建设单位、设计单位和施工分包单位共同编制的。施工组织总设计的主要内容有：

①工程概况

工程概况是对拟建工程的总说明，主要说明工程的性质、规模、建设地点、总投资、总工期，工程要求，建设地区的交通、资源及其他与施工有关的自然条件，人力、材料、预制件和机具的供应等。

②施工部署

施工部署是对如何完成整个工程项目施工总设想的说明，是施工组织总设计的核心，主要内容包括确定拟建工程各项目的开、竣工程序，规划各项准备工作，明确各分包施工单位的任务，规划整个工地大型临时设施的布置等。

③总进度计划

施工总进度计划是根据施工部署所确定的工程开、竣工程序，对单位工程施工在时间上的安排。主要内容是确定施工准备时间、各单位工程的开、竣工时间，各项工程的搭接关系，工程人力、材料、成品、半成品和水电的需用量和调配情况，各临时设施的面积等。

④施工准备工作

其作用在于为施工过程创造有利的施工条件，保证工程施工能按施工进度计划进行。包括技术准备、现场施工准备、物资准备和施工队伍准备等。

⑤劳动力和主要物资需要量计划

是施工过程中劳动力和各种物资供应安排的依据，便于在施工中提前安排劳动力和各种物资。包括劳动力需要量计划，主要材料、成品、半成品等需要量计划和主要机具的需要量计划。

⑥施工总平面图

施工总平面图是包括施工工区范围内已建及拟建的建筑物、构筑物、各种临时设施、临时建筑、运输线路和供水供电等内容的总规划和布置图。是施工现场空间组织方案。

⑦技术经济指标

技术经济指标是评价一个施工组织总设计优劣的依据。主要包括以下指标：工期指标、劳动生产率指标、工程质量指标、安全生产指标、机械化施工程度指标、劳动力不平衡系数、降低成本率等。

（2）单位工程施工组织设计

单位工程施工组织设计是以单位工程为对象对施工组织总设计的具体化，是指导单位工程施工准备和现场施工过程的技术经济文件。它是由施工单位根据施工图设计和施工组织总设计所提供的条件和规定编制的，具有可实施性。

单位工程施工组织设计主要包括以下内容：

①工程概况和施工条件。单位工程的地点、工程内容、工程特点、施工工期和工程的其他要求。

②施工方案。确定单位工程施工程序，划分施工段，确定主要项目的施工顺序、施工方法和施工机械，制定劳动组织技术措施。

③施工进度计划。确定单位工程施工内容及计算工程量，确定劳动量和施工机械台班数，确定各分部分项工程的工作日，考虑工序的搭接，编排施工进度计划。

④施工准备计划。单位工程的技术准备，现场施工准备，劳动力准备，施工机具和各种施工物资准备。

⑤资源需要量计划。单位工程劳动力、材料、成品、半成品和机具等的需要量计划。

⑥施工现场平面图。各种临时设施的布置，各施工物资的堆放位置，水电管线的布置等。

⑦各项经济技术指标。单位工程工期指标、劳动生产率指标、工程质量和安全生产指标、主要工种机械化施工程度指标、降低成本指标和主要材料节约指标等。

⑧质量及安全保障措施和有关规定。

(3) 分部工程施工组织设计

分部工程施工组织设计是以分部工程为对象，用于具体指导分部工程施工的技术经济文件。所涉及的内容与单位工程施工组织设计相同，但更具体详尽。

8.1.3 编制施工组织设计的依据和原则

(1) 编制依据

①工程的计划任务书或上一级的施工组织设计要求，建设单位的要求，设计文件和图纸，有关勘测资料。

②国家现行的有关施工规范和质量标准、操作规程、技术定额等。

③施工企业拥有的资源状况、施工经验和技术水平。

④工程承包合同。

⑤施工现场条件等。

(2) 编制原则

①严格遵守基本建设程序，保证重点、统筹安排，确保工程按期按质完成。

②科学安排施工工序，合理安排各工序在时间上和空间上的搭接，在保证质量的前提下，缩短工期。

③确保工程质量，推行全面质量管理，遵守施工操作规程和技术规范。重视安全教育，贯彻安全技术，落实安全防范措施，确保安全生产。

④积极采用先进的施工技术和施工组织方法，提高施工技术和组织管理水平。

⑤提高施工机械化水平和预制装配化程度，提高劳动生产率，加快施工进度。

⑥重视季节性施工措施，提高施工的连续性和均衡性。

⑦加强经济核算，注意节约，减少施工消耗和临时设施规模，努力降低成本。

8.2 流 水 施 工

8.2.1 建筑设备安装施工展开的基本形式

由于建筑设备安装是建设工程施工的一部分，所以，与建设工程施工相同，建筑设备安装施工的基本展开形式有顺序施工法、平行施工法和流水施工法三种形式。

(1) 顺序施工法

将工程对象按劳动量划分成若干个施工段，各专业班组依次进入各施工段完成施工任务，一个施工段的施工任务全部完成后，再以同样的施工顺序进入下一个施工段施工。图8-1所示的是某一工程采用顺序施工法的施工过程和劳动力需用示例，图中各施工段工程量相同，且都由四个工序组成，各施工段对应工序的工程量相等。各工序施工持续时间和需用劳动力如下：

工序1：施工持续时间2天、需用劳动力10人；▬▬

工序 2：施工持续时间 2 天、需用劳动力 8 人；

工序 3：施工持续时间 4 天、需用劳动力 10 人；

工序 4：施工持续时间 2 天、需用劳动力 6 人。

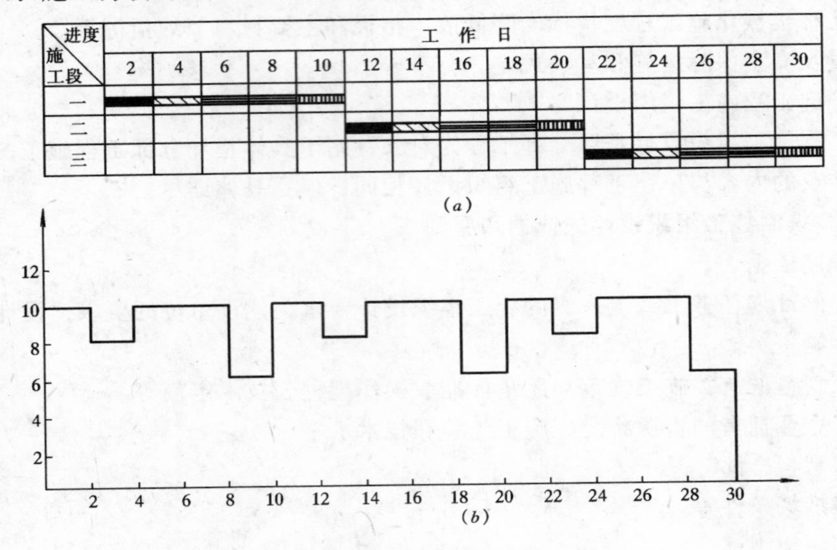

图 8-1 顺序施工

（a）施工进度图；（b）劳动力需用图

顺序施工法同时投入的劳动力和物资资源较少；但各专业班组的施工是间歇性的，有窝工现象，施工工期太长。只适用于工程规模小、对工期要求不紧或工作面有限的场合。

（2）平行施工法

平行施工法是指各专业班组同时进入各施工段，采用同样工序平行作业，同时竣工。上例所述的施工任务采用平行施工法施工时，施工进度和劳动力图需用如图 8-2 所示。

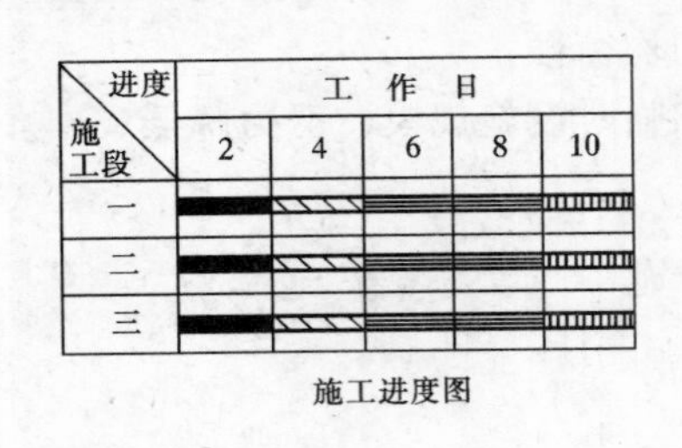

施工进度图

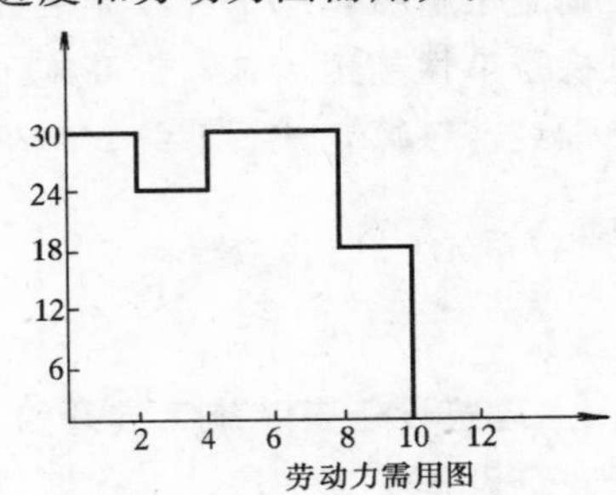

劳动力需用图

图 8-2 平行施工

平行施工法的特点是充分利用工作面，施工工期短；但同时投入的劳动力和物资资源与施工段的数量成倍数关系，各专业班组的施工是间歇性的。适用于工期要求紧的施工。

（3）流水施工法

流水施工法综合以上两种施工法的优点，每个施工段内各专业班组按工序依次施工，每个专业班组完成前一个施工段施工后进入下一个施工段施工。这样，各施工段的开、竣工间隔为一个专业班组施工时间。上例所述的施工任务采用流水施工法时的施工进度和劳动力如图 8-3 所示。

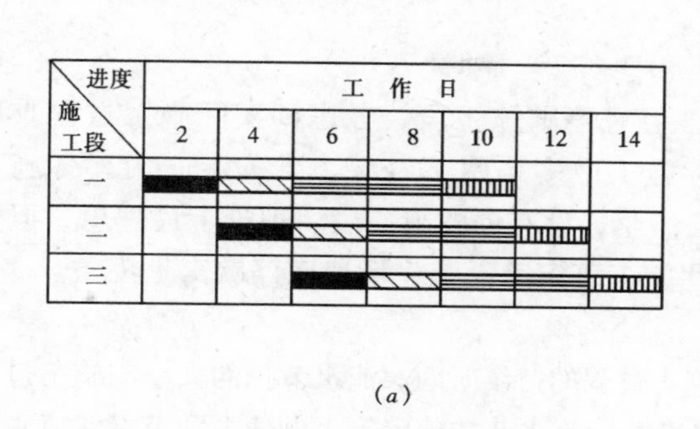

(*a*)

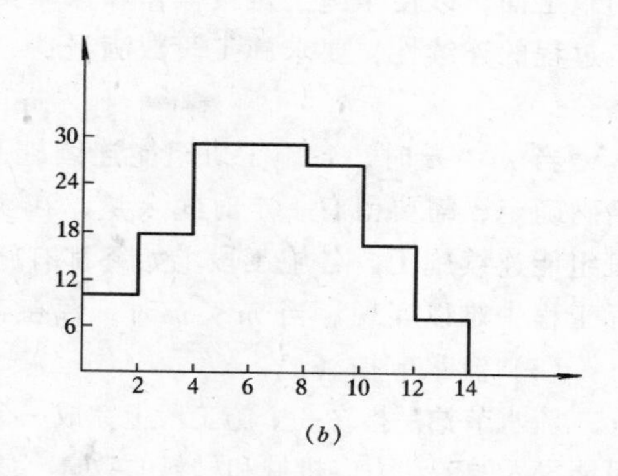

(*b*)

图 8-3　流水施工

(*a*) 施工进度图；(*b*) 劳动力需用图

流水施工法各专业班组和各施工面上都是连续施工，消除了窝工现象，便于提高施工人员的技术熟练程度，保证工程的质量和生产安全。施工过程对劳动力、材料和机具要求等能保持连续性、均衡性和节奏性，提高了施工经济效益。流水施工法是比较科学、先进的施工方法，在施工组织中应推广采用。

由图 8-1、图 8-2 和图 8-3 可见，对于同样的施工任务，采用顺序施工法工期太长(30 天)；平行施工法工期最短（10 天），但同时需要的人力和物资太多、太集中；流水施工需要的施工人力与顺序施工法相同，人力和物资供应均衡，工期合适，劳动生产率高。所以除了在特殊情况下采用顺序施工法或平行施工法外，实际施工过程各工序之间的展开大都采用流水施工法；或以流水施工法为主，对有特殊要求的施工过程采用其他两种形式穿插在流水施工中。以下对施工组织的介绍以流水施工为主。

8.2.2　流水施工的参数

为了能说明流水施工的内在规律、方便流水施工组织，需要引入流水施工在空间、时间和工艺上的一些参数。

(1) 施工过程（工序）数（n）

施工过程是指根据施工工艺要求将施工任务划分成若干个部分，每一部分由对应的专业班组完成施工。施工过程数与工程的复杂程度、施工工艺和工序划分的粗细有关。施工过程数要取值适当，施工过程划分过细，脱离现场施工实际，会使施工进度计划主次不分，且施工组织计算困难；划分过粗，则计划过于笼统，降低指导作用。一般来讲，主要的、工程量大的分部工程可划分细些；次要、工程量小或工序相同的施工过程可粗划或合并。

(2) 施工段数（m）

为了保证各专业班组在各工作面的施工不互相影响，便于流水施工，一般将施工对象划分成劳动量相等或大致相等的若干个施工段。施工段的划分应尽量利用施工对象本身的阶段性，如伸缩缝、沉降缝和抗震缝，中央空调系统中的各分区系统等。各施工段的工程量或劳动量尽量相近。施工段的划分不能过细，以免破坏施工的整体性或增加施工组织难度。每个施工段上的施工过程应有适当的工作量，避免工作量太小，造成施工过程频繁转换，降低施工效率和施工连续性；或工作量太大，降低施工连续性。每个施工段应有足够的施工面，以便于施工班组操作和保障安全施工。施工段应与施工过程数协调，为保证施工过程的连续性，要求施工段数满足：

$$\min(m) \geqslant n \tag{8-1}$$

当 $m > n$ 时，各施工班组能连续施工，但有停歇施工段。考虑到实际施工过程难以精确确定，需要留有一定时间余量，在实际施工中多采用 $m > n$。当 $m = n$ 时，各施工班组能连续施工，各施工段上始终都有施工作业，没有停歇施工段。理论上最理想，但实际工程中难以实现。当 $m < n$ 时，存在有些施工班组因无工作场地而停歇窝工现象。

(3) 流水节拍 (t)

流水节拍是指在一个施工段上完成一个施工过程的持续时间。流水节拍的大小与施工过程可能投入的劳动力、机械和材料的数量、质量有关。流水节拍确定施工的速度和节奏。流水节拍的确定，一种是根据能投入的劳动力、机械台班数和材料量计算，计算公式如下：

$$t = \frac{Q}{SRB} = \frac{P}{RB} \tag{8-2}$$

式中 Q——某施工段的工作量；

S——产量定额，即每一工作日（或台班）的产量；

R——每班投入的工作人数（或机械台数）；

B——每天工作班数；

P——某施工段所需要的劳动量（或机械台班数）。

另一种是根据工期要求确定：

$$t = \frac{T - t_{zj}}{m + n - 1} \tag{8-3}$$

式中 t_{zj}——施工技术间隔和组织间隔时间；

T——工期。

利用式 (8-3) 计算出流水节拍后，可利用式 (8-2) 反算出某施工段所需要劳动力或机械需要量。

(4) 流水步距 (K)

流水步距是指相邻两个施工过程相继投入流水施工的时间间隔。流水步距反映相邻的两个施工过程前后搭接的程度，流水步距较大时，相邻的两个施工过程搭接较小。流水步距数目为施工过程数减 1。

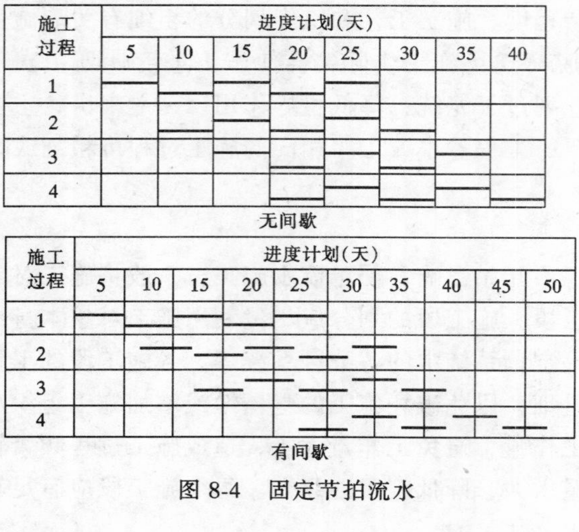

施工过程	进度计划(天)							
	5	10	15	20	25	30	35	40
1								
2								
3								
4								

无间歇

施工过程	进度计划(天)									
	5	10	15	20	25	30	35	40	45	50
1										
2										
3										
4										

有间歇

图 8-4 固定节拍流水

8.2.3 流水施工组织形式

(1) 流水段法施工组织

将施工对象划分成若干个施工段，每个施工段内的各个施工过程由各对应施工队伍按照一定的工艺顺序完成，施工队伍完成一个施工段内施工后，转入下一个施工段工作。根据各施工过程的流水节拍相等与否，流水段法又分为节奏性流水施工组织和非节奏性流水施工组织。

节奏性流水施工组织包括固定节拍流水施工组织和成倍节拍流水施工组织。

①固定节拍流水施工

在流水施工中，各施工过程的流水节拍相等，流水步距等于流水节拍的施工方法称为固定节拍流水施工，施工进度如图 8-4 所示。

固定节拍流水施工有以下特点：

(a) 各施工过程的流水节拍相等，$t_1 = t_2 = t_3 = \cdots = t$；

(b) 两个相邻施工过程的流水步距相等，$K_1 = K_2 = K_3 = \cdots = K$；

(c) 流水段数为总施工过程数与施工间隔相当的施工过程数之和；

(d) 流水工期计算：

当各施工过程之间无间隔时：

$$T = (n-1)K + m \cdot j \cdot t = (m \cdot j + n - 1)t \tag{8-4}$$

式中 j——施工层数。

当各施工过程之间有间隔时：

$$T = (m \cdot j + n - 1)t + \Sigma G - \Sigma C \tag{8-5}$$

式中 G、C——施工间隔时间、施工过程搭接时间。

②成倍节拍流水施工

当不同施工过程的流水节拍不相等，但各施工段的同一种施工过程流水的节拍相同时，可采用成倍节拍流水施工。在成倍节拍流水施工组织中，以工程量最小的施工过程的施工持续时间作为流水施工的流水节拍；对于工程量大的施工过程，增加施工班组。施工进度安排见图 8-5。

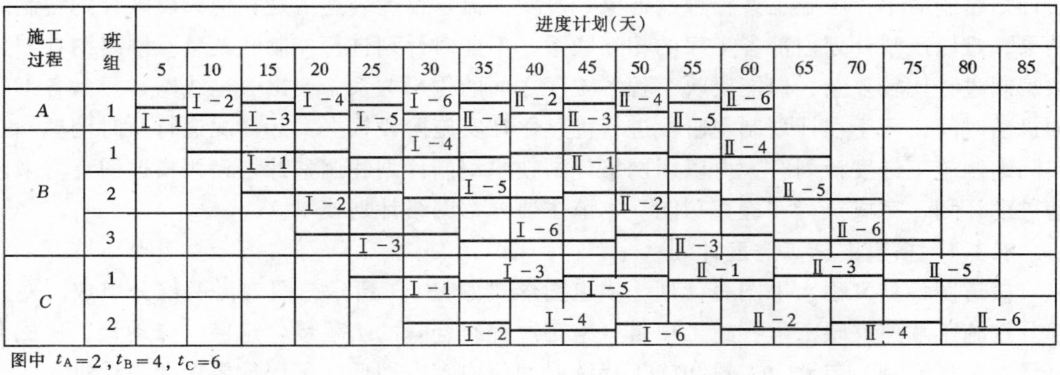

施工过程	班组	进度计划(天)																
		5	10	15	20	25	30	35	40	45	50	55	60	65	70	75	80	85
A	1	Ⅰ-1	Ⅰ-2	Ⅰ-3	Ⅰ-4	Ⅰ-5	Ⅰ-6	Ⅱ-1	Ⅱ-2	Ⅱ-3	Ⅱ-4	Ⅱ-5	Ⅱ-6					
B	1			Ⅰ-1			Ⅰ-4			Ⅱ-1			Ⅱ-4					
	2				Ⅰ-2			Ⅰ-5			Ⅱ-2			Ⅱ-5				
	3					Ⅰ-3			Ⅰ-6			Ⅱ-3			Ⅱ-6			
C	1						Ⅰ-1		Ⅰ-3	Ⅰ-5		Ⅱ-1		Ⅱ-3			Ⅱ-5	
	2							Ⅰ-2	Ⅰ-4		Ⅰ-6		Ⅱ-2		Ⅱ-4		Ⅱ-6	

图中 $t_A=2$，$t_B=4$，$t_C=6$

图 8-5 成倍节拍流水进度

成倍节拍流水施工特点为：

(a) 流水步距等于各施工过程流水节拍的最大公约数；

(b) 各施工过程投入的施工班组数 (b) 为该施工过程持续时间除以流水步距；

(c) 流水工期为：

$$T = (m \cdot j + \Sigma b - 1) \cdot K + \Sigma G - \Sigma C \tag{8-6}$$

③分别流水施工

当各施工过程持续时间不同，施工班组增加困难时，可采用分别流水法施工。分别流水施工的各施工过程在每个施工段上能保持连续施工，流水节拍维持不变。因为流水节拍不同，流水步距不等于流水节拍。

采用分别流水施工组织时，应考虑各施工过程在工艺上的约束。有些工艺并不一定要求前一个施工过程完成后，下一个施工过程才能进入。在编排过程中应充分利用施工过程之间的搭接关系，保证主要施工过程连续施工，次要施工过程可断续施工。同一工程可编排不同的分别流水施工组织，各种流水施工组织的流水工期不一定相同，一般用试排法择优采用。

(2) 线性流水施工

在室外管道、线路、沟渠等线性工程施工中，工程在长度方向延伸很长距离。对此类工程的施工可不划分流水段，采用线性流水施工。线性流水施工是在工艺上相互关联的施工班组，以相同的速度按照工艺顺序进行施工作业，沿线性工程长度向前推移的施工方法。

在线性流水施工中，将工程划分为各个独立的施工过程，找出主导施工过程；确定主导施工过程投入的施工班组，从而得到主导施工过程的推进速度；再以该速度为准，确定其他施工过程的施工细部组织，使各施工过程能相互协调，以相同的速度完成各自的施工任务。

8.3 施工进度计划编制方法

建筑设备安装工程施工进度计划编制方法主要有横道图计划和网络图计划两种。横道图计划编制简单，各施工过程进度形象、直观，流水情况表达清楚；但只反映计划编制的结果，难以反映计划内部各工序的相互联系，不能对计划进行控制和调整。网络图计划虽然编制过程比较复杂，但能反映工程各工序之间的逻辑关系，突出关键线路，显示各工序的机动时间，便于在计划制定阶段进行优化、在实施阶段根据实际情况进行及时调整。在实际编制施工进度计划时，可以用网络计划技术编制计划和调整计划；用横道图计划来表达进度计划，完成执行和检查功能。本节主要介绍网络计划技术。

8.3.1 横道图施工进度计划

横道图计划又称水平图表计划。横道图形式如表 8-1 所示，图表由两部分组成。左边部分按施工顺序反映工程各施工项目（施工过程组合）的工程量、定额、劳动量、机械台班量、工作班制、劳动力人数和施工持续时间等内容，即反映工程量要求和预计投入的劳动力、机械和施工时间。右边用横线表示各施工项目的持续时间和时间安排，综合反映各施工项目相互关系及各施工班组在时间上和空间上的配合关系，即反映施工的进度安排。

施工进度横道图应按照流水施工的原理编制，具体方法有两种。一种是根据已确定的各个施工项目的施工持续时间和施工顺序，凭编制人员的经验在上表右侧直接画出所有施工项目的进度线。另一种方法是先排主导施工项目的施工进度，将各主导施工项目尽可能的搭接起来，尽量能够保证主导施工项目连续施工，其他施工项目配合主导施工项目穿插、搭接或平行施工。

横道图施工进度计划　　　　表 8-1

序号	施工项目	工程量		定额	劳动量		机械		工作班制	每班人数	工作日	进度日程								
												月						月		
		单位	数量		工种	工日	名称	台班				5	10	15	20	25	30	35	40	45

在实际编制过程中，根据进度计划编制对象情况，可能进行几个层面的排序。如在单位工程施工进度计划中，应先根据以上原则安排主导分部工程和其他分部工程，再对主导分部工程内寻找主导分项工程（或施工项目）按以上原则安排。

8.3.2　网络计划技术介绍

网络计划技术是利用网络图进行计划和控制的管理方法。其原理是用网络的形式表达出一个计划中各施工过程的先后顺序和相互关系；对网络计算后找出关键线路和关键工作；再以关键线路为主对网络进行优化，获得最优计划方案；在计划实施过程中，依据优化网络的网络图对执行过程进行控制和调整，以达到对人力、物资、资金和时间最合理的利用。

网络计划的核心是网络图，根据工序（施工过程）表达方式的不同，网络图分为单代号网络图和双代号网络图。单代号网络图上的一个节点代表一个工序，节点圆圈中标出工序的编号、名称和作业时间，节点之间的箭线只表示工序之间的衔接顺序，箭头所指方向为工序进行方向（图 8-6）。双代号网络图中一个工序由两个节点圆圈内的编号表示，两个节点之间的箭杆代表工序，箭头所指方向为工序进行方向，工序名称标在箭杆上面，工序作业时间标在箭杆下面（图 8-7）。

图 8-6　工序的单代号表示　　　　图 8-7　工序的双代号表示

根据计划目标的数量，网络计划分单目标网络计划和多目标网络计划。单目标网络计划网络图只有一个终点，网络计划只有一个目标。多目标网络计划网络图有两个以上终点，网络计划可有多个目标。多目标网络计划的每个目标都有自己的关键线路和关键工序，同时这些关键线路互相联系，过分强调一个目标会影响其他目标的完成。

另外，根据工序的作业时间是否肯定，网络计划可分为肯定型和非肯定型两种。前者又称为关键线路法（CPM），是以经验数据或定额来规定各工序的持续时间；后者也称为计划评审（PERT）技术，工序的持续时间无经验可循，只能以估计代替。

网络计划的功能特点：

①能够反映工程全貌和各工序之间相互制约、相互依赖的关系；

②能够反映各工序的最早可能开工时间和结束时间，最迟必须开工时间和结束时间；

③能够从网络图中寻找到必须按时完成的关键工序和允许延缓的工序；

④能够从许多方案中选择出最佳方案；

⑤能够预见某一个工序的提前或延误对其他工序及整个工程的影响，以便及时调整；

⑥能够实现工期、成本等多个目标的控制和监督；

⑦网络计划所需的原始资料容易获取。

网络图由工序、事项和线路三部分组成。

工序，即需要消耗人力、物资和时间的某一作业过程。在双代号网络计划中，工序由箭线表示，工序的名称和持续时间标在箭线的上下；在单代号网络计划中工序由节点表示，工序的名称和持续时间标在节点圆圈内。根据它们之间的关系，工序可分为紧前工序、紧后工序、平行工序、交叉工序和虚工序。紧前工序指紧接在某工序之前的工序；紧后工序指紧接在某工序之后的工序；与某工序平行的工序称为平行工序；相互交叉进行的工序可称互为交叉工序；虚工序只反映其前后两个工序的逻辑关系，不消耗人力、物资和时间。

事项是指网络图中的节点，反映某工序开始或结束的瞬间，不消耗人力、物资和时间。根据事项发生时的状态，事项可分成开始事项、结束事项、起点事项和终点事项。开始事项和结束事项分别反映工序的开始和结束；起点事项和终点事项分别反映工程的开始和结束。网络图中两工序之间的节点既代表前面工序的结束事项，也代表后续工序的开始事项。

线路是指从起点事项开始，顺着箭头所指方向，经过一系列事项和箭线，最终到达终点事项的一条通路。线路经过的所有工序的作业时间之和就是该线路所需的时间。在一个网络图中，一般都有多条线路，由于每条线路经过的事项和箭线有差别，各线路的时间也不一定相同。时间最长的线路为关键线路，关键线路控制整个工程的总工期，此线路上的任何工序的延误必然影响总工期。关键线路上的各工序为关键工序，要缩短总工期，就必须压缩关键工序的施工时间。关键线路一般用黑粗线、双线或红线表示，以区别与非关键线路。

8.3.3 网络图绘制

由于双代号网络图逻辑关系比较清楚，适应关键线路分析，故多被一般工程管理所采用。以下主要介绍双代号网络图的绘制。

(1) 绘制规则

①双代号原则：网络图绘制必须符合双代号网络图表示方法。图中每一条箭线必须都是单箭头，并从一个节点指向另一个节点；不能出现双箭头箭线、无箭头箭线，或者箭线的一端无节点。

②一一对应原则：每个工序必须与箭线两端的代号一一对应，两节点之间只能有一条箭线。不能出现几个工序用一个代号的现象。

③无循环线路原则：因为时间是不可逆的，不应该出现经过一系列工序后，又回到原开始事项的线路。在有时间坐标的网络图中，不应该出现与时序逆向的箭线。

④惟一起点、终点原则：一个网络图只有一个起点事项和一个终点事项。

⑤客观实际原则：网络图中的事项、箭线关系必须与实际工程中的工序原则相符合。

不能出现无关工序直接联系。若要反映无关工序的逻辑关系，则应引入虚工序。

（2）网络图绘制步骤和方法

绘制工程网络图应首先确定工序项目，计算各工序的劳动量、机械台班和所需要的时间；然后根据施工工艺流程和施工组织要求，确定各工序之间的逻辑关系；最后根据前述规则绘制网络图。具体步骤如下：

①分解工程任务

根据工程任务规模的大小、复杂程度和组织管理的要求，将工程任务划分到单位工程、分部或分项工程。

②编制工序逻辑关系明细表

工序逻辑关系明细表应包括工序的序号、名称、代号、作业时间、紧前工序和紧后工序。工序应按照施工的先后顺序依次排列。排列时要分析某工序开始前，哪些工序必须完成；哪些工序可以同时进行施工；某一个工序结束后，哪些工序可以接着开工。

③ 绘制网络图

网络图绘制可采用顺推法或逆推法，前者是从工程起点事项开始，依次确定其后的紧后事项，直到工程终点事项；后者是从工程终点事项开始，依次确定其前的紧前事项，直到工程起点事项。无论哪种方法，在网络图中每绘制一个工序，要在工序逻辑关系明细表中找出和已绘制工序的所有逻辑关系，并反映在网络图上，将对应的内容从工序逻辑关系明细表中抹去。

应先绘制网络草图，草图中体现所有工序和它们的逻辑关系。草图完成后要认真检查，去除不必要的虚工序，找出重复、矛盾的逻辑关系分析后合理解决。

④ 网络图编号

编号从网络起点事项开始，由小到大，终点事项的编号最大。一个事项对应一个编号，两个相关事项的编号要保证开始事项的编号小于结束事项。编号排列要有规律，可采用从上到下的垂直编号，从左到右推移的方法；或从左到右的水平编号，从上到下推移的方法。

（3）网络图时间参数计算

没有时间参数的网络图只相当于工艺流程图，仅仅反映工序之间的衔接关系，加上时间参数，网络图才能反映工序的活动状态。网络图时间参数分为节点时间参数和工序时间参数。计算时，一般先计算节点时间参数，再根据节点时间参数计算工序时间参数，最后计算时差。

①节点时间参数计算

(a) 节点最早时间（TE）

节点最早时间是指在某事项以前各工序完成后，从该事项开始的各项工序最早可能开工时间。在网络图上表示为以该节点为箭尾节点的各工序的最早开工时间，反映从起点到该节点的最长时间。起点节点 $TE_n=0$，其他节点最早时间的确定方法如下：

$$TE_j = \max\{TE_i + t_{ij}\} \tag{8-7}$$

式中 TE_i——计算节点最早时间；

TE_j——紧前节点最早时间；

t_{ij}——紧前工序作业时间。

当只有一个箭头指向节点时，该节点的最早时间为紧前节点的最早时间加上其紧前工序作业时间；当有两个以上的箭头指向节点时，该节点的最早时间为各紧前节点的最早时间与对应紧前工序作业时间之和中取最大值。

(b) 节点最迟时间（TL）

节点最迟时间是指某一事项为结束的各工序最迟必须完成的时间。在网络图上表示为以该节点为箭头节点的各工序的最晚开工时间，反映从终点到该节点的最短时间。终点节点 $TL_n = TE_n \leqslant T$（工期），其他节点最迟时间的确定方法如下：

$$TL_i = \min\{TL_j - t_{ij}\} \tag{8-8}$$

式中 TL_i——计算节点的最迟时间；

TL_j——紧后节点的最迟时间。

当只有一个箭头从节点引出时，该节点的最迟时间为紧后节点的最迟时间减去其紧后工序作业时间；当有两个以上的箭头从节点引出时，该节点的最迟时间为各紧后节点的最迟时间与对应紧后工序作业时间之差中取最小值。

②工序时间参数计算

(a) 工序最早开始时间（ES）

是指一个工序在具备了一定工作条件和资源条件后可以开始工作的最早时间，要求所有紧前工序完成后才能开始工作。起点工序的最早开始时间 $ES=0$；

其他工序最早开始时间：($h<i<j$)

$$ES_{ij} = TE_i = \max\{ES_{hi} + t_{ij}\} \tag{8-9}$$

(b) 工序最迟开始时间（LS）

是指在不影响施工任务按期完成，并满足工序的各种逻辑约束条件下工序最迟必须开工时间，要求在计划紧后工序开始之前完成。设（$i<j<k$）

$$LS_{ij} = TL_j - t_{ij} = \min\{LS_{jk} - t_{ij}\} \tag{8-10}$$

(c) 工序最早结束时间（EF_{ij}）

工序最早结束时间等于工序最早开始时间与工序作业时间之和。

$$EF_{ij} = ES_{ij} + t_{ij} = TE_i + t_{ij} \tag{8-11}$$

(d) 工序总时差（TF）

是一个工序在不影响总工期的情况下所拥有的机动时间的极限值，其本质是工序所在线路的机动时间总和。工序总时差计算如下：

$$TF_{ij} = LS_{ij} - ES_{ij} = TL_j - ES_{ij} - t_{ij} \tag{8-12}$$

(e) 工序自由时差 FF

是在不影响其紧后工序最早开始时间的情况下，工序所具有的机动时间，反映是工序本身独立的机动时间。工序自由时差计算如下：

$$FF_{ij} = ES_{jk} - EF_{ij} = ES_{jk} - ES_{ij} - t_{ij} \tag{8-13}$$

网络图上参数计算步骤：

①从起点事项顺着箭杆计算各节点的最早时间 TE，直到终点事项；

②从终点事项逆着箭杆计算各节点的最迟时间 TL，直到起点事项；

③计算工序最早开始时间 ES、工序最迟开始时间 LS、最早结束时间 EF；

④计算工序总时差 TF 和自由时差 FF；

⑤将第 3 步和第 4 步的计算结果按一定排列顺序标在箭杆附近。

(4) 关键线路和关键工序的确定

关键线路是网络图中需要时间最长的线路，线路上的所有工序都是关键工序。关键线路长短决定工程的工期，反映工程进度中的主要矛盾。关键线路有以下特点：

①关键线路中各工序的自由时差总和为零；

②关键线路是从起点事项到终点事项之间最长的线路；

③在一个网络图中，关键线路不一定只有一条；

④如果非关键线路中各工序的自由时差都被占用，次要线路变成关键线路；

⑤非关键线路中的某工序占用了工序总时差时，该工序成为关键工序。

在网络图中计算各工序的总时差，总时差为零的工序为关键工序；由关键工序组成的线路即为关键线路。

以下以某空调系统的安装为例介绍网络图的绘制和计算过程。根据工程施工特点和施工方案将工程分解成三个施工段，每个施工段都包括制作风管、空调机安装、风管安装、保温和系统调试五个工序，计算各工序作业持续时间，按工艺过程要求和施工组织要求确定各工序的紧前工序和紧后工序。将分析计算结果填写到工序逻辑关系明细表中（表 8-2)。

工序逻辑关系明细表 **表 8-2**

序　号	工序名称	工序代号	紧前工序	持续时间（天）	紧后工序
1	制作风管 1	A	…	5	B、F
2	空调机安装 1	B	A	3	C、G
3	风管安装 1	C	B	3	D、H
4	风管保温 1	D	C	4	E、I
5	系统调试 1	E	D	1	J
6	制作风管 2	F	A	3	G、K
7	空调机安装 2	G	B、F	5	H、L
8	风管安装 2	H	C、G	2	I、M
9	风管保温 2	I	D、H	3	J、N
10	系统调试 2	J	E、I	1	O
11	制作风管 3	K	F	4	L
12	空调机安装 3	L	G、K	4	M
13	风管安装 3	M	H、L	3	N
14	风管保温 3	N	I、M	2	O
15	系统调试 3	O	J、N	1	…

绘制网络图。根据各工序允许紧前工序的条件确定各紧后工序，根据各紧前工序确定其紧前节点位置，根据各紧后工序确定其紧后节点位置。绘制网络计划草图，每绘制一个工序要将对应的内容从工序逻辑关系明细表中抹去，并按照一定的规律对绘出网络计划图的进行编号。网络草图绘制完后要检查逻辑关系。图 8-8（*a*）是根据上表绘制的网络图，经检查发现在节点 4、6、9、11 处逻辑关系不正确，如制作风管 3 与空调机安装 1 工艺上没有直接关系，但在图上却显示了空调机安装 1 对制作风管 3 的制约关系。引入虚工序调整后正确的网络图如图 8-8（*b*）所示。

根据前述各计算公式在图上直接计算或列表计算时间参数。可以计算工序时间参数，

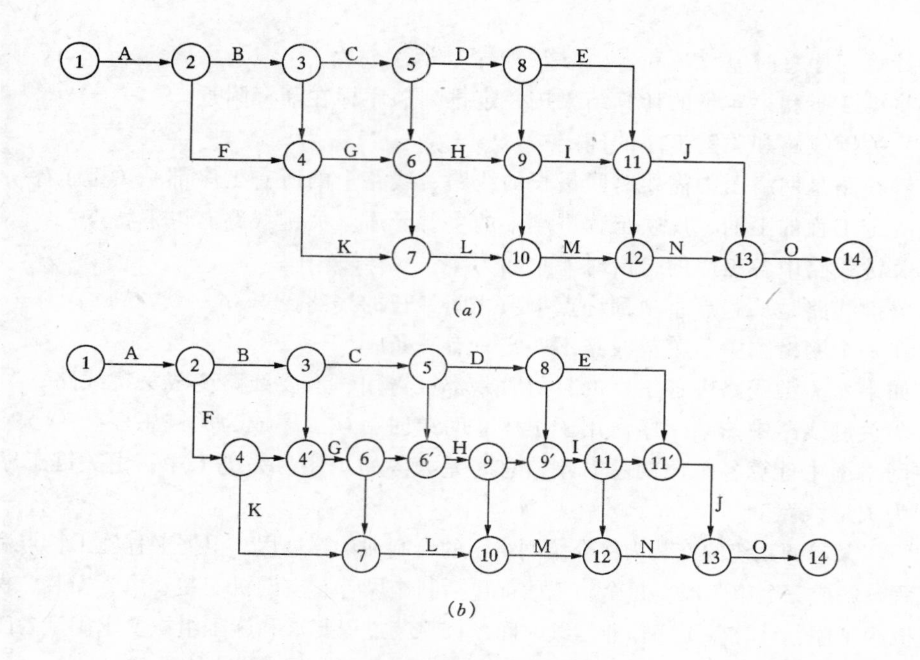

图 8-8　网络计划图

（a）逻辑关系不正确；（b）逻辑关系正确

也可以计算节点时间参数。在图上直接计算节点时间参数的形式和结果见图 8-9。列表计算工序时间参数见表 8-3，将计算结果表示到图上见 8-10。

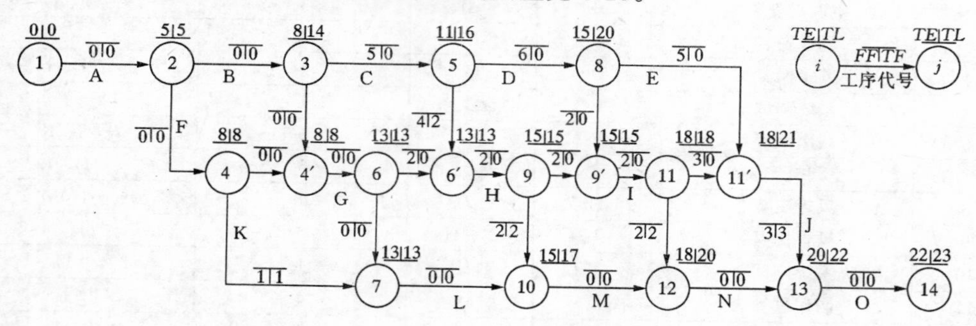

图 8-9　节点时间参数计算结果

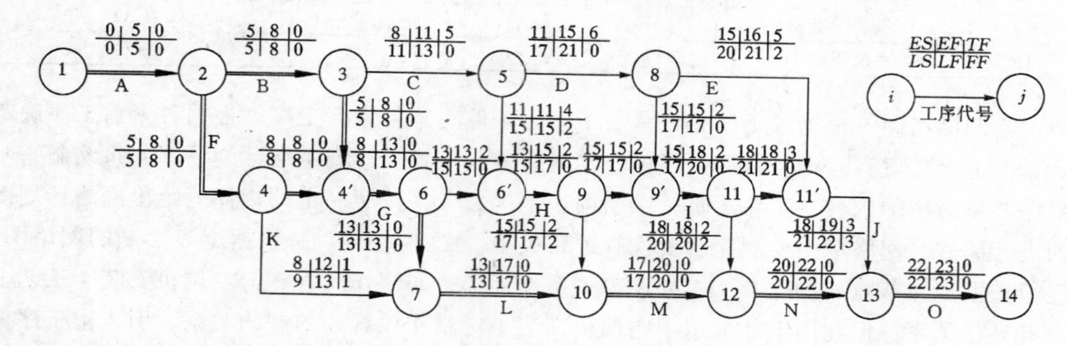

图 8-10　工序时间参数计算结果

工序时间参数列表计算 表 8-3

序号	工序代号	节点编号		持续时间	最早时间		最迟时间		总时差	自由时差	关键工序
		i	j	t_{ij}	ES_{ij}	EF_{ij}	LS_{ij}	LF_{ij}	TF_{ij}	FF_{ij}	
		①	②	③	④	⑤=③+④	⑥	⑦=⑥+③	⑧=⑦-⑤	⑨=紧后④-⑤	
1	A	1	2	5	0	5	0	5	0	0	√
2	B	2	3	3	5	8	5	8	0	0	√
3	F	2	4	3	5	8	5	8	0	0	√
4	C	3	5	3	8	11	13	16	5	0	
5	虚	3	4′	0	8	8	8	8	0	0	√
6	K	4	7	4	8	12	9	13	1	1	
7	虚	4	4′	0	8	8	8	8	0	0	√
8	G	4′	6	5	8	13	8	13	0	0	√
9	D	5	8	4	11	15	17	21	6	0	
10	虚	5	6′	0	11	11	15	15	4	2	
11	虚	6	7	0	13	13	13	13	0	0	√
12	虚	6	6′	0	13	13	15	15	2	0	
13	H	6′	9	2	13	15	15	17	2	0	
14	L	7	10	4	13	17	13	17	0	0	√
15	E	8	11′	1	15	16	20	21	5	2	
16	虚	8	9′	0	15	15	17	17	2	0	
17	虚	9	9′	0	15	15	17	17	2	0	
18	虚	9	10	0	15	15	17	17	2	2	
19	I	9′	11	3	15	18	17	20	2	0	
20	M	10	12	3	17	20	17	20	0	0	√
21	虚	11	11′	0	18	18	21	21	3	0	
22	虚	11	12	0	18	18	20	20	2	2	
23	J	11′	13	1	18	19	21	22	3	3	
24	N	12	13	2	20	22	20	22	0	0	√
25	O	13	14	1	22	23	22	23	0	0	√

图 8-10 中由双线组成的线路为关键线路。

8.3.4 网络计划的优化

网络计划的优化是在满足既定条件下，利用工序时差调整网络计划，按照某一指标寻求最佳方案的过程。工程项目网络计划的技术评价指标包括工期、成本和资源消耗等。网络计划的优化主要解决两方面问题：(a) 在指定工期（或最短工期）的情况下寻求资源使用最优或成本最低；(b) 在资源条件限定下寻求与最低成本对应的最优工期。一般情况下，首先要保证工程按期完成，在此前提下，进行工期——资源优化和工期——成本优化。工期——资源优化的主要目的是在工期指定的前提下，调整工序，以减少资源供应的不均衡性。工期——成本优化的目标是在既定条件下寻找工期和成本之间的最优结合。以下主要介绍工期——成本优化。

（1）工期和成本的关系

工程成本由直接费和间接费组成。一般情况下，随工期延长，直接费会降低；间接费主要只由工程组织管理费用构成，工期越长，间接费越高。工程成本与工期之间存在最佳组合点（图8-11）。

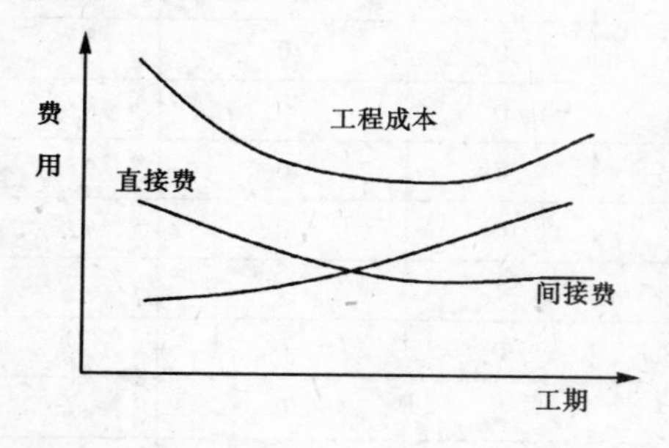

图8-11 工期费用曲线

工期——成本优化的主要思想是从工期与成本的关系中，找出既能使工程工期缩短，又能使工程直接费增加额最少的工序；缩短该工序作业时间，分析由此而减少的间接费、综合直接费增加额和直接费减少额，即可获得与合理成本工程对应的最优工期或与指定工期对应的最低成本。

（2）工期——成本优化方法

①按各工序的正常作业时间和最短作业时间分别绘制网络图。

②计算两个网络图时间参数，确定关键线路，计算正常作业时间总工期和相应的总成本、最短作业时间总工期和相应的总成本。

③在正常作业时间网络图的每条关键线路上选择成本斜率（成本随作业时间的增加率）最小的关键工序，对选择的各关键工序缩短相同作业时间。计算调整后的总工期和总成本。

④比较调整后的总工期与最短作业时间总工期。若前者仍大于后者，重新寻找前者的关键线路并重复第三步调整和计算。直到调整后的总工期与最短作业时间总工期相等。

⑤在各调整结果中寻找成本最低的计划，其对应的工期为最佳工期。

8.4 建筑设备安装工程施工组织设计

8.4.1 建筑设备安装工程施工组织设计编制的依据和程序

建筑设备安装工程在建筑施工项目中大多属于单位工程，其施工组织设计与其他单位工程施工组织设计的方法和内容相同。

（1）编制依据

①主管机构、建设单位、监理单位对工程的要求；

②国家现行的有关施工规范、标准、规程、定额等；

③设计文件、施工图、标准图，图纸会审记录；

④工程承包合同；

⑤施工组织总设计的要求；

⑥施工企业的机具水平、施工队伍素质和技术水平；

⑦施工材料、成品、半成品供应情况；

⑧施工现场条件，如地形、气象、场地、交通运输、水电供应和土建条件等；

⑨类似工程的施工组织设计资料。

（2）编制程序

建筑设备安装工程施工组织设计各组成部分之间是相互联系和约束的，在编制过程中要按照一定的工艺先后关系，依次完成各部分的编制，才能形成一个完整、合理的施工组织设计文件。建筑设备安装工程施工组织设计编制程序见图 8-12。

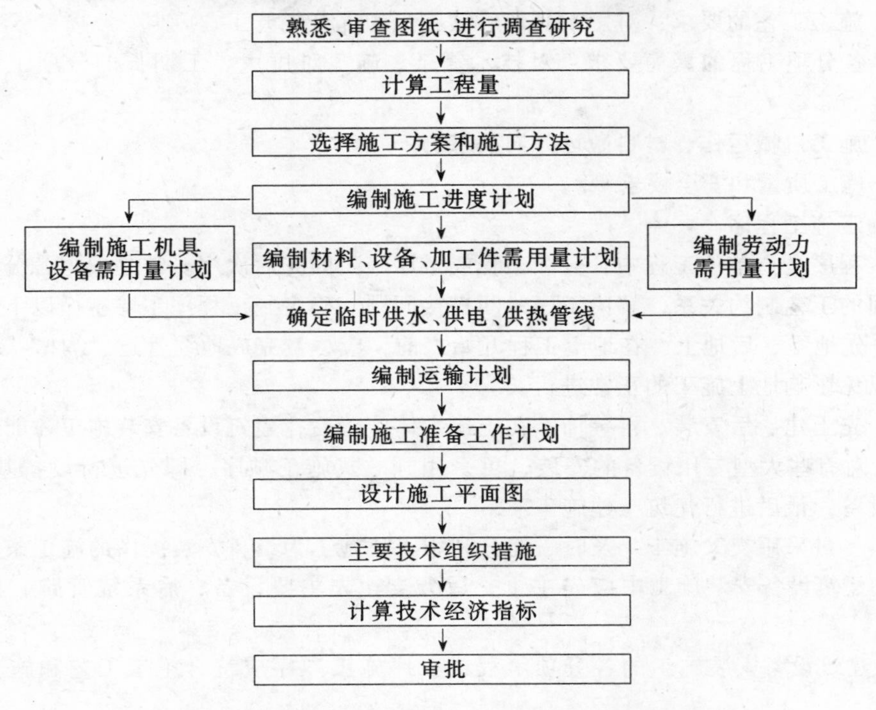

图 8-12　建筑安装工程施工组织设计编制程序

8.4.2　建筑设备安装工程施工组织设计内容

(1) 工程概况

主要是对拟建建筑设备安装工程的工程特点、施工条件和建设地点环境的介绍。

①工程概述

主要介绍工程设计单位、建设单位、施工单位和监理单位，工程名称、造价和开、竣工日期等。

②工程特点

主要包括工程的性质、用途、规模，系统布置形式，建筑形式和结构特点，对采用的新材料、新工艺、新技术和施工难度大的部分应重点介绍。

③工程施工环境和条件

介绍拟建工程的位置、地形、地质、气象等及场地环境，供水供电、交通运输、材料和设备供应，劳动力和施工机具条件等。

(2) 施工方案

施工方案是单位工程施工组织设计的核心，主要内容包括施工流向、施工顺序、施工段划分、施工方法和施工机械选择等。施工方案选择时，应预先制定几个可行的方案，对它们进行技术经济分析比较，选择其中最优的作为实施方案。

①确定施工流向

施工流向是指工程在水平面（线）上或竖向上开始施工的起点和进展方向。确定施工流向时应综合考虑各种因素。

(a) 建设单位的要求：对生产和使用要求在先的部分优先施工；

(b) 施工工艺的要求：对影响其他后续施工的部分先开工；

(c) 各分项工程的繁简要求：对技术复杂、施工难度大、工期长的分项工程优先开工；

(d) 施工机械运作、材料搬运方向要求；

(e) 施工质量和安全要求等。

②确定施工程序

施工程序是指单位工程中各分项工程或工序施工的先后次序。它是根据各分项工程或工序之间的工艺制约关系，解决工序时间搭接问题。确定施工程序主要遵循以下原则：

(a) 先地下、后地上。在地上工程开始之前，应尽量完成地线管道、沟槽、基础等的施工，以免影响地上施工的正常进行。

(b) 先土建、后安装、再装饰。在土建主体施工后，建筑设备安装施工才能进行。

(c) 对有些大型专用设备的安装，可采用开敞式施工顺序，即先进行设备基础施工，再安装设备，最后进行建筑土建施工。

(d) 尽量采用交叉施工，及时、充分利用土建施工为设备安装提供的施工条件。

(e) 建筑设备安装施工中应先主干、后分支；先主要设备、后系统管路、再末端设备。

(f) 建筑设备安装施工的各分项工程或工序施工顺序应符合施工工艺和施工流向要求。

③划分施工段

施工段划分的原则参见本章第二节中有关内容。其划分应以满足施工工艺和施工顺序要求，方便进行流水施工作业。

④施工方法和施工机械选择

建筑物中有给排水、供暖空调、电气照明等多种系统和设备，不同建筑物之间的设备系统各有特点。由于施工对象具有多样性、地域性及施工队伍、施工条件的不同，施工方法和施工机械的选择也不相同。合理地选择施工方法和施工机械能加快施工进度、提高工程质量、保证施工安全、降低工程成本。在建筑安装施工中，施工方法和施工机械的选择主要与工程种类、系统特点、工程量大小、工期要求、资源供应条件、现场条件、施工企业技术装备水平等因素有关。由于不同施工方法要求有相应施工机械配合，施工方法和施工机械的选择应保持协调一致。

施工方法和施工设备选择的基本原则：

(a) 满足施工组织总设计要求和有关规范、标准要求；

(b) 满足工期、质量、成本和安全要求；

(c) 满足经济上合理、技术上可行，还要适合当前工程实际情况；

(d) 满足施工工艺要求，尽量选用先进施工方法，保证施工机械之间协调配套，充分发挥主要施工机械效率；

(e) 对工程量大、技术复杂或采用新工艺、新技术的重要分部分项工程及对工程质量起关键作用的分部分项工程的施工方法应详细具体。

⑤施工方案的技术经济分析

每个工程的施工过程都可以用不同施工方法和施工机械的组合完成，因此一个单位工程会有许多个施工方案，各方案也互有优缺点。确定施工方案时，首先要拟选几个在经济上合理、质量上可靠、技术上可能的方案，对它们进行技术经济分析比较后，选择最优的作为实施方案。

施工方案的技术经济分析有定性分析和定量分析两种。定性分析是根据以往经验对施工方案的一般优缺点进行分析比较，主要包括以下方面：方案的复杂程度和技术先进性；是否发挥现有机械设备的作用；对劳动力、物资供应的要求；是否有利于文明施工、安全施工；能否保证施工质量；对后续施工的影响等。

定量分析是对施工方案的一些技术经济指标进行计算，通过比较这些指标来确定方案的优劣。这些指标包括工期指标、劳动消耗指标和成本指标等。

(a) 工期指标

工期指标是指从工程开工到竣工工程实际施工的日历天数，它是施工方案分析比较的首要指标。方案比较时，在保证工程质量和安全施工的条件下，将各方案的施工工期比较，以确定实施方案工期。

(b) 劳动消耗指标

劳动消耗指标反映施工的机械化程度、劳动生产率水平和劳动消耗量。机械化程度是指机械施工完成的工程量占所有工程量的比率。劳动生产率是指施工人员在一定的时间内所能够完成的施工量。劳动消耗量指完成某工程所需要的全部劳动工日数。在方案比较中应采用机械化程度高，劳动消耗量低，劳动生产率高的方案。

$$\text{机械化程度}=\frac{\text{机械完成的实物量}}{\text{全部实物量}}\times 100\% \tag{8-14}$$

$$\text{劳动生产率}=\frac{\text{完成工作量}}{\text{平均作业人数}} \tag{8-15}$$

$$\text{单位产品劳动消耗量}=\frac{\text{完成某工程的全部劳动工日数}}{\text{工程总量}} \tag{8-16}$$

(c) 成本指标

成本是指工程的全部直接费和间接费。成本可由施工人员的工资、工程所需的材料费和机械费，按照一定的取费系数计算出来。在保证工程质量和安全施工的条件下，降低成本是施工企业赢利的保证。

$$\text{成本}=\text{基本工资}\times(1+K_1)+(\text{材料费}+\text{机械费})\times(1+K_2) \tag{8-17}$$

式中　K_1、K_2——取费系数。

施工方案的定量分析评定方法有单指标法、多指标法。单指标法是在工期、成本或劳动消耗等指标中选择一个主要指标，或当其他指标相同的条件下，比较一个有差别的指标。多指标法是对方案的多项技术经济指标进行综合比较。当某一方案的各项指标都优于其他方案时，该方案为最佳方案；当几个方案的指标各有优劣时，应根据工程要求给定各指标权重值，对每个方案的各个指标按照满足程度打分，根据各个指标的权重和分值计算出每个方案的综合分值，确定分值高者为优。

(3) 施工进度计划

建筑设备安装工程施工进度计划与其他单位工程施工进度计划一样，也是在施工方案的基础上，根据工期要求、工艺要求及劳动力、物料和机械供应条件，对工程开、竣工时间及各分部分项工程的施工持续时间、施工顺序、搭接关系的具体安排。其作用在于控制施工进度和竣工期限，保证工程按期、按质、按量完工。

单位工程施工进度计划是编制施工准备计划、劳动力需用计划、各项资源需用量计划、分部工程施工计划和编制施工月计划、旬计划的基础。

建筑设备安装工程施工进度计划的主要依据有：施工组织总设计和建设单位对工期的要求；单位工程的全套设计图纸、标准图等文件资料；施工方案；施工预算和有关定额；施工现场条件和资源供应情况；施工单位的技术水平和管理水平等。

编制建筑设备安装工程施工进度计划的主要工作内容和编制程序见图 8-13。

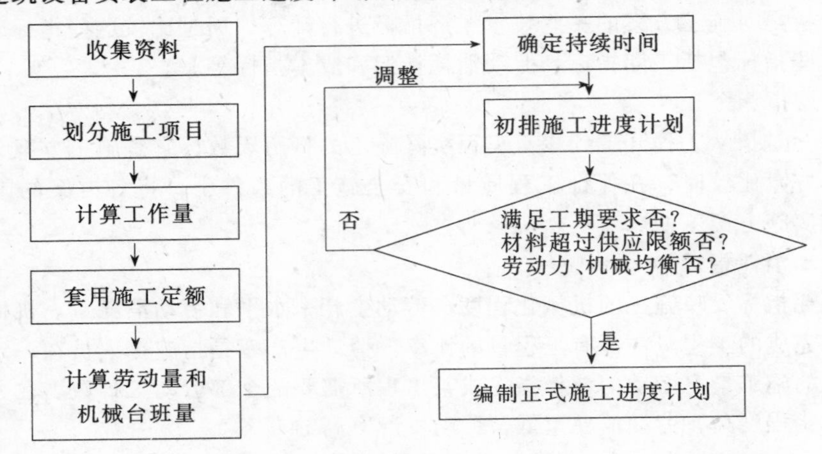

图 8-13　施工进度计划编制程序

①划分施工项目

施工项目是包括一定内容的施工过程的组合，是构成进度计划的基本施工单元。划分施工项目就是根据施工图纸和施工顺序把单位工程的各施工过程列出，然后结合施工方案把这些施工过程进行整理合并，方便编制施工进度计划的需要。

施工项目划分的内容一般包括直接在单位工程工地上进行施工的分部分项工程、现场预制加工或与分部分项工程配合紧密的运输过程等，不包括场外加工预制和运输过程。项目划分时应明确每个施工项目包括的施工内容和范围。

单位工程施工项目应按照施工方法、工艺流程及工程特点划分。编制实施性进度计划时，一般要求划分到分项工程或者更具体一些，以满足指导施工作业的要求。对于主导施工内容和工程量大、工期长、施工复杂的施工内容应划分到施工过程单独列项；对于一些次要的、工程量不大或关系密切不易区分的施工过程应合并处理。对划分的施工项目按施工顺序列表、编号，方便复查，防止漏项。

施工项目的划分应与施工方法协调，能合并的就合并，力求简明、清晰。一般将同一时期可由同一个施工班组完成的施工项目合并，将工程量不大的零星分项工程统一合并为“其他工程”，插入施工。

②计算工程量、机械台班量和劳动量

（a）计算工程量

工程量应根据预算定额或劳动定额计算。在编制施工进度计划之前，若施工图预算已编制，可将预算中统计的工程量折算成劳动定额的工程量；若无施工图预算，要根据施工图纸、工程量计算规则，按照划分的施工项目，套用预算定额或劳动定额计算工程量。计算时要结合采用的施工方法、施工机械、安全技术要求和施工组织分段、分层要求。工程量的计算单位应与现行的定额单位一致。

（b）计算机械台班量

以机械施工为主的施工项目，可根据前述计算出的工程量计算机械需用量：

$$P = \frac{Q}{S} = Q \times H \tag{8-18}$$

式中 P——某施工项目需要的机械台班量（台班）；

Q——机械完成的工程量（m^3、m、t、件等）；

S——该机械的产量定额（m^3/台班、m/台班、t/台班、件/台班等）；

H——该机械的时间定额（台班/m^3、台班/m、台班/t、台班/件等）。

（c）计算劳动量

以手工操作完成的施工项目，劳动量按下式计算：

$$P' = \frac{Q'}{S'} = Q' \times H' \tag{8-19}$$

式中 P'——某施工项目需要的劳动量（工日）；

Q'——该施工项目的工程量（m^3、m、t、件等）；

S'——该施工项目采用的产量定额（m^3/工日、m/工日、t/工日、件/工日等）；

H'——该施工项目采用的时间定额（工日/m^3、工日/m、工日/t、工日/件等）。

在计算中，当一个施工项目是由几个不同的施工过程合并而成时，应先计算各施工过程的劳动量，施工项目劳动总量为该项目包括的各施工过程劳动量之和，即 $P' = \sum_{i=1}^{n} P'_i$。有些新技术或特殊施工方法，定额中尚未编入，可参考类似项目的定额或实验数据估算。对前述项目划分中的“其他工程”所需的劳动量，可不细算，而根据其内容和数量按总劳动量的10%～20%取值。

③计算施工时间，确定机械台数和劳动力数量

施工项目的施工时间是指在正常情况下，施工项目的持续施工时间。在施工项目的劳动量和机械台班数确定后，劳动力人数和机械台数与施工时间有如下关系：

$$T = \frac{P}{R \times b} \text{ 或 } T = \frac{P'}{R' \times b} \tag{8-20}$$

式中 T——某项施工项目的施工时间（天）；

R、R'——该施工项目所配的机械台数、劳动力人数（台、人）；

b——每天的工作班制。

当劳动量和机械台班数确定后，施工时间、机械台数和劳动力数量的确定有两种形式：一种是根据施工工期的要求，先确定施工项目的施工时间和工作班制，然后利用上式计算施工班组人数或机械台数；另一种是先根据现有的施工机械、施工班组人数及工作面大小确定工作班组人数、机械台数和工作班制，再利用上式计算施工时间。

在一般情况下，工作班制多采用一班制，在赶工期、抢进度等特殊情况下可采用两班制，对于有些工艺有连续施工要求的项目才采用三班制。两班制和三班制因技术、组织、安全、照明等原因会增加工程成本。

在确定施工班组人数时，应注意最小劳动组合、最小工作面和可能安排人数等的要求或限制。最小劳动组合是指某一施工过程正常施工所必需最低限度的班组劳动人数及其合理组合。施工人数低于最低限度的人数或人员搭配不合理，都会引起劳动效率和劳动质量下降。最小工作面是为了保证安全生产和有效操作，施工班组必需的最小操作对象的数量。在一定的操作对象上投入的施工人员过多，不能保证每个班组施工最小工作面的要求，会造成工作面不足而窝工，减低工作效率，甚至可能引发事故。可能安排人数是指施工企业所能配置的施工人员的能力。

机械台数要根据施工企业的能提供的机械台数、机械的操作面、机械正常使用中的停歇、维修、保养时间和机械的生产效率综合分析确定。

④施工进度计划编制

单位工程施工进度计划有两种形式：横道图计划和网络图计划。其编制过程见本章第三节有关内容。

(4) 施工准备计划、劳动力及物资需用量计划

施工准备计划、劳动力及物资需用量计划是保证施工进度计划能够顺利实施及施工企业安排施工准备、施工过程各种资源供应的依据。

①施工准备计划

单位工程施工准备计划是为了保证满足在工程开工前和施工过程中各阶段施工要求的开工条件所编制的准备工作内容和安排。主要包括以下内容：(a) 技术准备：熟悉、会审施工图纸，收集分析有关资料，编制施工组织设计和施工预算。(b) 劳动组织准备：建立组织机构，组织劳动力，技术、计划交底。(c) 物资资源准备：组织安排材料、机具、设备和加工预制件的订购和储运。(d) 现场准备：场地平整，障碍物拆除，临时水、电、路接通，搭建临时设施，材料机械进场等。

表 8-4 为常用的单位工程施工准备计划表。

单位工程施工准备计划 **表 8-4**

序　号	准备工作项目	简要内容	负责单位	负责人	起止日期		备　　注
					日/月	日/月	

②劳动力需用量计划

劳动力需用量计划反映在施工过程中对各工种劳动力的需要安排，是调配劳动力、安排福利的依据。劳动力需用量计划是根据施工进度计划、施工预算及劳动定额的要求编制的。具体编制方法是：先将施工进度计划中各施工项目每日所需的各工种的工人人数统计汇总；再将每日需求汇总成周、旬、月的需求，将汇总结果填入表 8-5 中。

单位工程劳动力需用量计划 表 8-5

序　号	工种名称	总工日数	人数	月			月			月			备　注
				上旬	中旬	下旬	上旬	中旬	下旬	上旬	中旬	下旬	

③主要材料需用量计划

单位工程主要材料需用量计划根据施工进度计划、施工预算及材料消耗定额的要求编制。它主要为材料的储备、进料，仓库、堆放场面积，组织运输等提供依据。各种材料的需用量及需要时间可以从施工预算和施工进度计划中计算汇总得出。常用单位工程主要材料需用量计划表格见表 8-6。

单位工程主要材料需用量计划 表 8-6

序　号	材料名称	规　格	需用量		供应时间	备　注
			单　位	数　量		

④施工机械需用量计划

施工机械需用量计划是根据施工方案和施工进度计划编制的，反映施工过程中各种施工机械的需用数量、类型、来源和使用时间安排，形式见表 8-7。

单位工程施工机械需用量计划 表 8-7

序　号	机械名称	规格型号	需用量		来源	使用起止日期	备　注
			单　位	数　量			

⑤加工件、预制件需用量计划

根据设计文件和施工进度计划统计加工件、预制件的需用量和需用时间，结合其需要的加工时间，安排定货、运输、堆放，见表 8-8。

单位工程加工件、预制件需用量计划 表 8-8

序　号	名　称	规格型号	需用量		加工单位	供应时间	备　注
			单　位	数　量			

⑥运输计划

根据施工进度计划，主要材料和加工、预制件的需用计划编制。针对货物种类、运输量、运输距离组织运输力量、安排运输时间，见表8-9。

单位工程运输计划　　表8-9

序　号	货　名	单　位	数　量	货　源	运距km	运输量 t·km	运输工具			需用起止日期
							名　称	吨　位	台　班	

(5) 主要技术组织措施

技术组织措施是从技术方面所采取的确保工程质量、安全、节约和季节性施工等的组织措施。

①质量保证措施

质量保证措施应根据工程性质、要求、特点以及施工方法、现场条件等具体情况提出。主要措施有：

(a) 制定完整质量保证制度，将施工过程各环节的质量保证措施落实到具体负责人；

(b) 严格地按照国家颁发的施工验收规范和标准施工；

(c) 针对施工中易出现质量问题的环节，制定相应的防治措施；

(d) 对施工过程采用的新技术、新工艺、新材料、新机具和新结构应采取措施熟悉并掌握；

(e) 对采用的设备、材料、成品和半成品应按照有关规定严格验收，确保质量合格；

(f) 加强工程检查、验收管理工作，做到施工过程有自检、互检并做记录，发现问题应及时返工或补救等。

②安全保证措施

为确保安全施工，应严格按照有关施工操作规范施工。以预防为主，并制定切实可行的应急措施。主要措施如下：

(a) 加强安全施工宣传、教育、培训，尤其对新工人要进行培训后才能上岗；

(b) 对新技术、新工艺、新材料、新机具和新结构要制定专门的安全技术措施；

(c) 对高空、交叉作业，应制定防护和保护措施；

(d) 对从事有毒、有害和有尘作业的操作人员要采取必要的劳动保护和安全措施；

(e) 针对工程施工工艺要求，应制定消防、灭火措施；

(f) 对各种施工机械要制定安全操作制度等。

③降低成本措施

降低成本是一项综合任务，在保证工程质量、工期和施工安全的前提下，工程管理过程的各个环节都应注意成本的控制。主要措施有：

(a) 合理进行施工组织设计，充分利用现有的机具、劳动力和材料；

(b) 积极采用新技术、新工艺提高劳动生产率；

(c) 提高管理工作效率，组织精练高效的管理机构；

(d) 在保证质量的前提下，采取有效措施控制材料采购成本；

(e) 编制降低成本计划表，并进行综合评价分析。

④雨季、冬季施工措施

雨季施工措施主要包括根据施工当地的雨季时间，合理安排施工任务；在雨季到来时制定防淋、防潮、防泡、防淹、防风、防雷和道路畅通等措施。冬季施工措施包括制定防寒、防冻、防滑和保证施工工艺要求等措施。

(6) 技术经济指标

单位工程施工进度计划常用的评价指标有以下几个：

①工期

$$\text{提前工期} = \text{合同工期} - \text{计划工期} \tag{8-21}$$

$$\text{节约时间} = \text{定额工期} - \text{计划工期} \tag{8-22}$$

②劳动力均衡系数

$$K = \frac{\text{最高峰施工期间工人人数}}{\text{施工期间每日平均工人人数}} \tag{8-23}$$

③工日节约率

$$\text{总工日节约数} = \frac{\text{施工预算用工（工日）} - \text{计划用工（工日）}}{\text{施工预算用工（工日）}} \tag{8-24}$$

④节奏流水均衡性系数

$$\text{节奏流水均衡性系数} = \frac{\text{施工段数} - \text{施工队数} + 1}{\text{施工段数} + \text{施工队数} - 1} \tag{8-25}$$

⑤非节奏流水资源消耗均衡性系数

$$\text{非节奏流水资源消耗均衡性系数} = \frac{\text{施工队数}}{\text{施工段数} + \text{施工队数} - 1} \tag{8-26}$$

⑥安装工人日产值

$$\text{安装工人日产值} = \frac{\text{计划施工工程量（元）}}{\text{进度计划日期} + \text{每日平均人数（工日）}} \tag{8-27}$$

(7) 施工平面图设计

单位工程施工平面图是一个单位工程施工现场的布置图，图中表示施工现场的临时设施、加工厂、材料仓库、大型施工机械、交通运输和临时供水供电管线等的规划和布置。它是以总平面图为基础，单位工程施工方案在现场空间的体现，反映施工现场各种已建、待建的建筑物、构筑物和临时设施等之间的空间关系。

①设计依据

(a) 施工设计图纸及有关施工现场现状资料和图纸。主要包括建筑总平面图、施工现场地形图、地下管线图和竖向设计资料等。

(b) 现场自然条件和技术经济条件。工程当地的气象、地形、水文、地质条件，交通运输、供水供电等。

(c) 施工方案、施工进度计划。施工不同阶段对各种机械设备、运输工具和材料、加工预制件、施工人数的要求。

(d) 各种临时生产、生活设施要求情况。

②设计原则

(a) 在保证现场施工及安全要求的条件下，要布置紧凑，减少施工占地。

(b) 临时设施的设置要便于生产、管理；材料堆放和仓库布置应靠近材料使用地点，减少场内运输距离，尽量避免二次搬运。

(c) 在满足施工需要的情况下，尽量减少临时设施，充分利用已有或拟建的永久性建筑和管线，或者采用可拆移式临时房屋。

(d) 施工场地布置应符合劳动保护、技术安全和消防、环保、卫生等规定。

③设计内容

施工平面图的内容与工程性质、现场条件有关，以满足工程施工需要为原则。一般按1:200～1:500绘制在2～3号图上。图纸上除了应包括以下基本内容外，还应有图例、风玫图及如下必要的文字解释：

(a) 建筑总平面图上已建和拟建的地上和地下的一切建筑物、构筑物、道路、河流等的位置和尺寸，地形等高线和测量放线标桩。

(b) 工程施工的各种机械的运行路线和处置运输设施的位置和尺寸。

(c) 材料、成品、半成品堆放场，加工场，办公室、宿舍等临时生产、生活和管理设施的位置。

(d) 临时供水、供电、供暖管网及泵站、变压站等。

8.5 建筑设备安装工程施工组织设计示例

××大厦空调系统安装施工组织设计

8.5.1 工程概况

(1) 工程简介与施工范围

本工程位于××市××路南段，南临××大厦，北临××；建筑面积28000m²，框架结构，主楼24层、楼高95m；裙房4层、1至3层层高6m、4层层高4.5m，为营业大厅和会议用房；地下1层、层高5.4m，为车库和机房；裙房以上为办公室，标准层层高3.3m，13、24层层高4.5m；建筑平面尺寸66.35m×42.6m；楼内设上人电梯一部、客货电梯三部、防火楼梯七部。

施工范围包括空调系统、排风系统、防烟排烟系统和冷热水系统安装。

①空调系统

1至4层的营业厅、会议室、多功能厅、计算机主机房和终端室设K_1～K_8八个集中空调系统，1至24层其他房间为470套风机盘管系统，新风系统24套；系统热媒为60℃热水，由两台热水锅炉提供95/70℃热水，经两台板式换热器获得；系统冷媒由两台离心冷水机组提供，计算机主机房和终端室由两台风冷空调机提供冷媒。

②排风系统

排风共有八个系统，P_1-P_5为地下车库、仓库、制冷机房、锅炉房、泵房和营业厅、会议室排风；P_6、P_7为高层卫生间排风；P_8为多功能厅排风。

③防烟排烟系统

地下车库、制冷机房、锅炉房，高层走廊，裙房和会议室分别设置PY_1～PY_3三套排烟系统；裙房两部楼梯间和高层部分楼梯间前室设置五套正压送风系统S_1～S_5；地下人防设置一套送风系统 S_6。

④冷热水系统

冷热水管道为共用管道，冬季送热水、夏季送冷水。

（2）工程特点

①本工程为高层建筑，施工面狭小，安装工程量大，需考虑各安装工种的配合问题；

②施工现场面临闹市、场地狭窄，需充分合理地利用有限场地；

③管道竖井内安装难度大、工作量多，应注意质量控制；

④土建、安装多工种、多层次交叉作业，需要精心组织，既要保证工程进度、又要确保施工安全。

8.5.2 编制依据

（1）与建设单位签订的施工合同；

（2）设计图纸和与设计有关的标准图等资料；

（3）现行的通风空调工程安装施工规范和验收规范；

（4）现行建筑安装工程质量检验评定标准；

（5）现行建筑安装统一劳动定额、工期定额和安装工程全国统一预算定额。

8.5.3 施工技术方案

（1）施工流向和施工顺序

根据本工程特点和通风空调安装工程施工工艺要求，整个工程施工流向为由低向高逐层向上施工，每层流向为由主要设备向末端施工。施工制定以下施工顺序（如图 8-14）：

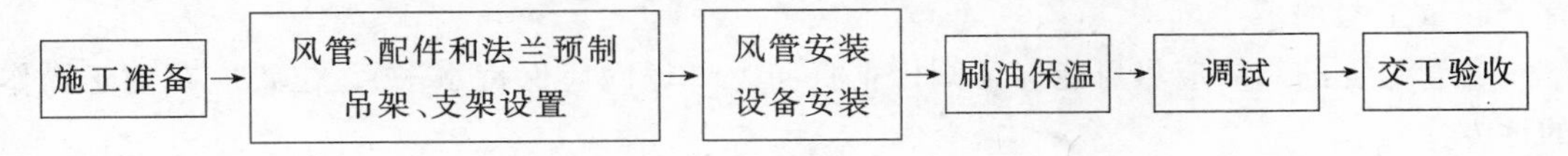

图 8-14 施工顺序图

（2）流水段划分、施工方法和施工机械选择

以建筑层和各空调、防排烟分区系统为流水段，由低层向高层组织流水施工；设置临时加工厂现场加工主要非标管道、部件；标准构件、部件和材料外购；主要施工机械有套丝机、通风咬口机、折方机和卷扬机等。

（3）施工技术措施及要求

①本工程要严格按设计要求施工，设计无要求时严格按国家规范执行，如发现设计与施工有问题时应及时和设计院联系解决。

②施工前要对施工人员进行质量技术交底，施工中加强质量检查，发现质量问题及时返修。

③施工前要对设备及主要材料及半成品、成品进行检查，必须有厂家合格证明，并作好检查记录，发现质量问题及时向甲方或材料部门反映。

④风道制作全部采用机械加工，制作尺寸要正确，咬口要平整，如风管需加固，应采用对角线凸棱加固。

⑤风道安装应根据现场实况，在总送回风始末端和干管的分支处设置测量孔。

⑥穿过沉降缝和变形缝处的风道不得变径，两侧风道应由软接头严密牢固相连。

⑦保温风道的支、吊、托架应安装在保温层的外面，在风道与支架之间应衬垫木。

⑧防水阀安装位置和方向要正确，保持阀片水平，气流方向与阀体上所标的箭头方向一致，严禁逆向，并应单独设置吊支架。

⑨薄钢板风道及其配件、吊支架应除锈后涂两道防锈漆，如不保温应涂两道面漆。

⑩空调送回风管及新风系统送风管均保温，材料为玻璃棉板，厚度40mm，保护层为玻璃纤维铝箔。机房风管保温保护层用0.3～0.35mm镀锌钢板。

⑪风口及散流器安装应牢固、整齐、美观、位置应正确。

⑫风机盘管安装支架应牢固，各吊杆受力要均匀、平衡，以防风机盘管受力不均匀而扭曲，造成风机叶轮碰壳。风机盘管排水坡度应正确，不得倒坡，凝结水应畅通地流到指定位置，避免滴水盘积水太多而往下滴水。

⑬冷热水系统最高点应设放气装置，最低点应设排水装置。

⑭冷热水系统安装前先清洗管内污物；支、吊、托架不允许有气割孔、气切割型钢现象，支、吊、托架必须除锈后再涂两道红丹防锈漆和两道面漆。

⑮管道安装完后应做水压试验，试验合格应对管道进行冲洗（冲洗前须将所有过滤器网卸下），然后进行保温，保温材料为阻燃性聚乙烯保温管壳，保护层为玻璃纤维铝箔。

⑯冷水管的支吊架必须安装在保温层外部，在通过支吊架处应设置垫木。

⑰冷热水管道（包括送回水），应有3%的坡度，管道严禁倒坡。

⑱无缝钢管焊接要求焊口宽度均匀，无咬肉、焊瘤、夹渣及气孔等缺陷。

⑲管井内主干管安装，固定应牢靠，支托应有足够的承重能力，大口径管道吊装时，宜有起重工参加。

⑳管路上的阀门应尽可能保证阀杆垂直向上（蝶阀应保持水平），位置应在便于操作的地方。

㉑安装完毕后应进行调试，测定风机风量风压，调整风量分配，测定加热器表冷器喷水室加湿器、热交换器、制冷机等的能力，调整室内温度、湿度，最后使各项指标符合设计要求。

8.5.4 施工组织及施工进度计划

(1) 施工组织

为加强施工管理，保证施工质量和施工安全、按期完成施工任务，特成立项目经理部，实施项目部管理。

经理部成员：项目经理一人：×××，专业工长一人：×××，质量员一人：×××，安全保卫一人：×××，材料员一人：×××，其他管理人员由分公司××工程处管理人员兼任。

(2) 施工进度计划

工程量、劳动量、施工时间、机械台班按照现行定额标准计算，计算过程略。

本施工进度计划以土建“统筹施工图”为基础、按照通风空调安装工程施工特点编制，为保证工程按期竣工，希望土建和其他安装工程相互配合，作好现场协调，以便进行交叉施工。

工程安装施工进度分为三个阶段。第一阶段从2000年3月到2000年7月，为安装配合阶段；第二阶段从2000年8月到2001年2月，为安装高峰阶段；第三阶段从2001年3

××大厦空调系统安装施工进度计划表

表 8-10

序号	项目		进度计划																
			2000年										2001年						
			3月	4月	5月	6月	7月	8月	9月	10月	11月	12月	1月	2月	3月	4月	5月	6月	7月
1	风管预制																		
2	地下室空调、排风、防排烟风管安装	设备安装																	
		支吊架安装																	
		风管安装																	
3	裙房空调、排风、防排烟风管安装	设备安装																	
		支吊架安装																	
		风管安装																	
4	新风机组安装																		
5	新风系统风管安装	支吊架安装																	
		风管安装																	
6	风机盘管机组安装																		
7	水系统管道安装	地下室																	
		裙房																	
		主楼																	
8	油漆、保温																		
9	试压																		
10	风口安装																		
11	系统调试																		

注：1. 计划总工日数为27069工日，工程日历天数461天；

2. 本计划安排根据承包合同工期及土建施工进度计划进行设计，若因其他原因造成土建进度节点推后，则本计划顺延；

3. 冷冻机房、锅炉房、电气安装和给排水安装等制约空调系统施工的进度应尽量提前。

月到2001年6月，进入调试、收尾阶段。

工程量见工程施工图预算，安装总工日数为27069工日，工期461天，平均安装人数59人/日。施工进度计划安排见表8-10。

8.5.5 施工准备计划、劳动力及物资计划

(1) 技术准备

①熟悉施工图，学习有关施工及验收规范、标准，会同甲方、现场监理、设计和主要设备厂家进行图纸会审。

②编制详细、切实可行的技术保证措施，从技术上保证工程工期和质量要求。

③编制施工图预算和施工预算。

④编制施工组织设计。

(2) 物资准备、施工现场材料管理计划

①主要材料需用量见表8-11。现场材料供应按照与甲方签订的有关协议执行。

②根据工程进度，由现场施工人员及时提出材料需要计划，报现场材料员准备实施。需外购材料报分公司材料科。对于一般常用材料应尽可能就地采购，减少运输费用。

③为了确保工程质量和进度的正常进行，材料员对进入现场的材料、设备都要严格检查，不合格者均不准用于工程中。一切材料、部件，都应有产品质量合格证书，并保管好技术资料。

主要材料需用量表 表8-11

序号	名称	规格	单位	数量	备注
1	薄钢板	0.5～1.5mm	m^2	7900	
2	镀锌薄钢板	0.3mm	m^2	650	(机房保温)
3	排烟钢管		m	740	
4	蝶阀		个	367	
5	风管止回阀		个	4	
6	多叶调节阀		个	94	
7	电动调节阀		个	5	
8	防火调节阀		个	77	
9	排烟防火阀		个	30	
10	方形活动百叶风口		个	1	
11	方形散流器		个	400	
12	消声百叶风口		个	3	
13	双层百叶风口		个	472	
14	圆管插板风口		个	4	
15	135双层风口		个	23	
16	单面送吸风口		个	9	
17	格栅壁式风口		个	417	
18	防火风口		个	9	
19	多叶送风口		个	60	
20	消声器		个	41	
21	散流器静压箱		个	181	

续表

序号	名　称	规　格	单位	数量	备　注
22	手动密封阀		个	8	
23	自动排气活门		个	3	
24	风机减振器		个	24	
25	玻璃棉保温板		m^3	324	
26	镀锌钢管		m	10500	
27	无缝钢管		m	1160	
28	平衡阀		个	6	
29	单流蝶阀		个	5	
30	电动阀		个	504	
31	闸阀		个	23	
32	中线阀		个	196	
33	减振喉		个	10	
34	水位控制阀		个	1	
35	滤水器		个	5	
36	自动放气阀		个	12	
37	波纹补偿器		个	5	
38	温度计		个	24	
39	压力表		个	22	
40	聚乙烯保温管壳		m^3	22	
41	玻璃纤维铝箔		m^2	16300	

④材料保管：对已到达现场的材料，按“施工现场平面布置图”安排、计划堆放整齐，并有防护措施。易燃易爆物品应隔离堆放，并有防火措施。

⑤凡代用材料，应经设计单位或建设单位认可并签证，方可使用，不得擅自改变设计。

⑥建立和健全材料明细账，按制度现场发料，并做到账、物、卡相符。

⑦当施工进度达到80%左右时，材料员应对现场料具进行一次盘点，对剩余工程用料数量做好预测，防止积压，做到工完场清，努力降低材料消耗。

（3）机具、计量器具计划

①机械设备：大型运输、吊装机械由分公司配备或于当地租赁。现场施工材料吊运作业与土建协商，使用土建单位的吊运机械。施工中常用的机具如：试压泵、套丝机、电焊机、电钻、冲击钻、切割机、卷扬机等，由分公司统一调配。对损坏和不安全的机具及时更换和维修，禁止带病运转。现场设备要有专人负责，应悬挂三牌：操作名牌、设备名牌、岗位责任制标牌。使用时要严格遵守操作规程。在室外放置的机械设备，应有防护措施，避免锈蚀、损坏。

②施工机具：安装用工具要根据施工需要和工种进行配备，尽量配备一些先进的便于操作的工具，以减轻劳动强度，并提高工效。

③为确保本工程质量，必须使用经检查合格并在允许使用期内的计量器具。施工班组必须按照“施工工艺计量检测网络图”配备计量器具，严禁使用不合格或超期未检定的计量器具。计量器具使用人员必须训练掌握所使用的计量器具性能、原理、操作程序、测量方法，保证测试结果准确。使用前认真检查是否处于良好技术状态，使用后做好经常性的

维护保养工作。主要机具和计量器具需要量见表 8-12。

主要机具和计量器具需用计划表　　表 8-12

序号	名　　称	规格型号	单位	数量	备注	序号	名　　称	规格型号	单位	数量	备注
1	电焊机	交流	台	3		14	倒　链	2～10t	台	3	
2	冲击钻	TE22、52、72	台	5		15	汽　车	5t	台	1	
3	套丝机	QT-A1/2-4	台	1		16	汽车吊	5t	台	1	
4	套丝机	QT-B1/2-6	台	1		17	铁水平尺	300mm	把	2	
5	砂轮切割机	ϕ400	台	2		18	铁直角尺	150mm、300mm	把	2	
6	台　钻	ϕ13	台	2		19	塞　尺	2号	把	1	
7	手电钻	ϕ6	台	2		20	钢卷尺	2m、3m	把	4	
8	台式砂轮机	ϕ150	台	2		21	焊接检查尺	0～40mm	把	2	
9	液压开孔机	YL-120	台	3		22	水准仪	Ds1	架	1	
10	通风咬口机	YZL、YZA、 YZA、YW1/ZL	台	5	一套	23	压力表	0～1.6MPa 0～0.6MPa	个	4	
11	折方机	WS-12	台	1		24	万用表	MF	块	2	
12	试压泵		台	1		25	氧气表	0～0.25MPa	块	2	
13	卷扬机	5t	台	1		26	乙炔表	0～0.25MPa	块	2	

(4) 劳动力计划

工程安装总工日数为 27069 工日，平均安装人数 59 人/日。工程主要工种为管道工、通风工、电工、起重工、油漆工、电焊工、气焊工和调试人员，见劳动力需用表 8-13。其中大多数由分公司调配，少量技术要求不高的普工在当地招聘。表中人数是从配合阶段到工程竣工期间的平均工人数，配合阶段人数应减少，安装高峰期人数应增加。

劳动力需用计划表　　表 8-13

序　　号	工　　种	需用人数	备　　注	序　　号	工　　种	需用人数	备　　注
1	管道工	37	配合阶段 2～5 人/日	5	油漆工	4	配合阶段 1 人/日
2	通风工	12	配合阶段 2 人/日	6	电焊工	5	配合阶段 2 人/日
3	电　工	8	配合阶段 2～4 人/日	7	气焊工	3	配合阶段 1 人/日
4	起重工	4	设备、管道安装	8	调　试	4	

8.5.6　施工组织措施

(1) 质量保证措施

①严格工程质量控制，一切为用户着想。将该工程列为“创优”项目，密切与土建公司等单位配合，争创“样板工程”。

②为实现上述目标，施工现场特成立质量管理领导小组，组长：×××；副组长：×××；组员：×××、×××、×××等。领导小组接受分公司主任工程师的领导和技术质量科的监督。

③质量责任制落实：按公司统一制定管理办法，落实各级质量责任制，分头负责，层

层把关，强化现场质量管理，坚持“百年大计，质量第一”的方针，把质量作为施工过程的主题。

④保证措施

(a) 按照材料、工艺、人员等主要环节进行安装质量程序控制，见图 8-15。

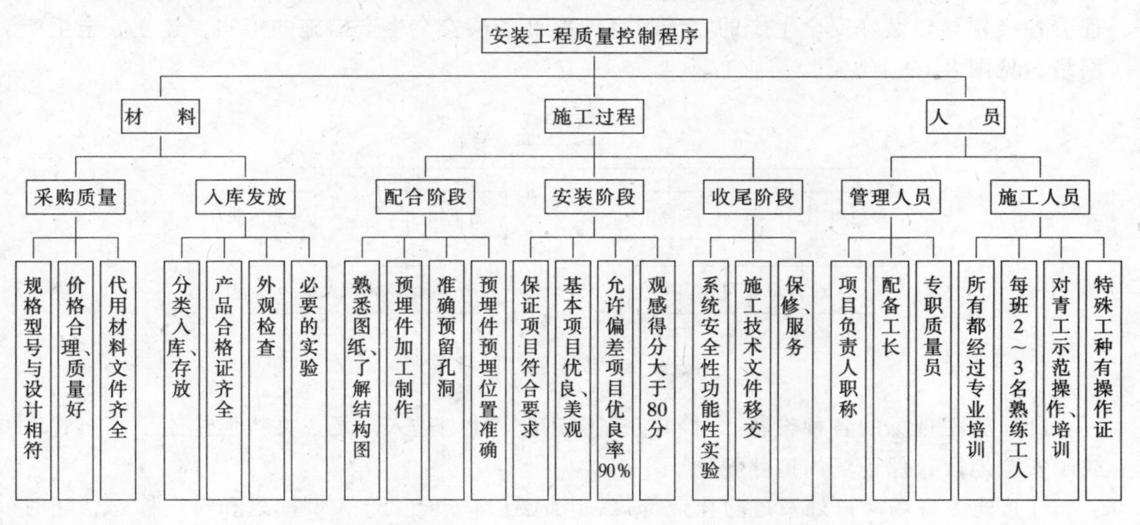

图 8-15 安装工程质量控制程序图

(b) 材料：材料出库依据用料计划，按规格、型号核实并应附有产品合格证。当材质或规格不符合要求时，班组有权拒绝领用；施工中使用材料应按工艺、规格要求，合理配料，保证产品质量。如遇不能处置的质量问题时，应及时向上级反映请求解决。

(c) 施工：施工过程中除应遵守设计、规范、标准等技术文件外，还应依据本施工组织设计进行分项工程质量控制。质量检验要坚持“自检、互检、专检”相结合的三检制；班组每星期一上午为质量安全会，班长应向组员做一周的质量工作小结；班组施工任务书结算实行质量认定，即任务书验收结算必须有专职质量员的签字，否则劳资员不予以结算。

(d) 消除质量通病：施工中必须消除公司在管道、电气、通风（空调）、设备等专业方面总结出的 25 条质量通病。对出现质量通病，采取严管重罚办法，即：每出现一项（处）质量通病，罚款××～××元，同时必须限期整改。

(e) 整改措施：凡出现不合格项，班组任务书暂停结算，同时填写“不合格项处理报告书”，班组一周内必须整改完毕，将整改结果返回质保部门。待整改全部确认后，再作任务书结算。

(f) 为了树立企业信誉，按公司规定，工程质量实行“三级检验一级评定”制，即施工队、工程处、公司三级质量部门检验，公司质量科最后评定质量等级。

⑤施工技术资料管理：各专业施工技术资料（技术资料、评定资料、竣工图、其他）必须随工程同步填写，以确保其真实性和完整性。

⑥质量回访及保修：按施工合同及有关规定，对保修期内出现的安装质量问题，应及时进行处理，保证设计使用功能，做好质量回访工作，虚心听取用户意见，处理存在问

题，做到用户满意。

（2）安全、消防及保卫措施

①施工安全措施

（a）参加施工人员要经过安全教育和岗位安全操作技术教育，熟记安全技术操作规程。各级领导要做好安全生产的宣传教育，抓好各项安全生产措施的落实，建立安全生产网络，见图 8-16。

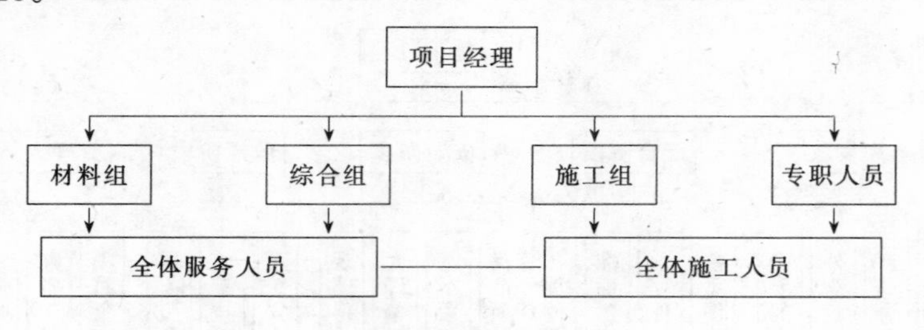

图 8-16　安全管理网络图

（b）施工现场的各种设备、材料应按工期进度计划进入现场，并按照施工平面布置堆放于安全地段，保证场内道路畅通、平整。

（c）施工现场入口处及危险作业部位，均应挂有安全生产大型标语和安全标志，随时提醒职工注意安全生产。

（d）施工人员要服从总包单位的统一安排指挥，遵照《建筑安装工人安全技术操作规程》进行安全生产。施工人员要正确使用安全防护用品。任何人进入施工区域都必须戴好安全帽，高空作业必须挂好安全带，禁止穿拖鞋、高跟鞋进入施工现场。

（e）施工现场临时用电应遵照《施工现场临时用电安全技术规范》的有关规定执行。

（f）电动机具的金属外壳必须接地或接零，所用保险丝的额定电源应与其负荷容量相适应，禁止用其他金属代替。

（g）文明施工，自觉遵守现场管理制度，保护产品安全，防止污染。

②消防措施

（a）对职工进行消防宣传教育，提高职工灭火、防火意识。建立消防管理制度及网络。

（b）施工现场设消火栓，在消火栓周围 5m 内不准堆放物料。

（c）施工现场要备有足够的灭火器材，随着施工进展应分层设置消防器材。

（d）施工现场设置明显的消防标志，特别在装修工程交叉施工阶段，应严格执行动火证制度，提高防火意识。在有易燃物周围动火，应有人监护。

③保卫措施

（a）遵守国家治安管理条例，加强现场保卫工作，建立现场保卫管理网络。

（b）建立施工人员出入证制度，凭证出入施工现场，严防不法分子偷盗破坏。

（c）夜间必须设立保卫值班人员，搞好现场治安保卫工作，严厉打击各种犯罪活动。

④降低成本措施

（a）合理使用机械，提高机械综合使用率。

（b）合理安排现场材料堆放，减少二次搬运费用。

(c) 对施工班组实行经济承包制，降低材料损耗。

(d) 编制降低成本计划表，并进行综合评价分析。

8.5.7 主要经济技术指标测算

1. 每平方米产值 $= \frac{\text{工程预算造价}}{\text{建筑面积}} = \frac{6188000}{28000} = 221$ 元/m^2

2. 单位产品劳动力消耗 $= \frac{\text{计划总工日}}{\text{建筑面积}} = \frac{27069}{28000} = 0.96$ 工日/m^2

3. 安全、质量指标：确保不发生重大事故，一般事故率控制在1‰以下，工程合格率100%，工程质量优良率达到95%以上。

8.5.8 临时设施及总平面布置

该工程场地狭小，安装工程的现场加工及材料堆放场地需另行考虑。现场平面图布置如图所示（略），生活设施占地15m×25m；消防采用泡沫灭火器、消防桶等措施；生活、生产用水接总承包单位布置的临时水源，引入管径为*DN*50；电源由现场变压器配电室引入。

第9章　建筑设备安装工程项目管理

9.1　建筑安装工程项目管理概述

项目管理是有计划有步骤地对项目或一次性任务进行高效率的计划、组织、指导和控制过程，其本质是一个对项目实施过程中各管理阶层所给予的责任和权力完整的制度。

施工项目管理是以工程建设项目为对象，项目经理责任制为基础，施工图预算为依据，承包合同为纽带，最佳效益为目的，从工程的投标、开工到验收交付使用的一次性整个过程中项目的工期、质量、成本、安全等进行系统计划、组织、协调、控制的管理的方法。

受工程项目自身特点决定，施工项目管理是一次性内部施工任务承包管理方式，管理过程是以达到施工合同中规定的施工任务、工期、质量等为目标，对涉及的人、财、物、空间、时间、信息等各种因素综合考虑。

9.1.1　项目管理的基本职能

(1) 计划职能：对项目全过程、全部目标和全部活动编制计划，用一个动态的计划系统来协调控制整个项目，以便提前预见问题，使项目协调有序地达到预期目标。

(2) 组织职能：通过职责划分、授权、合同的签订与执行和运用各种规章制度等方式，建立一个高效率的组织保证系统，以确保项目目标的实现。

(3) 协调职能：项目不同阶段、不同部门、不同层次之间存在着大量结合部，这些结合部的协调与沟通是项目管理的重要职能。

(4) 控制职能：按照项目计划对目标进行分解，提出阶段性目标和各种指标定额，检查执行情况，以及对实施中的信息反馈、决策和调整来实现目标。工程项目的控制往往以质量控制、工期控制和成本控制为中心内容。

9.1.2　施工企业项目管理的工作内容

施工企业项目管理的工作内容主要包括以下三方面内容：

(1) 资源管理：基本内容是确定施工方案，作好施工准备。具体包括施工方案的经济比较，选定最佳施工方案；选择适用的施工机械；设计施工平面图，确定各种临时设施的数量和位置；确定各工种人工，机具和材料的需要量等工作内容。

(2) 施工管理：基本任务是编制施工进度计划，在施工中检查执行情况，并及时调整，以确保工程按期竣工。主要内容有编制施工进度计划；建立检查进度计划的报表制度和信息处理程序；施工图纸供应情况的监督检查；物资供应情况的监督检查；劳动力调配情况的监督检查；工程质量管理。

(3) 合同与造价管理：基本任务是投标报价，签订合同，结算工程款，控制成本等。主要内容包括制定投标报价方案；与发包单位、分包单位和供货单位签订合同；检查合同执行情况，处理索赔事项；工程中间验收及竣工验收、结算工程款；控制工程成本；月度结算和竣工决算及损益计算。

9.2 建筑安装工程项目计划

9.2.1 工程项目计划管理的概念

工程项目计划是对工程项目预期目标进行筹划安排等一系列活动的总称。项目计划是工程项目的决策过程，工程项目计划规定了项目实施的目标和实施方案，是工程项目实施的指导文件。工程项目计划管理是通过搜集、整理和分析项目相关信息，分析项目的可行性、规划预期目标及安排实施方案，使人力、材料、机械、资金等各种资源在工程项目实施的全过程得到充分运用，实现预期目标的规划、组织、指导和控制过程。

工程项目计划管理可概括成计划编制（P）、计划实施（D）、计划检查（C）和采取措施（A）四个过程。计划编制指通过编制计划，落实有关方面的工作和责任，协调内部和外部的活动，作好综合平衡和优化组合。计划实施指有关方面按计划组织实施，根据计划相互配合协作。计划检查是检查计划实施过程中出现的偏差，分析偏差产生原因。采取措施是在发现偏差后，根据偏差产生的原因。采取措施进行补救，并对计划进行调整的过程。计划管理过程如图 9-1 所示。

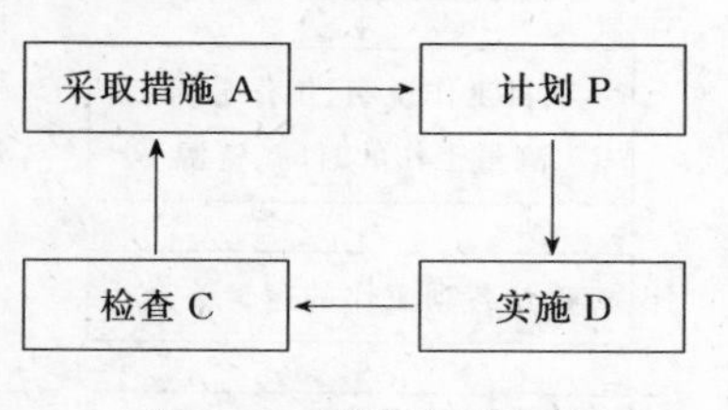

图 9-1 项目计划过程

大型工程项目计划一般要根据项目实施的进度分成若干个阶段的计划，近期计划要求具体、中期简要一些、远期更简要。计划管理过程不但要对本期计划进行编制、实施、检查和调整，还要根据本期计划的实施情况，对以后的计划进行检查、修订和调整，所以工程项目计划管理是一个滚动前进过程。

9.2.2 工程项目计划的内容

(1) 项目计划系统

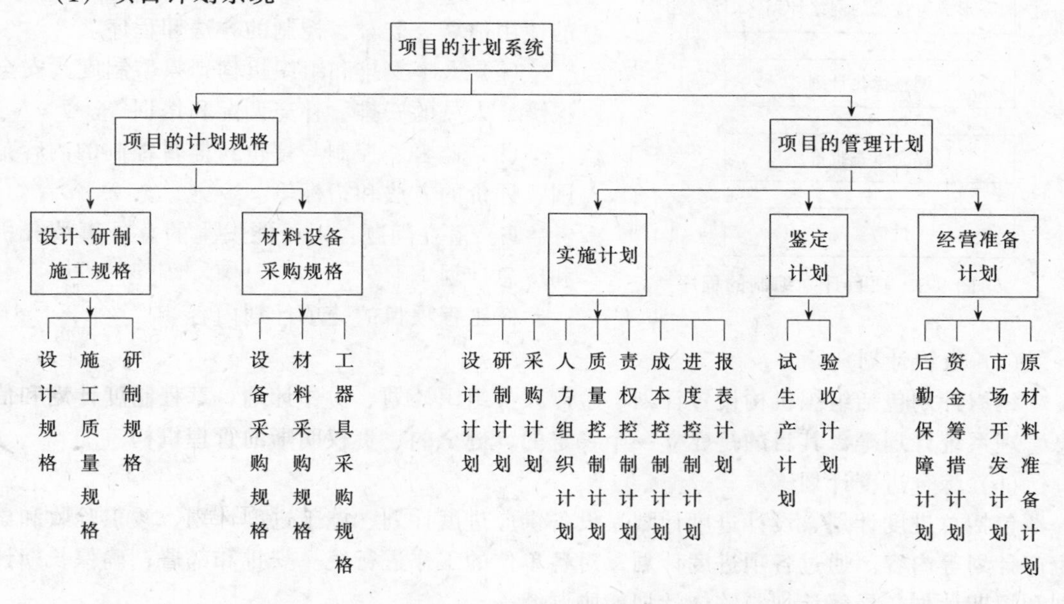

图 9-2 项目计划系统图

项目计划系统是项目计划编制的纲要，包括项目计划规格和管理计划两部分。项目计划规格是在编制计划前，对项目的设计、设备材料的采购、施工等的技术要求，如使用的规范、标准等。项目管理计划是对项目中各项工作进行计划、组织、协调、控制的计划文件，这些文件中包括各项工作的目标、任务、要求和相应的安排、组织和控制方法等内容。项目计划系统如图 9-2 所示。

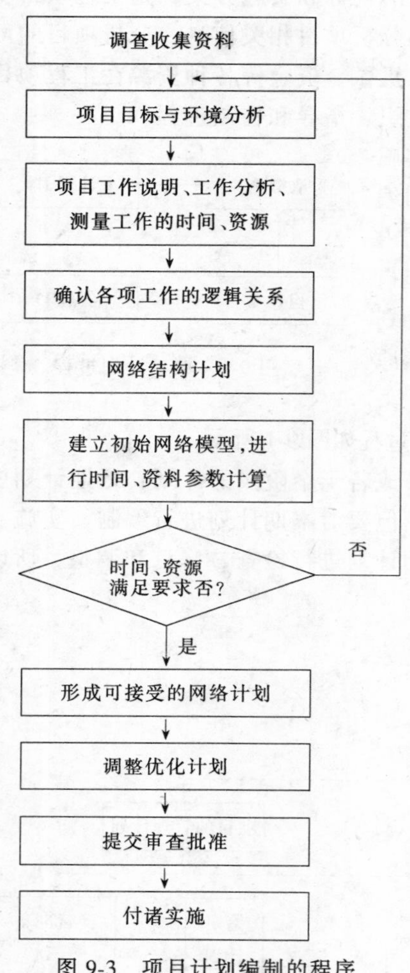

图 9-3　项目计划编制的程序

(2) 工程项目计划的编制程序和内容

①工程项目计划编制的程序

项目计划编制的程序如图 9-3 所示。

②工程项目的总体计划内容

工程项目的总体计划包括以下基本内容：

(a) 总则：对项目的总体介绍，包括工程项目概况，项目各方的责、权、利，项目管理机构，项目规格标准等。

(b) 项目的目标和基本原则：项目总目标详细说明，项目组织形式，各方关系和一些特殊规定。

(c) 项目实施总方案：包括技术方案和管理方案。

(d) 合同形式：项目合同类型和主要内容要求。

(e) 进度计划：总进度计划和各项工作进度安排。

(f) 资源使用：资金、人力、设备、材料等的使用估算、监督、控制的方法和程序。

(g) 人事安排和组织机构：人事制度、安全保障，人员的安排、补充调配和培训等。

(h) 监督、控制与评价：监督控制的内容范围，评价的方法和指标等。

(i) 潜在问题：对可能发生的意外事故分析和应急计划。

③工程项目的分项计划内容

(a) 组织计划

组织计划包括组织机构设置计划、生产人员组织计划、协作计划、章程制度计划和信息管理系统计划等，其目的是建立一个稳定的、健全的、责权明晰的管理机构。

(b) 综合进度计划

包括总进度计划、设计进度计划、设备供应进度计划、施工进度计划、竣工验收和试生产计划等内容。通过各项进度计划，对各单位的工作进行统一安排和部署，确保长期计划和短期计划、局部计划与整体计划能协调统一。

(c) 经济计划

包括劳动力工资计划、材料计划、构件及加工半成品需用量计划、施工机具需用量计划、项目成本降低计划、资金使用利润计划等。

(d) 物资供应和设备采购计划

确定物资供应和设备采购的方针、策略、数量、顺序、到货时间和地点等，满足工程施工需要。

(e) 施工总进度计划和单位工程进度计划

根据综合进度计划的要求，编制施工总进度计划和单位工程进度计划，合理安排各施工项目的先后顺序、开竣工时间和搭接关系，平衡各施工阶段的资源需用量和投资分配。

(f) 项目质量计划

根据工程要求、施工技术和管理水平确定质量目标和各阶段的质量管理要求。

(g) 报表计划

规定报表内容和信息范围，报表时间，报表填写负责人和接受对象。

(h) 应变计划

"意外需要"的储备，当产生意外情况时，"意外需要"的使用的规定和计划。

(i) 竣工验收计划

明确工程验收的时间、依据、标准、程序和工程移交时间等。

9.3 建筑安装工程项目组织

9.3.1 组织机构

(1) 项目组织机构设置原则

①项目组织机构在保证满足必要职能的前提下，要精简机构、提高效率，以求高效精干。

②适当划分管理层次，保证管理跨度的科学性，使各级管理人员在一定的工作范围能集中精力实施有效管理。

③组织管理机构形成一个完整系统的机构体系。各职能部门之间形成一个相互制约、相互协调的封闭性有机整体。

④因事定岗、按岗定人、以责授权，保证人负其责，事不落空。

⑤适应工程项目变化需要，实行弹性组织机构和管理人员流动制度。

(2) 项目组织机构的形式

建设单位的项目管理组织机构形式有指挥部制、工程监理代理制、交钥匙管理制和建设单位自组织等方式。

指挥部制是由建设单位、设计单位、施工单位及有关主管部门联合组成指挥部，实行指挥部首长负责制。统一指挥施工、设计、物资供应等工作。指挥部制有现场指挥部、常设指挥部和工程联合指挥部等形式。

工程监理代理制是建设单位与施工单位和监理单位分别签订合同，由监理单位代表建设单位对项目实施管理，对施工单位进行监督。项目拥有权和管理权分离，由专业监理机构对项目进行管理、监督、控制、协调。工程监理代理制是国际通行的工程管理方式，我国正大力推广。

交钥匙管理制，由建设单位提出项目使用要求，将项目从设计、设备选型、工程施工验收等全部委托给一家承包公司，工程完成后，即可使用。

建设单位自组织制适用于建设单位自身有一定工程管理能力，在工程不复杂的中小型项目中有时采用。

工程承包单位的项目管理组织机构受其企业管理组织机构设置方式制约。组织机构的主要形式有：直线职能式、事业部式、混合工程队式、矩阵式等。

①直线职能式

直线职能式是一种集权式组织形式。这种方式吸收了直线式命令畅通和职能式专业分工强的特点，一方面权力从企业负责人到施工队自上而下形成直线控制，下级对上级负责，企业负责人通过其下各级负责人下达命令，实行纵向管理；另一方面，通过下属各职能部门对各专业分工进行横向领导。管理领导线路有两条：

主线（纵向）：总经理→职能部门经理→工程处→工区→施工队

辅线（横线）：总经理→职能部门→专业施工队

直线职能式管理模式见图 9-4，管理过程要求主线和辅线的命令相互协调统一。

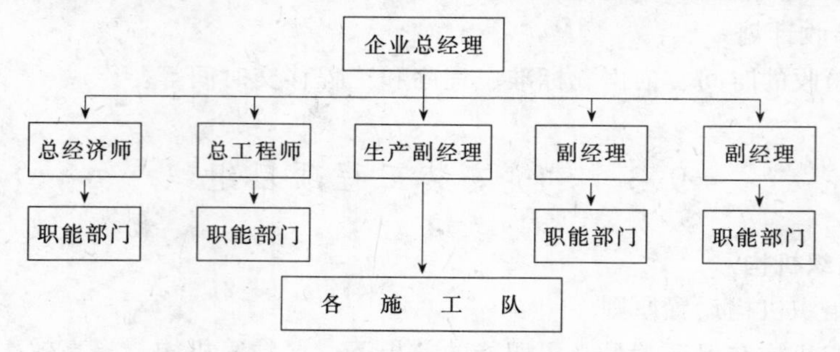

图 9-4　直线职能式管理结构

②事业部式

对于有些大型综合性企业，由于企业业务范围广，采用直线职能式组织方式权力过分集中，不利于各部门充分发挥作用，可采用事业部式管理方式。这种方式将企业划分成若干个相对独立的职能部门，对各部门职能范围内给予较大的管理权力，由各部门对现场施工直接指挥。其特点是由专业职能部门直接管理、分工明确，保证决策正确；命令统一，执行畅通；但每个工程项目需要一套管理机构、人力资源需要量大；各职能部门横向联系不便。管理组织结构如图 9-5 所示。

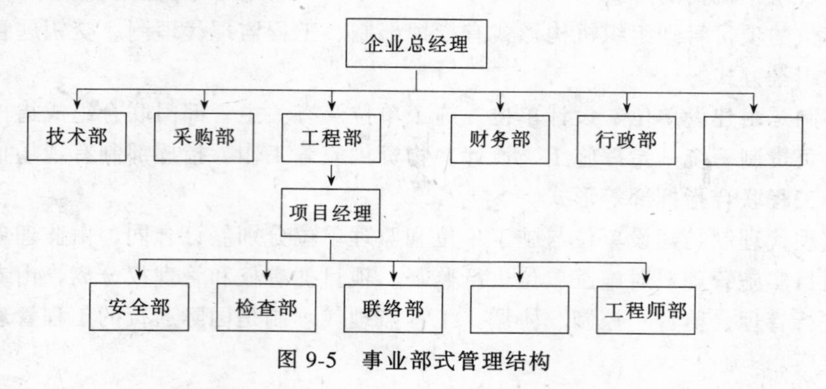

图 9-5　事业部式管理结构

③混合工程队式

按照对象原则组成管理机构，企业职能部门配合工程对象，处于服从地位。由企业任命项目经理，项目经理从企业各部门抽调或聘用各专业人员组成项目管理班子，抽调施工队组成混合施工队。管理人员和施工队在项目进行期间，与原部门脱离管理关系，重新组成新的项目管理经济实体，只对项目负责。项目完成后，人员返回原部门。这种管理方式的特点是对象明确、权力集中；各专业现场配合管理、决策及时、工作效率高。适用于大型项目或工期要求紧的项目。混合工程队式管理组织结构如图 9-6 所示。

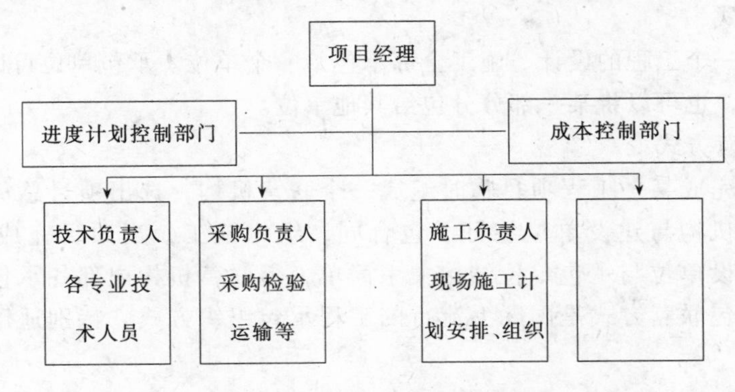

图 9-6　混合工程队式管理结构

④矩阵式

矩阵式管理方式综合了事业部式和混合工程队式管理的优点，一方面要求工程队专业分工长期稳定，另一方面要求项目组织有较强的综合性。把职能原则、对象原则结合起来，发挥项目管理组织的纵向优势和企业职能部门的横向优势。图 9-7 为矩阵式管理的结构图。图中纵向表示不同的职能部门，负责对项目的监督、考察管理，部门人员不抽调到各项目中；横向表示项目，设项目经理，领导各专业人员的工作。矩阵式管理方式对项目双向领导，要求管理水平高，项目经理责任大于权力，可利用尽可能少的人力实现多项目管理。这种方法适用于大型复杂的项目和企业同时承担多个项目的管理。

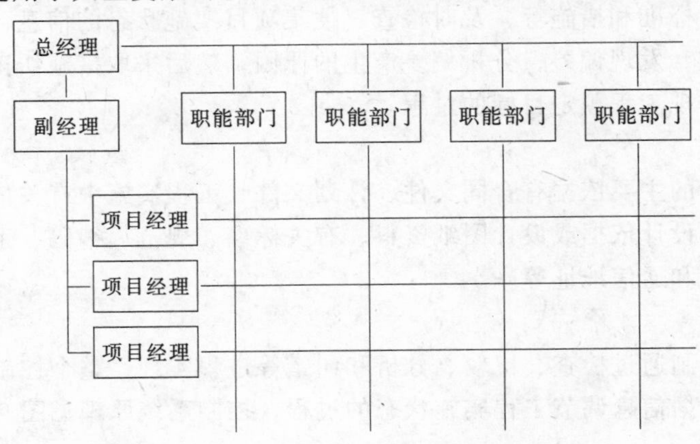

图 9-7　矩阵式管理结构

9.3.2　组织方式

项目管理的组织方式有平行承发包方式、总分包方式、全包方式和承包联营方式等。

（1）平行承发包方式

平行承发包方式是建设单位把工程项目的施工任务分别发包给不同的施工单位，各施工单位之间的关系平行。这种组织方式可以加快工程进度、提高工程质量，但需要较多的协调工作。

（2）总分包方式

是指建设单位把工程的全部施工任务承包给一个施工单位，该施工单位再将其中的任务分解承包给其他施工单位。

（3）全包方式

建设单位把一个工程的设计、施工全部承包给一个单位。承包单位可以独立完成整个设计、施工任务，也可以将某一部分分包给其他单位。

（4）承包联营方式

若干企业为完成某一工程项目临时组成一个联营机构，选出项目总负责人，统一指挥、协调，联营机构与建设单位签订承包合同，组织施工，当项目完成后联营机构解散。这种方式建设单位与承包单位结构关系简单，但联营机构内部各承包单位之间应作好协调工作。承包联营方式是国际上流行的工程承包组织方式，特别适用于大型工程中采用。

9.4 建筑安装工程项目控制及协调

工程项目的实施是一个动态的、随机、多方的过程。为了实现工程项目管理目标，工程项目的参与者必须以工程承包合同、工程项目计划和有关规范标准等为依据，围绕项目的工期、成本和质量，对工程的实施过程进行全面、周密的监控，对项目实施过程中涉及的各方进行协调。

9.4.1 工程项目控制的依据、原理及各方关系

工程项目的控制是指在实现工程项目目标的过程中，项目管理机构依据事先拟定或认可的计划、原则、标准和措施等，及时检查、搜集项目实施状态的信息，并将之与原定计划或标准进行比较，发现偏差，分析偏差产生的原因，然后采取措施纠正偏差，保证施工计划正常进行，实现工程预定目标的过程。

（1）控制依据

工程项目控制的主要依据有合同文件、计划文件、工程实施中有关信息、项目的总进度计划、总预算、设计依据或设计图纸资料、有关标准、规范、编码、手续步骤及项目主要参与人员的名单和通信地址等。

（2）控制原理

工程项目的控制通过检查、比较、分析和纠错等过程实现，整个控制过程是一个信息的采集、反馈及根据信息调节工程实施状态的过程，控制系统原理见图 9-8。

（3）各方关系

工程项目的控制是由业主、设计单位、监理单位和工程承包商共同协作完成的，各方在项目控制中的关系如图 9-9 所示。

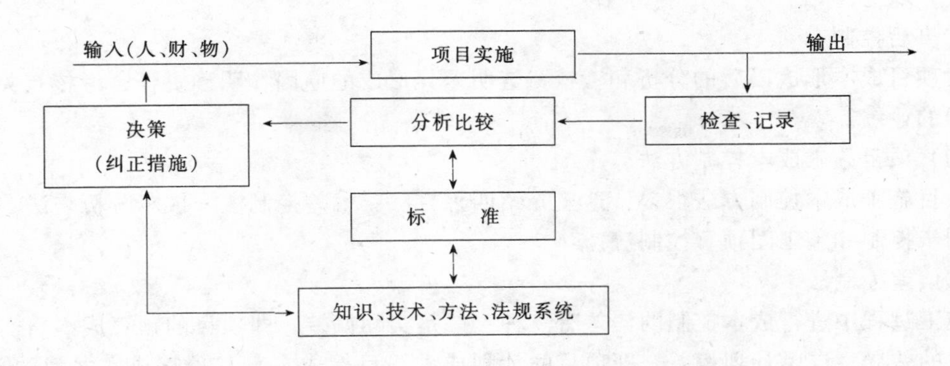

图 9-8　工程项目控制系统

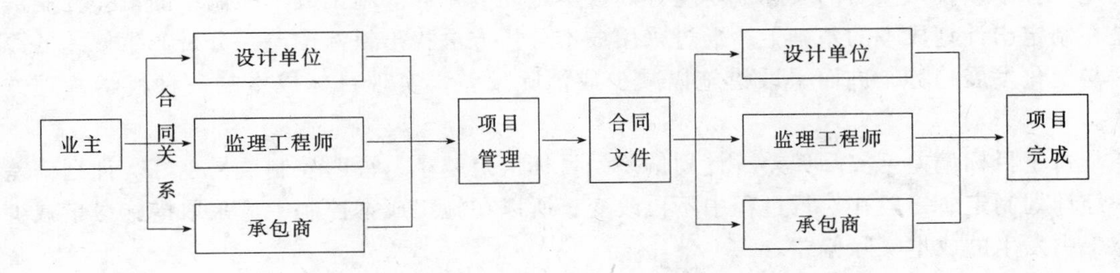

图 9-9　项目控制中各方的关系

9.4.2　工程项目成本控制

项目成本控制是针对施工单位而言的，对于建设单位，与之对应的是项目投资控制。

项目投资控制是在不影响工程进度、质量和生产安全的前提下，将项目实际支出控制在预算范围之内。控制过程是首先将计划投资额作为投资控制目标，再与工程项目实施过程的实际支出比较，找出偏差，并采取有效调整措施进行控制。

建设单位通过编制投资使用计划控制投资，投资计划可以用文字文件的形式说明投资总限额和分阶段分项工程投资限额，也可以用“时间—投资分配图”或“时间—投资累计图”进行分析控制。

项目成本是指项目进行过程中发生的费用的总和，包括人工费、材料费、机械使用费、其他直接费和管理费用。项目的施工成本是项目成本的主要部分，工程项目成本控制主要是指对施工成本的控制。工程项目成本控制是指在施工过程中，对各项生产费用的开支进行监督，及时纠正发生的偏差，把各项费用支出控制在计划成本规定的范围之内，以保证成本计划的实现。

(1) 项目成本控制的内容

①事前控制

包括进行成本预测、参与经营决策、编制成本计划、确定成本目标、规定成本限额以及建立健全成本管理责任制、实行成本归口管理等内容。

②成本计划执行中的控制

包括对生产资料消耗的控制、人工费的控制和费用开支的控制等。在计划执行过程中，按照成本计划人力、工料和机械设备的消耗定额、费用开支标准等对实际成本发生的时间、数量作用等进行检查、分析、调整，确保达到成本控制目标。

③事后控制

对项目成本形成以后的分析和考核，查明差异形成的原因，明确责任，考核有关人员和部门的业绩。

(2) 项目施工成本控制方法

项目施工成本控制方法很多，这里介绍四种方法：偏差控制法、成本分析表法、进度成本同步控制和施工图预算控制法。

①偏差控制法

施工过程中进行成本控制的偏差有三种：一是实际偏差，即项目的预算成本与实际成本之间的差异；二是计划偏差，即项目的计划成本（目标成本）与预算成本之间的差异；三是目标偏差，即项目的实际成本与计划成本之间的差异。施工成本控制中的偏差控制法是在制定出计划成本的基础上，通过采用成本分析方法找出目标偏差并分析产生偏差的原因与变化发展趋势，进而采取措施以减少或消除偏差，实现目标成本的一种科学管理方法。

由于目标偏差=实际偏差+计划偏差，目标偏差越小，说明控制效果越好。计划偏差一经计划制定，一般在执行过程中不再改变，所以在施工成本控制中应采取措施尽量减少施工中发生的成本实际偏差。

②成本分析表法

施工成本控制的成本分析表包括成本日报、周报、月报表，分析表和成本预测报表等。成本分析表法是利用表格的形式调查、分析、研究施工成本的一种方法。成本分析表要简要、迅速、正确。

③进度——成本同步控制法

进度——成本同步控制法是运用成本与进度同步跟踪的方法控制工程的施工成本。成本控制与计划管理，成本与进度之间有必然的同步关系。计划进度与计划成本（目标成本）对应，实际进度与实际成本对应，即施工到什么阶段，就应该发生相应的成本费用。以计划进度控制实际进度，以计划成本控制实际成本，随着每道工序进度的提前或延期，对每个分项工程的成本实行动态控制，以保证项目成本目标的实现。如果成本与进度不对应，就要作为“不正常”现象进行分析，找出原因，并加以纠正。

④预算控制法

采用量入为出的原则，根据施工图预算中人工费、材料费、机械使用费和管理费的指标和费用控制施工过程费用。在工程项目施工过程中应综合考虑正常人工费用、定额外人工费用和奖励费用，合理安排工程用工，要减少窝工或突击赶工造成的人工费用增加，将工程实际发生的人工费控制在施工合同规定的预算人工费以下。材料费的控制包括材料的消耗控制和采购成本控制两方面。材料的消耗可采用“限量领料单”控制；采购成本控制要求实际采购单价不大于预算材料单价，为此，材料采购管理人员应掌握市场材料价格变化信息，如遇材料价格大幅上升，应向定额管理部门反映，并争取甲方补贴。机械使用费控制要求合理安排施工机械的使用，提高机械的使用率，由于工程施工的特殊性，当实际发生的机械使用费用明显大于预算费用时，可争取机械使用费补贴，将实际机械费支出控制在预算机械使用费和机械使用费补贴之内。在工程项目实施过程精简管理机构、减少管理层次、提高工作质量和效率是降低工程管理费用的主要途径。

9.4.3 工程项目进度控制

施工项目进度控制是指在既定的工期内，按照实现编制的进度计划实施，并在执行过程中不断地检查实施情况，与原计划比较，找出偏差，分析偏差产生原因和对工期的影响，提出必要的调整措施，直至工程竣工验收。进度控制的目的是确保项目按既定工期目标实现，或在保证工程质量和不增加实际成本的前提下，适当缩短工期。建设项目进度控制实施系统如图9-10所示。

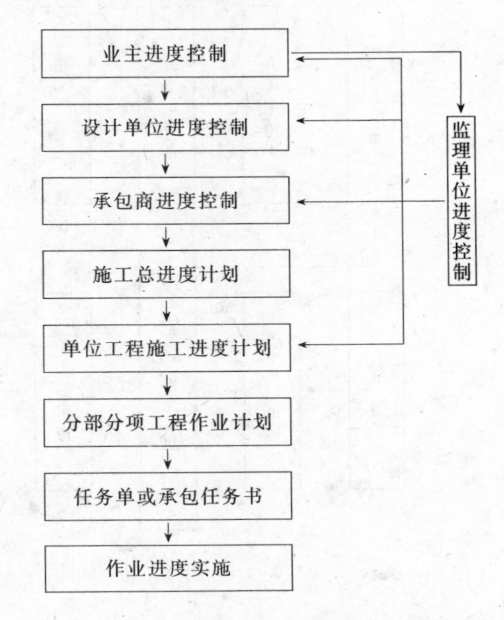

图 9-10 建设项目进度控制实施系统

(1) 进度控制的内容

进度控制的实施分为项目施工阶段进度目标的分解、各施工阶段进度目标的确定和施工阶段进度控制。施工阶段进度控制包括以下内容：

①事前控制

包括编制施工进度控制工作细则，编制和审核施工总进度计划、单位工程施工进度计划和年度、季度、月度工程进度计划等。

②进度计划执行中的控制

现场跟踪检查工程进展情况，搜集、审核进度数据资料，分析偏差产生的原因，采取措施并调整进度计划等

③事后控制

包括归类整理工程进度资料并建档，修改、调整验收阶段进度计划，组织验收等。

(2) 进度控制的方法和措施

①进度控制的方法

进度控制的方法主要有规划、控制和协调。所谓规划，就是确定项目总进度目标和分进度目标；所谓控制，就是在项目进展的全过程中，进行计划进度与实际进度的比较，发现偏离，及时采取措施纠正；所谓协调，就是协调参加单位之间的进度关系。

②进度控制的措施

包括组织措施、技术措施、合同措施、经济措施和信息管理措施。

组织措施主要有：落实项目经理班子中进度控制部门的人员及个体控制任务和管理职能分工；进行项目分解，并建立编码体系；确定进度协调工作制度；对影响进度目标实现的干扰和风险因素进行分析。技术措施则是采用各种先进的施工方法以加快施工进度。合同措施主要有分别发包、提前施工，以及各合同的合同期与进度计划的协调等。经济措施主要是保证资金供应。信息管理措施主要是通过计划进度与实际进度的动态比较，定期地向建设单位提供比较报告等。

9.4.4 工程项目质量控制

工程项目质量控制是工程项目各项管理工作的重要组成部分。它是工程项目从实施准

备到交付使用全过程中，为保证和提高工程质量所进行的各项组织控制、管理工作。保证和提高工程质量，是工程项目经理、各有关职能部门和全体职工的共同责任。工程项目质量控制系统如图 9-11 所示。

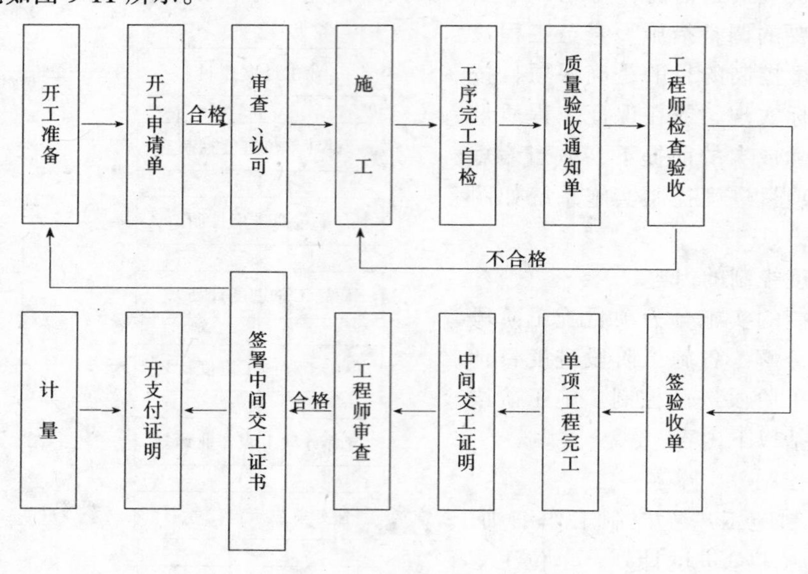

图 9-11　工程项目质量控制系统

工程项目质量控制工作主要包括以下内容：

①贯彻国家和上级有关质量管理方针政策、标准、规范、规程和制度，制订本工程质量计划和工艺标准。

②编制并组织实施工程项目质量计划。

③运用全面质量管理的思想和方法，实行工程质量控制。

④进行工程质量检查。

⑤组织工程质量的检验评定工作。

⑥工程质量的回访。

我国已在各行业内展开 ISO9000 系列质量认证，ISO9000 族质量认证体系对于质量管理有一整套的模式。关于 ISO9000 族质量认证体系的介绍见第 10 章第 5 节有关内容。

9.4.5　工程项目协调

施工项目一般实施周期长、涉及方面多，只有协调好涉及和参加项目建设的各个单位、各个部门及各方人员的工作，才能调动工作人员的积极性，保证项目顺畅运行，提高组织管理效率，确保项目目标的实现。项目的协调包括项目内部的协调和项目外部的协调。

(1) 项目内部的协调主要有人际关系的协调、组织关系的协调和供求关系的协调等。

①人际关系的协调包括项目组织内部的人际关系，项目组织与关联单位的人际关系。人际关系的协调主要解决人员之间在工作中的联系和矛盾。

②组织关系的协调主要是解决项目组织内部的分工与配合问题。

③供求关系的协调包括项目实施中所需的人力、资金、设备、材料、技术、信息的供

应，主要通过协调解决供求平衡问题。

（2）对项目外部的协调主要有配合关系的协调和约束关系的协调两方面。

①配合关系的协调包括施工公司、建设单位、设计单位、分包单位、供应单位、监理单位之间在配合关系上的协调和步调一致，以达到同心协力之目的。

②约束关系的协调主要是为了解和遵守国家及地方在政策、法规、制度等方面的制约。求得执法部门的指导和许可。

项目协调的方法有激励、交际、批评、会议、会谈、报表计划和报告等。

第 10 章　建筑设备安装企业管理

10.1　安装企业管理概述

10.1.1　企业管理的特点

企业是从事生产、流通或服务性经济活动的赢利性经济组织。建筑设备安装企业属于施工企业，施工企业是从事建筑工程项目物质产品生产经营的企业。施工企业具有以下区别于一般工业企业的特点：

（1）产品的固定性和多样性

建筑产品必须在固定地点施工建造，建成后不能移动，因此不能像其他工业产品一样在移动的生产线生产。建筑产品是典型的单件施工，每个建筑产品都有特有的设计图纸，各自的功能、规模、内容、构造、材料和环境也都不相同。

（2）施工的流动性和综合性

由于产品的单件性，施工企业没有固定、稳定的生产条件，生产人员要按照一定工序，随着建筑产品生产需要不断地转移生产位置，当一个建筑产品完成后，进入另一个生产环境中重新安排生产。生产过程涉及企业与外部以及企业内部多个工种、部门在时间上和空间上的配合。

（3）施工周期长、变数多、生产均衡性差

相对于一般产品的生产，工程项目具有投资大、工作量大、施工周期长、生产均衡性差的特点。因为施工工序多、周期长、涉及关系复杂，且多数是露天作业，施工过程很难完全按照预定的计划执行，在施工中需要根据出现的新情况不断调整计划。

（4）先确定施工任务再施工

由于产品的单件性和投资较大，建筑产品的生产多是经过招投标，在签订施工合同之后以承包形式进行施工。产品的价格是根据施工工作量，按照统一的定额，通过预算、决算方式确定。

施工企业的生产、经营管理都要与其生产过程和产品的特点相适应，因而具有以下特点：

（1）施工过程必须根据不同的生产对象制定不同的施工方案、施工方法，组织多部门、多工种协调配合。

（2）在施工过程中要根据施工的自然条件、技术条件和社会经济条件，解决好施工企业内部关系和施工企业与外部的关系。

（3）企业管理体制要求既有企业整体经营发展的机构和计划，也有满足工程项目管理的机构和计划。企业的管理层次和机构要求能根据施工对象的变化做出及时的调整。

（4）由于生产的均衡性差，要求在施工管理中，对于人力、机械、资金等能灵活调配，既要满足生产要求，又不能在施工任务少时增加企业负担。

10.1.2 企业管理原理

(1) 系统原理

系统是指各个相联系的要素之间所构成具有特定功能的有机整体。要素既是构成系统的基本成分，同时又是下一级要素的系统。系统各要素之间、系统与要素之间、系统与环境之间相互联系，形成多层次、多种结构形式的关系。通过这些联系，系统在一定的环境条件下能产生其特有的功能。企业管理中应用系统的原理是因为在企业活动中，企业的各个管理职能、企业各要素存在多层次的联系，是一种系统性的活动。

在企业管理中应用系统原理，首先要建立系统的管理观念，如整体性观念、层次观念、目的性观念和环境适应性观念。其次要在企业管理过程中运用系统分析的方法，了解企业管理系统的要素、分析研究管理组织结构和各职能部门之间的联系、掌握管理系统的功能和发展。

(2) 人本原理

人本原理是指在企业管理活动中应以调动人的积极性、主观能动性和创造性为根本，并设法满足人的物质需要与文化素质、精神追求。人本原理要求在管理活动中重视人的因素的重要作用，通过调动人的积极性、主观能动性和创造性来提高管理效率和效益。

(3) 权变原理

企业管理的权变原理是指在管理组织活动的环境和条件不断变动的前提下，管理应因人、事、时、地而权宜应变，采取与具体情况相适应的管理对策，以达到管理目标。权变原理要求在管理过程中做到灵活适应、注意反馈、弹性观点、适度管理。

(4) 效益管理

效益管理包含企业管理的目标是追求效益；组织或其活动的效益首先要通过提高管理水平获得；管理活动要注意其工作的有效性；影响效益的因素可从多个角度分析；管理对效益的追求是多方面的内容。

10.1.3 企业管理职能

施工企业的管理职能主要包括计划职能、组织职能、指挥职能、控制职能和激励职能。与项目管理不同，施工企业的管理职能主要是针对企业生产、经营过程而言。其任务是把握、调整企业的发展方向；协调整个企业内部、企业与外部环境之间的关系；保证企业正常生产、经营活动，是企业宏观管理职能。项目管理的计划、组织、协调和控制职能主要是针对工程项目而言，其任务是充分发挥项目经理部内部管理能力和施工能力，保证项目能完成成本、质量、工期等指标，达到一定的经济效益和社会效益，是施工企业对于项目的微观管理职能。

(1) 计划职能

计划职能是企业在对生产经营环境调查预测的基础上，根据客观需要和主观条件确定企业生产经营目标和实现目标的行动方案、方针等。计划职能是企业管理的首要职能，企业的一切管理活动都始于计划职能并为之服务。计划职能的基本工作内容包括：确定目标、制定行动方案、预算资源投入和规定企业行为准则。

(2) 组织职能

组织职能是为了实现企业生产经营目标和计划，对企业系统的各种构成要素和生产过程中各个环节在时间和空间上的组织，协调统一各部门、各工种、各工序，使企业各要素得到最优结合和充分利用，保证企业生产经营活动能顺利进行。组织职能包括合理的设置管理机构、明确各职能机构的职责和权限、规定各级主管人员的权力和责任等。

(3) 指挥职能

指挥是指管理者对下级各类人员发布命令、指派任务、提出要求并限期完成的过程。指挥职能是保证生产经营过程各部门和个人步调一致，在企业运行中保持平衡的重要手段，是有效实施组织职能的关键。

(4) 控制职能

控制职能是指在计划执行过程中，通过检查、考核、测定、评估等形式和手段，掌握管理对象的实际情况和有关指标，并与计划对比，找出差异，及时采取纠正措施的过程。控制包括预先控制、过程控制和反馈控制，分别针对生产经营计划实施之前的准备、实施过程中的检查、纠偏和计划周期结束后的总结。控制职能由三个要素组成：控制标准的制定，控制对象实际状态的测定，采取纠正措施。控制标准包括各种技术标准、管理标准、工作标准和制度等；控制对象实际状态的测定包括对工期、成本、质量、库存、财务等的测定、考核等；纠正措施是将控制对象实际状态的测定的结果与控制标准比较，找出差距，分析原因，采取针对性措施。

(5) 协调职能

企业与外部之间的关系不能完全用计划解决，更不能采用指挥职能；即使在企业内部，仅靠计划、组织、指挥和控制职能也难以达到保证生产经营完全按照计划进行。企业管理的协调职能是通过联系、磋商和调度等方式，以求企业与外部及企业内部各职能部门之间在生产经营各环节上能良好配合，减少脱节，实现计划目标。

(6) 激励职能

利用精神激励和物质激励，调动职工的积极性、主动性和创造性。

10.1.4 企业管理系统

(1) 企业管理系统的要素

企业的管理系统是由人、财、物、信息和任务五个基本要素构成，见图 10-1。

各种要素中，人既是管理的实施者，是管理的主体，也是管理的对象。因为人具有能动性，企业的管理水平关键在于发挥人的能动性，所以人是企业管理系统第一要素。构成管理系统的五个基本要素是不断流通的，企业管理的任务就是掌握流通的条件，保障流通，特别是人流、物流和信息流的顺畅。

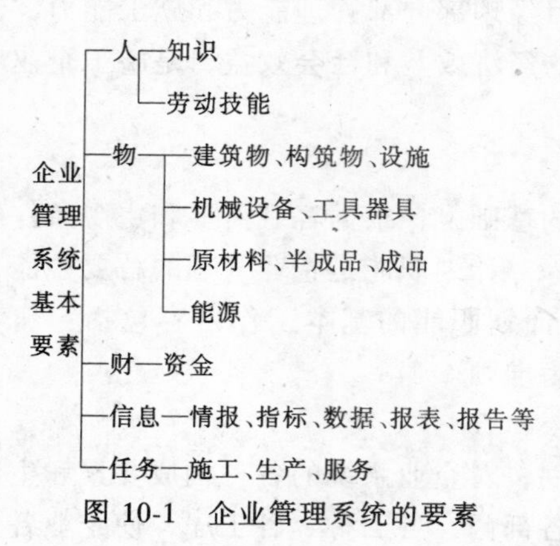

图 10-1 企业管理系统的要素

(2) 企业管理系统的结构

根据管理职能专业划分，施工管理系统由八个主要的子系统构成。分别是经营计划子系统、施工管理子系统、技术管理子系统、质量管理子系统、劳动人事管理子系统、机械设备管理子系统、物资供应管理子系统和财务管理子系统，各子系统的功能见表 10-1。这些子系统作为一个职能部门，管理职能由上而下贯通。对于较大的管理系统，为了使各子系统协调统一的运作，还需要合理划分管理层次、建立等级结构、分解管理目标。管理层次一般可划分为决策层、管理层和务实层。

施工企业管理系统的功能　　表 10-1

子　系　统	功　　能
经营计划系统	经营预测、经营分析、综合计划、综合协调、合同预算
施工管理系统	编制施工作业计划和综合进度计划、施工准备、施工组织、施工核算、施工生产调度
技术管理系统	研究开发、新技术推广应用、项目施工计划、技术监督、技术保证
质量管理系统	制定质量管理目标和控制方法、质量检查、质量检验评定
劳动人事管理系统	定额、定员，人员招聘、培训、调配、考核，工资、奖金分配
机械设备管理系统	机械设备的保管、使用、养护、维修或更新改造
物资供应管理系统	物资供应计划、物资订购、供应、管理
财务管理系统	资金的筹措、运用、费用、成本利润核算等

（3）企业管理系统运作程序

企业管理包括计划、实施和控制三个基本活动。计划活动是根据企业内、外部环境条件和企业目标，以及以往管理活动的反馈信息，制定企业经营发展和具体施工项目的各种计划。实施活动是根据制定的计划和企业外部环境条件进行开拓市场、承包工程和工程项目管理。控制活动包括对实施过程的检查、纠偏、测定和评价等，考核计划实施和效果，为以后的管理提供经验。由此可见，完整企业管理系统除了包含企业管理活动外，还要将企业的内、外部环境和企业目标纳入其运作过程，企业管理系统运作程序见图 10-2。

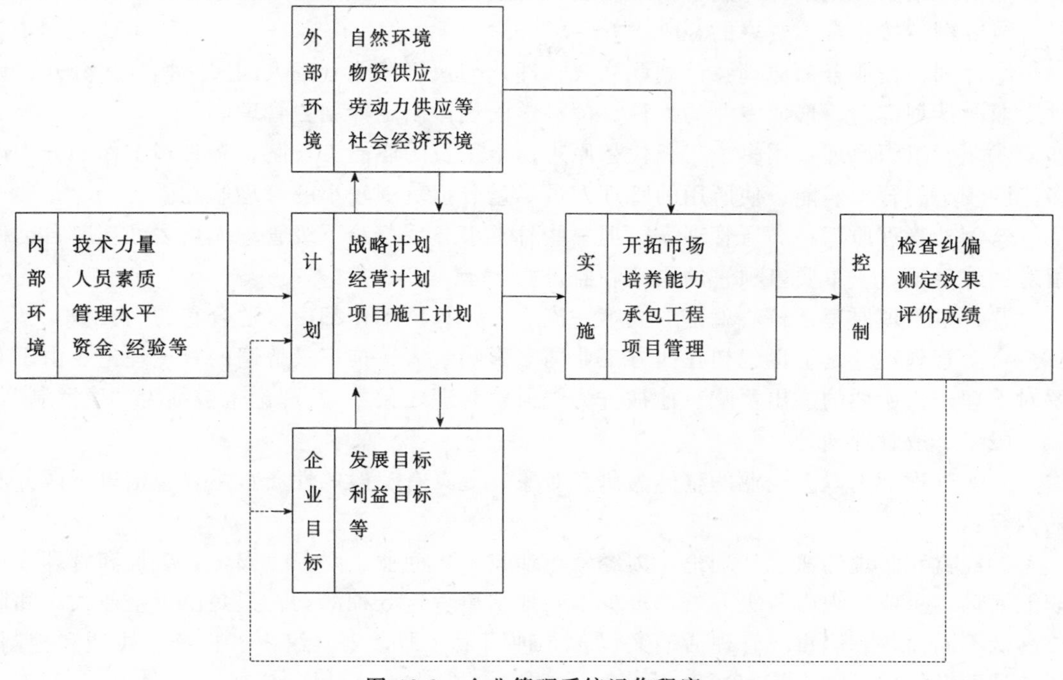

图 10-2　企业管理系统运作程序

10.2 企业管理理论的发展

10.2.1 传统管理阶段

从工业革命初期小规模的工厂开始出现，直到19世纪末、20世纪初，虽然社会生产力有了迅速发展，但企业管理还没有形成系统、科学的理论。管理方式仍主要沿用小生产管理习惯。企业由企业主亲自管理，管理水平受企业主个人的经验和能力的限制；无统一的操作规程、标准，工人根据经验操作。这一阶段也叫经验管理阶段，是管理理论产生前的萌芽期。

10.2.2 古典管理理论阶段

古典管理理论从19世纪末、20世纪初开始形成，到20世纪40年代被行为科学管理理论替代。这一期间的理论包括美国人泰罗所创的科学管理理论、法国人法约尔的一般管理理论、德国人韦伯的行政组织理论等。

（1）科学管理理论

科学管理理论有三个理论基础：一是科学管理的根本目的是谋求最高工作效率，二是实现最高工作效率的手段是用科学管理代替传统的经验管理，三是科学管理的核心是要求管理人员和工人双方实行重大的精神变革。基于此，该理论从作业管理和组织管理两个方面提出了六项科学管理原理，以及相应的具体制度和方法。

①科学作业原理：将作业方法、作业所需的各种工具、作业环境和单位工日的工作量标准化，替代依靠经验进行作业和管理。

②计件付酬原理：通过工时分析和研究，制定工作定额的标准，根据实际工作表现，支付工资，采用“差别计件制”付酬制度，对超定额的按正常工资率的125%付酬，对没有完成定额的按正常工资率的80%付酬。

③计划与作业分离原理：计划职能（管理）与执行职能（工人的实际操作）分开，设立专业的计划部门，形成专业的人员，按科学的规律制定计划去管理。

④职能组织原理：用多个工长代替原来一个工长的职能工长制，将管理工作细分为许多范围较小的管理职能，使所用的管理人员尽量分担范围较小的管理职能。

⑤例外管理原理：高层管理人员把一些日常事务授权给下级管理人员去处理，自己保留对例外事项（或重要事项）的决策和监督权。

⑥人事管理原理：核心就是形成第一流工人，每项工作都由最适合它的人去做。

科学管理理论是上世纪初在西方工业国家影响最大，推广最普遍的管理理论。由于泰罗对管理理论所做的杰出贡献，他被誉为“科学管理之父”，其理论也被称为“泰罗制”。

（2）一般管理理论

一般管理理论以大企业的整体为研究对象，更具有一般的性质，主要包括以下两方面的内容：

①经营和管理的概念。理论认为经营包括技术、商业、财务、安全、会计和管理6种职能活动。企业组织中各级人员都多少不同地从事着这6种活动，只是由于企业大小和职位高低不同而各有侧重。管理活动又包含5种因素，即计划、组织、指挥、协调和控制，这5种因素构成了整个管理过程。

②管理原则。一般管理理论提出14项原则:(a)分工;(b)权力责任;(c)纪律;(d)命令的统一性;(e)指挥的统一性;(f)个人利益服从整体利益;(g)职工的报酬;(h)集权化;(i)等级系列;(j)秩序;(k)亲切、友好、公正的态度;(l)人员稳定;(m)主动性;(n)集体精神。并且认为,这些原则只是照亮了通向管理理论和实践道路的"灯塔",如何使这些原则灵活地适应各种环境和特殊情况,需要管理人员的管理艺术。

(3) 行政组织理论

该理论认为采用一种高度结构的、正式的、非人格化的理想行政组织体系，能提高工作效率。理想的行政组织体系应存在明确的分工；各组织职位按等级原则，依据明文规定和章程进行安排；管理成员之间是一种职位关系，不受个人情绪影响；成员的任命通过公开、严格的选拔产生。该组织体系在精确性、稳定性、纪律性和可靠性方面均优于其他组织体系。

此外，还有厄威克提出的统一管理理论，该理论把科学管理理论与古典组织理论结合起来，提出适用于一切组织的8项原则：目标原则、相符原则、责任原则、组织阶层原则、控制广度原则、专业化原则、协调原则和明确性原则。古利克提出了管理的7项职能：计划、组织、人事、指挥、协调、报告和预算。

10.2.3 行为科学管理理论阶段

古典管理理论的共同点是把人视作经济人，忽略了人的主动性和社会性。随社会生活水平不断提高，工人的觉悟也在提高，继续把工人等同于机器的古典管理理论受到挑战。从20世纪20年代末社会学、心理学原理逐渐被引入管理理论中，从而形成行为科学。行为科学是对人的行为，以及产生这些行为的原因进行分析研究的科学。

行为科学经历了早期的人际关系学说和后期的行为科学。

人际关系学说主要包括以下原理：

(1) 工人是社会人，他们不但追求金钱收入，还有社会、心理方面的追求。管理过程必须从各方面鼓励工人，以提高劳动生产率。

(2) 企业中存在两种组织，正式组织是由规章、制度、方针、政策等规定的成员之间关系和职责范围，有一定的目标性；非正式组织是由于共同情感而自然形成的规范和惯例。非正式组织与正式组织相互依存，对生产率都有很大影响。

(3) 领导通过提高职工在金钱、情感、安全感、归属感等的满足度来激励职工的工作态度。

后期的行为科学主要研究以下四个方面的问题：

(1) 有关人的需要、动机和激励问题；

(2) 企业管理中的人性问题；

(3) 企业中的非正式组织和人际关系问题；

(4) 企业管理中的领导方式问题。

10.2.4 现代管理理论阶段

在古典学派和行为学派出现以后，特别是在第一次世界大战以后，出现了社会系统学派，决策理论学派，系统管理学派，经验主义学派，权变理论学派和管理科学学派等许多管理学派，管理理论发展到现代管理理论阶段。

(1) 社会系统学派

该学派认为社会的各级组织都是一个协作系统，即由相互进行协作的个人组成的系统。这些协作系统是正式组织，都包含有三个要素：协作的意愿、共同的目标、信息联系。非正式组织也起着重要的作用，它同正式组织互相创造条件，在某些方面对正式组织产生积极的影响。组织中管理人员的作用就是对协作系统进行协调，以便组织能够维持运转。

（2）决策理论学派

这个学派是吸收了行为科学、系统理论、运筹学和计算机程序等学科的内容而发展起来的。它认为决策贯穿于管理的全过程，组织是由作为决策者的个人所组成的系统。该理论对决策、决策的准则、程序化的决策和非程序化的决策、组织机构的建立与决策过程的联系等作了很好的分析。

（3）系统管理学派

这一学说的主要内容是以普通系统理论为基础，包括系统哲学、系统管理、系统分析三个方面。认为从系统的观点来考察和管理企业，有助于提高企业的效率，使各个系统和有关部门的相互联系网络更清楚，更好地实现企业的总目标。系统管理学派理论中的许多内容有助于自动化、控制论、管理信息系统、权变理论的发展。

（4）经验主义学派

该学派是以向大企业的经理提供企业管理的成功经验和科学方法为目标。认为有关企业管理的科学应从企业管理的实际出发,以大企业的管理经验为主要研究对象,通过分析成功实例与失败实例,研究在类似的情况下如何采用有效的策略和技能来达到自己的目标。

（5）权变理论学派

权变理论学派认为，在企业管理中没有什么一成不变、普遍适用的“最好的”管理理论和方法，而应当根据企业所处的内外条件随机应变。他们强调企业组织内外环境对组织活动的影响，针对不同的具体条件探求不同的最适合管理方案、模式和方法。因此，权变理论学派企图通过对大量事例的研究和概括，把各种情况归纳为几种类型，并给每种类型找一种模式。他们认为，权变关系是两个或更多变数间的函数关系，可以依据环境自变数和管理思想、管理技术因变数之间函数关系来确定某种有效管理方式。

（6）管理科学学派

管理科学学派实际是泰罗的“科学管理”的继续发展。该学派认为，管理就是用数学模型与程序来表示计划、组织、控制、决策等合理逻辑的程序，求出最优的解答，以达到企业的目标。管理科学就是制定用管理决策的数学模型与程序的系统，并把它们通过电子计算机应用于企业管理。概括地说，其基本特征就是系统的观点，数学的方法，电子计算机的技术，决策的目的。

此外，还有组织行为学派、社会技术系统学派、经理角色学派、经营管理理论学派和管理过程学派等。

10.3 企业管理现代化

10.3.1 现代企业制度

现代企业制度是指能够适应社会化大生产和市场经济运行的各种企业财产组合形式和

经营管理方式的总和。现代企业制度具有以下基本特征：

(1) 产权关系明晰化

所谓产权，是指社会经济主体对财产的所有、占有、使用、处分和收益的权利。在市场经济体制下，企业具有明晰的产权关系，才能够主动地去适应市场经济运行的变化，从而在这种不断的适应过程中达到资源的优化配置。

(2) 企业经营独立化

在市场经济中，企业经营既存在风险也存在机遇。企业有了经营上的独立性和自主权，才能及时抓住各种市场运行机遇，避开市场运行风险。

(3) 企业地位法人化

现代企业制度必须是真正的企业法人制度。企业应当是人格化的经济组织，成为独立的商品生产者和经营者，能够独立地从事法律行为，承担法律责任，而不能作为行政机构的附属物。

(4) 经营目标逐利化

企业要以利润最大化为其首要目标。这不仅是建立市场经济的重要条件，也是企业区别于其他社会组织的主要特征。

(5) 竞争条件平等化

平等竞争就是要消除地区差别、部门限制、等级差别和所有制歧视，使企业在平等地位上进行公平竞争，在市场竞争的客观权威面前经受优胜劣汰选择。平等竞争是市场经济的基本功能和突出特点。

(6) 政企关系规范化

政府真正成为宏观调控的主体，从政策、法规、经济杠杆上引导企业的发展方向；企业真正成为微观经济的运行主体，自主地进行人、财、物、产、供、销活动。

(7) 组织形式公司化

在现代市场经济中，所有者和经营者之间存在制衡关系的法人治理结构的公司是最完备的企业组织形态。作为公司，必须至少具备以下条件：① 具有独立的法人地位，具有与自然人相同的民事行为能力，可以以自己的名义起诉和应诉；② 自负盈亏，以由股东出资形成的公司法人财产独立承担民事责任；③ 完整纳税的独立经济实体；④ 采用规范的成本会计和财务会计制度；⑤ 股东自主地聘任称职的经营管理干部（经理），不再由政府任命（初期可由政府推荐，股东大会选举）。

(8) 机构设置合理化

机构设置的合理化，作为现代企业制度的一个重要特征，至少包括以下基本要求：①管理核心惟一化，力戒“两驾马车”或“多驾马车”而造成内耗；②机构设置效能化，要消除机构臃肿、人浮于事的现象；③权益结构制衡权分立，并使制衡界限明确化、制衡工作程序化；④职、权、责、利对称化，这是机构设置合理化的重要标志。

(9) 企业领导专家化

实行资产所有权与经营权分离，让那些有技术、懂经营、善管理的经营管理专家来领导企业。

(10) 收益分配法制化

企业必须在界定不同经济利益主体利益界限的基础上，依据一定的法律，按照合理的比例，采取适当的方法，将企业盈利在各经济利益主体之间进行合理分配，建立起利益刺激和利益约束相对称的利益均衡机制，从而建立起各利益主体的当前利益和长期利益相兼顾的经济利益格局。

10.3.2 现代企业管理内容

企业经营管理现代化，是从企业经营管理的整体来说的。这个整体包括经营管理思想、经营管理组织、经营管理方法、经营管理手段的现代化四个方面。

(1) 企业经营管理思想的现代化

是指企业经营管理的指导思想要符合现代化经济功能赋予的经营观念。现代企业的经营观念主要有：

①战略观念

战略观念最重要的有两点，一是全面系统的观点：要全面系统地看待包括企业内部和企业与外部的各种关系。二是面向企业未来的发展观点：面向企业的未来，包括市场的未来、产品的未来、技术的未来、企业组织的未来、企业人员的未来，在此基础上制订相应的目标与对策。

②市场观念

市场是企业存在的前提，企业必须根据社会及用户的需要来组织生产经营活动。要具有市场观念，首先要求企业了解市场。其次要正确确定对策去占有市场，赢得市场。

③用户观念

市场是由实行交换的供需双方构成的，用户是构成市场的主要一方。所谓用户观念，就是企业要树立一切为了用户的观念，全心全意为用户服务，把对国家的责任建立在对用户负责的基础上。企业的信誉也正是来源于对用户的高度负责。

④效益观念

讲求经济效益与社会效益统一，在保证宏观经济效益的前提下，企业还要提高社会效益。在经济效益上要注意微观经济效益服从宏观经济效益。企业要获得经济上的收益，关键在于对外如何赢得市场，多承包工程，多完成工程任务；对内如何降低成本，经济效益与社会效益统一。

⑤竞争观念

竞争主要表现在：质量以优取胜，价格以廉取胜，服务以好取胜。为适应竞争的要求，企业要改善经营管理，提高产品质量，降低成本，缩短工期，提高企业的经济效益，适应社会的需要。

⑥时间观念

树立“时间就是金钱”的观念。企业赢得了时间，就赢得了效益。为此，首先企业经营决策要把握时机。其次，要努力缩短施工或生产周期，加快资金周转，减少资金占用和利息支出。此外，在企业的一切生产经营活动中要讲求效率，也是为企业赢得时间的重要途径。

⑦变革观念

变革观念就是要求企业保持对外部环境的适应性。企业的经营和管理没有固定的和一成不变的模式。企业在管理中采用的方针、策略、组织形式、制度措施和方法，都需要根据外部环境和变化适时地调整和变革。

⑧创新观念

变革观念的发展和深化就是创新观念。企业要在竞争中取胜，就要在市场努力发现新的需求、新的用户、新的机会；在生产上要广泛采用新工艺、新技术、新材料、新设备；在经营管理上要出新点子、新路子，反对因循守旧，努力开创经营管理新局面。

(2) 企业经营管理组织的现代化

经营管理组织是指从事经营管理活动的人们之间的协作体系。企业经营管理组织现代化的主要标志是企业管理工作的高效率。经营管理组织的现代化主要体现在：

①管理体制方面

要处理好集权和分权的关系及责、权、利的关系，使各级管理机构能充分发挥各自的能动性。

②企业的生产组织形式方面

企业生产组织应能适应外部环境的需要，具有不同程度的专业化和联合化形式。

③企业的组织结构方面

根据系统性和灵活性结合的原则采用不同的组织结构形式。如二级管理或三级管理，采取项目法施工，直线职能组织结构或矩阵制组织结构等，以保证管理工作的高效率。

(3) 企业经营管理方法的现代化

在管理方法中应用现代科学技术成果，包括技术科学和社会科学的研究成果。经营管理方法现代化要求：

①标准化：指管理上工作的内容、程序做到条理化和规范化。

②定量化：指管理方法从定性发展到定量，从单凭经验发展到“让数据说话”。

③系统化：指各项管理方法综合作用，以获得综合效应。

④民主化：指在管理中运用群众路线的方法，实行专家与群众相结合、全员参与的管理方法等。

(4) 企业经营管理手段的现代化：指为适应经营管理工作高效率要求而采用现代化的技术手段。如信息传输、收集和处理手段的现代化。

10.4 安装企业管理内容

企业管理是指企业为了实现生产经营目标，对生产经营活动进行计划、组织和控制的过程。建筑安装企业的管理可分为生产管理和经营管理两部分。生产管理指对安装生产过程的管理。生产过程包括基本生产过程、辅助生产过程、施工准备和技术准备过程、生产所需的服务过程等。生产管理是企业的内部管理。经营管理是指对安装企业与企业外部的流通、分配、消费等的管理，包括安装工程承包、物质资料的供应、劳动力和施工设备的调配、企业外部环境的调查研究等与外部的经济关系的处理协调。生产管理和经营管理是施工企业管理的密不可分的两个部分。良好的经营管理为企业提供充足的生产任务，并为生产过程提供有利的条件；生产管理是经营管理的基础，合理组织生产过程，提高劳动生产率，降低生产成本才能保证企业在经营管理过程中获得竞争优势。

10.4.1 经营管理的内容

(1) 根据企业外部环境和内部条件制定企业在生产、技术、经济等方面的发展目标和中长期计划、年度、季度计划，并为实现目标制定行动的基本方针、措施和步骤。

（2）协调生产力诸要素和生产要求的关系，合理组织生产力，全面做好生产计划、生产准备、生产调度、设备维修、原材料供应、劳动力组织、经济核算和技术工作，保证生产顺利进行。

（3）调整企业内部的组织、经济关系，健全、完善企业制度和管理机构等，协调企业与企业之间的经济关系。

10.4.2 生产管理的内容

（1）计划管理

根据经营管理的中长期计划、年度、季度计划，结合施工项目制定综合进度计划、项目施工中的各项组织设计，具体见第9章第2节有关内容。

（2）项目施工管理

项目施工现场的管理，合理组织人力、财力和物力，保证按期、按质、安全、经济地完成施工任务。包括施工计划、施工准备、作业管理和交工验收等，施工管理的内容见图10-3。

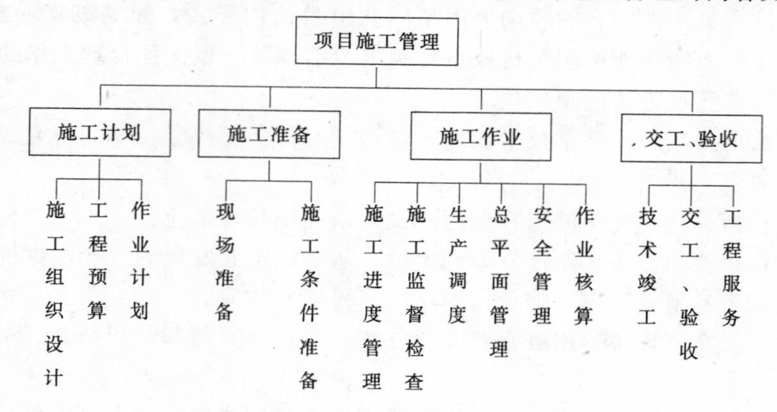

图10-3 施工管理的内容

（3）科技管理

科技管理分为技术基础工作、施工技术管理和技术开发管理三方面内容。技术基础工作包括制定和贯彻技术标准和技术规程、技术档案管理、技术情报管理等工作；施工技术管理包括图纸会审、技术交底、五新（新技术、新工艺、新材料、新机具和新结构）实验和培训、技术复核、技术检验、技术核定、技术组织措施等工作；技术开发管理包括技术开发规划、新科技成果推广应用、合理化建议和技术改进等工作。

（4）质量管理

包括对勘测、设计文件质量的管理；施工组织设计或施工作业设计的管理；物资供应质量和保管的管理；施工现场准备质量的管理；工艺过程管理；竣工验收时的检查等。

（5）劳动人事管理

劳动人事管理的主要工作内容有劳动定额的编制与管理、编制定员、人员招聘、人员使用与考核、劳动报酬分配等。

（6）财务管理

财务管理可分为资金、成本和利润管理三部分。资金管理的主要工作内容是对固定资产、流动资产、无形资产和其他资产的筹集、运用、分配、核算等。成本管理包括成本预测、计划、核算、控制、分析和考核等工作。利润管理包括利润总额的组成计算、增加利润的途径、利润计划和利润分配等。

(7) 材料和机械设备管理

材料管理包括材料定额管理；材料供应计划的编制和实施管理；材料现场的运输、库存、发放、回收管理；材料的集中加工和配置管理等。机械设备管理包括机械设备的调配、使用、维护和修理管理；机械设备的更新和改造管理等。

10.5 安装企业管理的新形势

10.5.1 加入 WTO 对中国建筑业的影响

(1) 我国建筑业的对外承诺

从 20 世纪 80 年代初，外国承包商开始进入中国市场承包工程。到了 90 年代初期，境外承包商数量快速上升，同时也出现了大量外商投资勘察设计单位及建筑施工企业。在此情况下，我国在建筑业实行了有限制的开放政策。即允许设立中外合营设计机构、中外合资建筑业企业、中外合作监理单位，暂不允许设立外商独资勘察设计机构、建筑业企业，但允许外国企业（包括港、澳、台企业）以境外法人的身份直接在中国境内承包工程，承包工程范围受到限制。

由于我国属于发展中国家，从最大限度地保护我国建筑业的发展，又承诺我方应当履行的义务的原则出发，加入 WTO 后，我国建筑业实行了逐步的、有限制的开放承诺。

①关于勘察设计咨询业的承诺

(a) 关于市场准入的限制：对于方案设计的跨境交付没有限制。除此之外的跨境交付，要求与中国专业设计机构合作的方式进行。允许设立合营企业，允许外资拥有多数股权。中国加入 WTO 后 5 年内，允许设立外商独资企业。

(b) 关于国民待遇的限制：外国服务提供者必须是在本国从事建筑设计、工程、城市规划服务的注册建筑师、工程师或企业。

②关于建筑施工的承诺

(a) 关于市场准入的限制：仅限于合资企业形式，允许外资拥有多数股权。中国加入 WTO 后 3 年内，允许设立外商独资企业。外商独资企业只能承揽下列四种类型的建筑项目：全部由外国投资、赠款或外国投资和赠款的建设项目；由国际金融机构贷款并采取国际招标的建设项目；外资等于或超过 50% 的中外联合建设项目及外资少于 50%，但因技术困难而不能由中国建筑企业独立实施的中外联合建设项目；国内投资，但中国建筑企业难以独立实施的建设项目，经省级政府批准，可由中外建筑企业联合承揽。

(b) 关于国民待遇的限制：对现行合资建筑企业注册资本要求与国内企业的要求略有不同。中国加入 WTO 后 3 年内，取消以上限制。

(c) 对有关国家的承诺：除以上两方面承诺内容外，我国同日本代表团在《关于中国加入世界贸易组织双边谈判纪要》中的承诺同样适用于所有 WTO 成员国：中方将按照国民待遇原则，尽力降低外商独资建筑业企业以及中外合资、中外合作建筑业企业的最低注册资本金额要求标准。在新规定中（加入 WTO 后 3 年内出台的规定），中方在确定新设立的外商独资建筑业企业的资质等级时，将尽力考虑其母公司的承包业绩。中方将保留允许外国建筑业企业不需要在华设立商业存在即可承包工程的现行规定，直到允许设立外商独资建筑业企业的新规定开始实施。在现行规定被取消之前，中方将提前发布有关的公告。即使现行规定被取消，按照现行规定已得到批准的工程合同仍可以继续完成。

（2）加入 WTO 后我国建筑业面临的机遇和挑战

加入 WTO，将会为建筑业创造一个良好的发展机遇。入世以后，外商投资将进入一个新的快速增长时期，中国经济将呈现快速增长的态势。同时，随着产业结构的调整，城市化的进程加快，必然刺激城市住房、小城镇建设、城市基础设施建设的大发展，必将带动建设投资的进一步增长。因此，加入 WTO 后，建筑业将是受益的行业。

加入 WTO，为进一步开拓国际工程承包市场提供了机遇。加入 WTO 后，中国可以享受 WTO 正式成员的权利，我国企业进入国际工程承包市场的环境和条件将大为改善。我国对外承包市场将相对扩大，并可带动更多的材料、设备和机电产品的出口；WTO 成员间的资源互享可使我们获得更多的国际工程信息；外国承包商进入中国，使国内企业有机会学习和积累国际工程承包经验。

加入 WTO，对于建筑业管理不符合 WTO 规则的方面提出了挑战。在政府管理方面，存在着法律法规不健全，政府部门之间职能界定不清晰，多头管理，管理信息化程度低等问题，同 WTO 要求的透明度原则有一定的差距；在市场监督管理方面，存在着过多的资格许可、审批程序、市场准入限制等问题，同 WTO 要求的减少壁垒、自由竞争的原则相违背；一些地区和部门存在的地方保护和行业保护的问题，同 WTO 要求的非歧视性原则、公平性原则相违背。加入 WTO 后，将对我国目前的这种管理方式带来挑战。

加入 WTO，对现行的建筑业法规、标准提出了挑战。WTO 所规定的一系列原则体现了市场经济和法制社会的基本准则。加入 WTO 后，我国建筑业将要面对健全建筑法规体系、加强强制性标准规范、推荐性标准规范透明度和更新等方面的挑战。

加入 WTO，外商投资企业的进入，对国内建筑业企业提出了挑战。建筑市场对外开放，国外承包商将同中外合资、合作企业一起与国内企业平等竞争。由于外国企业在技术力量、管理水平和融资能力方面具有竞争优势。这些优势将使外商投资企业在承包工程规模大、技术水平高、利润水平高的工程方面具有竞争力。这将对同样看中这一部分市场的大型国有建筑业企业带来挑战。

加入 WTO，对我国企业的人才机制提出了挑战。我国建筑业企业既懂管理又懂技术的复合型人才严重不足，建筑业企业的施工作业队伍受教育的程度较低，受过正规训练的技术工人严重不足。国有建筑业企业的用人机制不合理，对于高素质人才缺乏有效的激励机制。加入 WTO 后，外商投资企业的高待遇和灵活的用人机制将吸引一批高素质的人才，这对本来就人才优势不足的国内建筑业企业提出了最为严峻的挑战。

10.5.2 安装企业管理国际认证

在国际建筑市场上，由于项目业主的要求越来越高，不少西方国家把是否具备 ISO9000 质量认证和 ISO14000 环保认证作为获取工程承包资质的重要条件。所以，当前进行 GB/T19000—ISO9000 质量标准和 ISO14000 环境标准认证，成了建筑安装企业约定俗成的要求。

（1）ISO9000 质量标准族认证

①ISO9000 质量标准族简介

ISO 是 International Organization for Standardization（国际标准化组织）的缩写。该组织成立于 1947 年，是非政府性组织，目前已有 100 多个成员国。ISO9000 质量管理和质量保证系列标准是由 ISO 下属的 TC176 技术委员会（质量管理和质量保证技术委员会）于 1987 年发布的质量标准。该系列标准是质量管理和质量保证标准中的主体标准，共包括“标准选用、质量保证和质量管理”三类五项标准。随着国际贸易发展的需要和标准实施中出现的问题，ISO 于 1994 年对系列标准进行了全面修订，并于当年 7 月 1 日正式发布实施。此外 TC176 委员会还颁布了 ISO8402—1994《质量管理和质量保证—术语》标准。随后 ISO9000 标准发展成 ISO9000—1、ISO9000—2、ISO9000—3 和 ISO9000—4；ISO9004 发展成 ISO9004—1、ISO9004—2、ISO9004—3 和 ISO9004—4 等项标准。2000 年 TC176 委员会颁布了 ISO9000 最新标准，一般称为 ISO9000:2000 版，现已经在全世界开始推行。我国依据 ISO9000 国际标准，制定了 GB/T19000 标准，GB/T19000 标准与 ISO9000 国际标准完全相同。

我国于 1988 年等效采用 ISO9000 系列标准。经批准后于当年 12 月 10 日发布国标 GB/T10300 质量管理和质量保证系列标准，并于 1989 年组织 116 个企业试点贯彻实施。于 1992 年 10 月 13 日发布了国标 GB/T19000—1992—ISO9000:1987 质量管理和质量保证系列标准。将等效采用 ISO9000 系列标准改为等同采用。1994 年根据 ISO9000:1994 版标准对国标 1992 版标准进行修订，经批准于 1994 年 12 月 24 日发布了 GB/T19000—1994—ISO9000:1994 质量管理和质量保证标准，并于 1995 年 6 月 30 日实施至今。

ISO9000 族标准可分为五个部分：术语标准；使用或实施指南标准；质量保证标准；质量管理标准；支持性技术指南。

术语标准标准编号为 ISO8402，它阐明了质量管理领域所用的 67 个质量术语的含义，其中基本术语 13 个，与质量有关的术语 19 个，与质量体系有关的术语 16 个，与工具和技术有关的术语 19 个。

使用或实施指南标准标准总编号 ISO9000，共有四个分标准。为企业如何选择、使用和实施质量管理和质量保证标准提供指南。

质量保证标准包括 ISO9001、ISO9002、ISO9003 这三个标准。ISO9001 是质量体系—设计、开发、生产、安装和服务的质量保证模式；ISO9002 是质量体系—生产、安装和服务的质量保证模式；ISO9003 是质量体系—最终检验和试验的质量保证模式。在内容上 ISO9001 完全包含了 ISO9002；ISO9002 又完全包含了 ISO9003，代表了在具体情况下对供方质量体系要求的三种不同模式，反映了不同复杂程度的产品所要求的质量保证能力的不同。它是质量体系认证的依据。企业可根据自身要求申请三种质量体系认证的一种。

质量管理标准总编号为 ISO9004，包括 4 个分标准。其作用是用于指导企业进行质量管理和建立质量体系的。

支持性技术标准编号从 10001 到 10020，是对质量管理和质量保证中某一专题的实施方法提供指南。

②ISO9000 标准族的特点和作用

(a) ISO9000 的特点和作用

ISO9000 标准是一个系统性的标准，涉及的范围和内容广泛，且强调对各部门的职责权限进行明确划分、计划和协调，而使企业能有效地、有秩序地开展各项活动，保证工作顺利进行。强调管理层的介入，明确制订质量方针及目标，并通过定期的管理评审达到了解公司的内部体系运作情况，及时采取措施，确保体系处于良好的运作状态的目的。强调纠正及预防措施，消除产生不合格或不合格的潜在原因，防止不合格的再发生，从而降低成本。强调不断的审核及监督，达到对企业的管理及运作不断地修正及改良的目的。强调全体员工的参与及培训，确保员工的素质满足工作的要求，并使每一个员工有较强的质量意识。强调文化管理，以保证管理系统运行的正规性、连续性。如果企业有效地执行这一管理标准，就能提高产品（或服务）的质量，降低生产（或服务）成本，建立客户对企业的信心，提高经济效益，最终大大提高企业在市场上的竞争力。

(b) ISO9001 的特点和作用

ISO9001 是质量体系—设计、开发、生产、安装和服务的质量保证模式。用于供方保证在开发、设计、生产、安装和服务各个阶段符合规定要求的情况。对质量保证的要求最全，要求提供质量体系要素的证据最多。从合同评审开始到最终的售后服务。要求提供全过程严格控制的依据。要求供方贯彻“预防为主、检验把关相结合”的原则，健全质量体系，有完整的质量体系文件，并确保其有效运行。

(c) ISO9002 的特点和作用

ISO9002 是生产、安装和服务的质量保证模式。用于供方保证在生产和安装阶段符合规定要求的情况。对质量保证的要求较全，是最常用的一种质量保证要求。除对设计不要求提供控制证据外，要求对生产过程进行最大程度的控制，以确保产品的质量。要求供方贯彻“预防为主、检验把关相结合”的原则，健全质量体系，有完整的质量体系文件，并确保其有效运行。

(d) ISO9003 的特点和作用

ISO9003 是最终检验和试验的质量保证模式。用于供方只保证在最终检验和试验阶段符合规定要求的情况。对质量保证的要求较少，仅要求证实供方的质量体系中具有一个完整的检验系统。能切实把好质量检验关。通常适用于较简单的产品。

ISO9001、ISO9002、ISO9003 用于合同环境下的外部质量保证。可作为供方质量保证工作的依据，也是评价供方质量体系的依据。都可作为企业申请 ISO9000 族质量体系认证的依据。

ISO9000 族标准作用主要体现在两个方面。它以标准化的形式，一为企业实现有序、有效的质量管理提供方法指导；二为贸易中的供需双方建立信任，实施质量保证提供通用的质量体系规范。按照这套标准建立质量体系并坚持运行，都可取得明显的经济效益和社会效益，因此受到世界各国的普遍重视和广泛采用，成为世界各国发展经济贸易的一项重要措施。

③ISO9000 质量体系认证程序

我国质量体系认证的程序分为以下四个阶段：

(a) 提出申请

申请者（例如企业）按照规定的内容和格式向体系认证机构提出书面申请，并提交质量手册和其他必要的信息。质量手册内容应能证实其质量体系满足所申请的质量保证标准（GB/T19001 或 19002 或 19003）的要求。认证机构在收到认证申请之日起 60 天内做出是否受理申请的决定，并书面通知申请者；如果不受理申请应说明理由。

(b) 体系审核

体系认证机构指派审核组对申请的质量体系进行文件审查和现场审核。文件审查的目的主要是审查申请者提交的质量手册的规定是否满足所申请的质量保证标准的要求；如果不能满足，审核组需向申请者提出，由申请者澄清、补充或修改。只有当文件审查通过后方可进行现场审核。现场审核的主要目的是通过收集客观证据检查评定质量体系的运行与质量手册的规定是否一致，证实其符合质量保证标准要求的程度，做出审核结论，向体系认证机构提交审核报告。审核组的正式成员应为注册审核员，其中至少应有一名注册主任审核员；必要时可聘请技术专家协助审核工作。

(c) 审批发证

体系认证机构审查审核组提交的审核报告，对符合规定要求的批准认证，向申请者颁发认证证书，证书有效期三年；对不符合规定要求的亦应书面通知申请者。体系认证机构应公布证书持有者的注册名录，其内容应包括注册的质量保证标准的编号及其年代号和所覆盖的产品范围。通过注册名录向注册单位的潜在顾客和社会有关方面提供对注册单位质量保证能力的信任，使注册单位获得更多的订单。

(d) 监督管理

对获准认证后的监督管理有以下几项规定。标志的使用规定：体系认证证书的持有者应按体系认证机构的规定使用其专用的标志，不得将标志使用在产品上，防止顾客误认为产品获准认证。通报方面：证书的持有者改变其认证审核时的质量体系，应及时将更改情况报体系认证机构。体系认证机构根据具体情况决定是否需要重新评定。监督审核规定：体系认证机构对证书持有者的质量体系每年至少进行一次监督审核，以使其质量体系继续保持。监督后的处置规定：通过对证书持有者的质量体系的监督审核，如果证实其体系继续符合规定要求时，则保持其认证资格。如果证实其体系不符合规定要求时，则视其不符合的严重程度，由体系认证机构决定暂停使用认证证书和标志或撤销认证资格，收回其体系认证证书。换发证书规定：在证书有效期内，如果遇到质量体系标准变更，或者体系认证的范围变更，或者证书的持有者变更时，证书持有者可以申请换发证书，认证机构决定作必要的补充审核。注销证书规定：在证书有效期内，由于体系认证规则或体系标准变更或其他原因，证书的持有者不愿保持其认证资格的，体系认证机构应收回其认证证书，并注销认证资格。

(2) ISO14001 环境管理体系认证

ISO14000 环境管理系列标准是国际标准化组织继 ISO9000 系列标准之后推出的又一管理体系标准。主要目的是通过国际标准来规范组织的环境管理行为，改善组织的环境绩效。随着世界经济的高速发展，环境保护问题日益为各国所重视，“绿色经济”渐入人心。为了适应这一趋势，ISO 第 207 技术委员会（TC207）从 1993 年起开始制订环境管理体系 ISO14000 国际标准。其内容包括环境管理体系、环境管理体系审核、环境标志、生命周期评估和环境行为评价等统一标准，旨在减少人类活动对环境造成的污染和破坏，实现可持续发展。

① ISO14001 环境管理体系标准的基本内容

(a) 环境方针。主要陈述组织的环境工作的宗旨和原则，为制定环境目标、指标和方案提供框架（依据）。包括确定适合组织的特点、规模及其活动、产品、服务的环境因素；法律和其他要求以及对持续改进、污染预防的承诺；文件化、要让全体员工了解并公诸于众等内容。

(b) 规划（策划）。为实现环境方针而确定环境目标、指标、工作重点、资源、措施和时间表。包括依据组织的活动、产品和服务所表现的环境因素和环境影响；依据法律和其他要求以及持续发展的要求；依据组织的环境方针。

(c) 实施与运行。执行环境规划，使环境管理体系正常动作。要求明确全体有关人员的任务、责任、权限，并文件化；对环境产生重要影响的工作人员进行培训，并建立程序；针对组织活动所发生的重大环境影响进行内、外交流；建立描述环境管理体系要素及其相互关系的文件；建立文件化控制程序，对文件实行有效控制；建立常规运行的控制程序，使之与方针、目标始终一致；建立针对事故和紧急情况作出反应的程序，阻止或缓和环境影响。

(d) 检查和纠正措施。指检查运行中出现的问题并加以纠正。要求对可能造成重大影响的过程，建立监控测量程序，并进行追踪；建立反映环境管理体系运行状态的记录程序，对记录进行有效管理；建立对不符合事件进行调查的程序，以便采取措施，防止再发生；建立环境管理体系审核程序，考核其是否符合要求、是否有效。

(e) 管理评审。依据对环境管理体系审核的结果以及承担的改变环境状况的任务，提出方针、目标、程序变动的要求，以求持续改进。

② ISO14001 认证的作用

(a) ISO14001 是一个具有灵活性的环境管理体系标准。它除了要求企业在其环境方针中对遵守有关法律、法规和持续改进做出承诺外，并不规定环境绩效的绝对要求，因此两个从事类似活动但具有不同环境绩效的企业，可能都达到 ISO14000 的要求。同时，ISO14000 强调根据本国本地区的环境状况，符合本国本地区而非出口市场所在国的环保法律法规。这就体现了贸易的对等原则，有助于消除技术性贸易壁垒。

(b) 提高企业管理水平、增强企业竞争力。对于企业组织增强环境管理意识，改善企业形象，减少了由于环境问题而产生的事故、摩擦或法律诉讼的风险等。对企业经营减少清洁工作的费用，提高技术水平，节能降耗，降低成本，减少废物处置成本。

ISO14001 环境管理体系认证程序与 ISO9000 质量体系认证程序基本相同。

10.5.3 工程咨询

(1) 工程咨询简介

工程咨询作为一种针对工程建设而提供的服务，其实质是智力、知识和技术的转让。在工程建设中，咨询服务独立于设计、制造、施工安装。有效的工程咨询对于合理配置资源和资金，有效采用先进技术和成功经验，确保工程的成本效益，及提高和保证工程质量、加快建设进度，都有十分明显的作用。

工程咨询能够根据项目业主的不同需要，提供多种类别和形式的服务。由于建设领域各种不同专业不同技术的工程种类繁多，所以工程咨询的专业技术越来越细。就大的类别来讲，除了工程技术服务以外，还有经济服务、管理服务、培训服务等等。工程咨询的业务范围包括为国家、行业、地区、城镇、工业区等的经济发展提供规划和政策咨询或专题咨询；为国内外各类工程项目提供全过程或分阶段的咨询；为现有企业的技术改造和管理提供咨询；为国内外客户提供投资选择、市场调查、概预算审查和资产评估等咨询服务等四个方面。

根据自身差异和提供服务范围的不同，工程咨询企业主要有专门的工程咨询公司，工程咨询和工程设计二者兼管的咨询设计公司，集咨询、设计、采购、建设于一体的工程公司三种类型。

独立的工程咨询公司主要承担政府和业主委托项目建设的前期工作：包括资源和建设条件调研评价，建设方案选择和技术经济评估论证，提出完整的项目可行性研究报告；有的还承担项目招标文件的编制和协助配合招标，以及充任业主的项目监理等。

工程咨询和工程设计二者兼管的咨询设计公司既承担项目前期工作，又承担项目设计和有关技术文件的编制，包括完整的分段深度设计图纸和相应的方案资料，还可提供现场设计服务和项目监理。

集咨询、设计、采购、建设于一体的工程公司从项目投资前期工作开始直至建成投产（或交付使用）为止全程运作。这类公司大多为实力雄厚且最具竞争力的跨国公司。

FIDIC 和 ISO 是咨询业关系最直接最密切的两个国际性组织。FIDIC 和 ISO 是进入国际工程咨询市场的两把“钥匙”。掌握 FIDIC 和 ISO 及其技术业务规则，是从事国际工程咨询业务的基础。ISO 发布的技术标准和相关规定，已经成为各国实施工程建设保证工作质量和产品质量的重要依据。有关 ISO 和其制定的 ISO9000、ISO14000 系列的标准和认证在前面已经介绍，不再赘述。

“FIDIC” 是国际咨询工程师协会的简称。该协会于 1913 年由欧洲的独立咨询工程师的 5 个国家协会发起创立，二战结束后开始扩大，到 20 世纪 80 年代末期 FIDIC 拥有 50 个国家的会员。FIDIC 十分注重提供服务的客观公正性和工作质量，承诺严格保证其所属协会成员提供的服务标准，这也是 FIDIC 在世界上备受业主欢迎，事业不断发展的根本所在。

在国际建筑市场上，FIDIC 制订的在世界范围内通行的《业主—咨询工程师标准服务协议》被推荐用于项目投资机会研究、可行性研究、设计、监理（施工管理）和项目管理；《土木工程建造合同》包括《土木工程合同条款》（红皮书）和《电气和机械工程工作合同条件》（黄皮书），是通用的权威性文件，被广泛应用于招标、投标、咨询、监理、设计和施工。

（2）中国工程咨询业的发展

① 中国的工程咨询业起步

上个世纪 80 年代初期，随着外资的进入，尤其是利用世行、亚行和其他国际金融组织贷款的项目，规定必须经过有资格的工程咨询机构评审、认可，才能签订贷款协议；同时为了推行建筑业和基本建设管理体制改革，为了加强项目前期工作提高投资效益；中国开始允许国际工程咨询机构进入，并着手组建中国自己的工程咨询机构，担负国家重点工程项目的建设方案论证、技术经济评估和其他前期工作。1984 年中国首次确定了工程咨询是智力型服务行业，并允许有条件的勘察设计单位开展工程咨询业务，鼓励和支持组建专门的工程咨询公司和以其他形式作为独立主体经营。随着对外开放的扩大，中外合作的工程咨询机构在国内出现。从 80 年代中后期开始，中国的工程咨询业以对外承包工程与劳务合作以及其他方式进入国际市场，但在国际市场中占有的份额很小。进入 90 年代特别是 1992 年以后，中国的工程咨询市场日益扩大和逐渐规范。工程监理、技术顾问、造价咨询等各种不同专业的工程咨询中介服务组织有了可观的发展。

② 入世对中国工程咨询业的影响

中国已就开放建筑市场和给予进入中国市场的承包商、投资商以国民待遇做出了入世承诺。这些承诺一方面有利于加快本国工程咨询业与国际接轨的步伐，从而促进其发展，有利于技术与管理水平的提高，从而增强其参与国际竞争的能力；另一方面中国咨询业是一幼稚行业，面临严酷的国际竞争，这些竞争将主要体现在市场份额的占有率和人才的流动这两个方面。

入世后本国工程咨询业的管理体制、经营方式、市场运作和与国际惯例不相适应的各种法规，都将受到严峻挑战。

入世后西方发达国家关于工程咨询业的观念和经验，先进技术和科学管理将更多地传入和渗透进来，给中国工程咨询业的改革和调整提供有益借鉴，使中国工程咨询业在立足本国市场的同时，进一步跻身国际建筑市场。

附录 1

房屋建筑和市政基础设施工程施工招标投标管理办法

总　　则

第一条　为了规范房屋建筑和市政基础设施工程施工招标投标活动，维护招标投标当事人的合法权益，依据《中华人民共和国建筑法》、《中华人民共和国招标投标法》等法律、行政法规，制定本办法。

第二条　在中华人民共和国境内从事房屋建筑和市政基础设施工程施工招标投标活动，实施对房屋建筑和市政基础设施工程施工招标投标活动的监督管理，适用本办法。

本办法所称房屋建筑工程，是指各类房屋建筑及其附属设施和与其配套的线路、管道、设备安装工程及室内外装修工程。

本办法所称市政基础设施工程，是指城市道路、公共交通、给水、排水、燃气、热力、园林、环卫、污水处理、垃圾处理、防洪、地下公共设施及附属设施的土建、管道、设备安装工程。

第三条　房屋建筑和市政基础设施工程（以下简称工程）的施工单项合同估算价在200万元人民币以上，或者项目总投资在3000万元人民币以上的，必须进行招标。

省、自治区、直辖市人民政府建设行政主管部门报经同级人民政府批准，可以根据实际情况，规定本地区必须进行工程施工招标的具体范围和规模标准，但不得缩小本办法确定的必须进行施工招标的范围。

第四条　国务院建设行政主管部门负责全国工程施工招标投标活动的监督管理。

县级以上地方人民政府建设行政主管部门负责本行政区域内工程施工招标投标活动的监督管理。具体的监督管理工作，可以委托工程招标投标监督管理机构负责实施。

第五条　任何单位和个人不得违反法律、行政法规规定，限制或者排斥本地区、本系统以外的法人或者其他组织参加投标，不得以任何方式非法干涉施工招标投标活动。

第六条　施工招标投标活动及其当事人应当依法接受监督。

建设行政主管部门依法对施工招标投标活动实施监督，查处施工招标投标活动中的违法行为。

招　　标

第七条　工程施工招标由招标人依法组织实施。招标人不得以不合理条件限制或者排斥潜在投标人，不得对潜在投标人实行歧视待遇，不得对潜在投标人提出与招标工程实际要求不符的过高的资质等级要求和其他要求。

第八条　工程施工招标应当具备下列条件：

（一）按照国家有关规定需要履行项目审批手续的，已经履行审批手续；

（二）工程资金或者资金来源已经落实；

（三）有满足施工招标需要的设计文件及其他技术资料；

（四）法律、法规、规章规定的其他条件。

第九条 工程施工招标分为公共招标和邀请招标。

依法必须进行施工招标的工程，全部使用国有资金投资或者国有资金投资占控股或者主导地位的，应当公共招标，但经国家计委或者省、自治区、直辖市人民政府依法批准可以进行邀请招标的重点建设项目除外；其他工程可以实行邀请招标。

第十条 工程有下列情形之一的，经县级以上地方人民政府建设行政主管部门批准，可以不进行施工招标：

（一）停建或者缓建后恢复建设的单位工程，且承包人未发生变更的；

（二）施工企业自建自用的工程，且该施工企业资质等级符合工程要求的；

（三）在建工程追加的附属小型工程或者主体加层工程，且承包人未发生变更的；

（四）法律、法规、规章规定的其他情形。

第十一条 依法必须进行施工招标的工程，招标人自行办理施工招标事宜的，应当具有编制招标文件和组织评标的能力：

（一）有专门的施工招标组织机构；

（二）有与工程规模、复杂程度相适应并具有同类工程施工招标经验、熟悉有关工程施工招标法律法规的工程技术、概预算及工程管理的专业人员。

不具备上述条件的，招标人应当委托具有相应资格的工程招标代理机构代理施工招标。

第十二条 招标人自行办理施工招标事宜的，应当在发布招标公告或者发出投标邀请书的5日前，向工程所在地县级以上地方人民政府建设行政主管部门备案，并报送下列材料：

（一）按照国家有关规定办理审批手续的各项批准文件；

（二）本办法第十一条所列条件的证明材料，包括专业技术人员的名单、职称证书或者执业资格证书及其工作经历的证明材料；

（三）法律、法规、规章规定的其他材料。

招标人不具备自行办理施工招标事宜条件的，建设行政主管部门应当自收到备案材料之日起5日内责令招标人停止自行办理施工招标事宜。

第十三条 全部使用国有资金投资或者国有资金投资占控股或者主导地位，依法必须进行施工招标的工程项目，应当进入有形建筑市场进行招标投标活动。

政府有关管理机关可以在有形建筑市场集中办理有关手续，并依法实施监督。

第十四条 依法必须进行施工公开招标的工程项目，应当在国家或者地方指定的报刊、信息网络或者其他媒介上发布招标公告，并同时在中国工程建设和建筑业信息网上发布招标公告。

招标公告应当载明招标人的名称和地址，招标工程的性质、规模、地点以及获取招标文件的办法等事项。

第十五条 招标人采用邀请招标方式的，应当向3个以上符合资质条件的施工企业发出投标邀请书。

投标邀请书应当载明本办法第十四条第二款规定的事项。

第十六条　招标人可以根据招标工程的需要，对投标申请人进行资格预审，也可以委托工程招标代理机构对投标申请人进行资格预审。实行资格预审的招标工程，招标人应当在招标公告或者投标邀请书中载明资格预审的条件和获取资格预审文件的办法。

资格预审文件一般应当包括资格预审申请书格式、申请人须知，以及需要投标申请人提供的企业资质、业绩、技术装备、财务状况和拟派出的项目经理与主要技术人员的简历、业绩等证明材料。

第十七条　经资格预审后，招标人应当向资格预审合格的投标申请人发出资格预审合格通知书，告知获取招标文件的时间、地点和方法，并同时向资格预审不合格的投标申请人告知资格预审结果。

在资格预审合格的投标申请人过多时，可以由招标人从中选择不少于7家资格预审合格的投标申请人。

第十八条　招标人应当根据招标工程的特点和需要，自行或者委托工程招标代理机构编制招标文件。招标文件应当包括下列内容：

(一) 投标须知，包括工程概况，招标范围，资格审查条件，工程资金来源或者落实情况（包括银行出具的资金证明），标段划分，工期要求，质量标准，现场踏勘和答疑安排，投标文件编制、提交、修改、撤回的要求，投标报价要求，投标有效期，开标的时间和地点，评标的方法和标准等；

(二) 招标工程的技术要求和设计文件；

(三) 采用工程量清单招标的，应当提供工程量清单；

(四) 投标函的格式及附录；

(五) 拟签订合同的主要条款；

(六) 要求投标人提交的其他材料。

第十九条　依法必须进行施工招标的工程，招标人应当在招标文件发出的同时，将招标文件报工程所在地的县级以上地方人民政府建设行政主管部门备案。建设行政主管部门发现招标文件有违反法律、法规内容的，应当责令招标人改正。

第二十条　招标人对已发出的招标文件进行必要的澄清或者修改的，应当在招标文件要求提交投标文件截止时间至少15日前，以书面形式通知所有招标文件收受人，并同时报工程所在地的县级以上地方人民政府建设行政主管部门备案。该澄清或者修改的内容为招标文件的组成部分。

第二十一条　招标人设有标底的，应当依据国家规定的工程量计算规则及招标文件规定的计价方法和要求编制标底，并在开标前保密。一个招标工程只能编制一个标底。

第二十二条　招标人对于发出的招标文件可以酌收工本费。其中的设计文件，招标人可以酌收押金。对于开标后将设计文件退还的，招标人应当退还押金。

投　　标

第二十三条　施工招标的投标人是响应施工招标、参与投标竞争的施工企业。

投标人应当具备相应的施工企业资质，并在工程业绩、技术能力、项目经理资格条件、财务状况等方面满足招标文件提出的要求。

第二十四条　投标人对招标文件有疑问需要澄清的，应当以书面形式向招标人提出。

第二十五条　投标人应当按照招标文件的要求编制投标文件，对招标文件提出的实质性要求和条件作出响应。

招标文件允许投标人提供备选标的，投标人可以按照招标文件的要求提交替代方案，并作出相应报价作备选标。

第二十六条　投标文件应当包括下列内容：

（一）投标函；

（二）施工组织设计或者施工方案；

（三）投标报价；

（四）招标文件要求提供的其他材料。

第二十七条　招标人可以在招标文件中要求投标人提交投标担保。投标担保可以采用投标保函或者投标保证金的方式。投标保证金可以使用支票、银行汇票等，一般不得超过投标总价的2%，最高不得超过50万元。

投标人应当按照招标文件要求的方式和金额，将投标保函或者投标保证金随投标文件提交招标人。

第二十八条　投标人应当在招标文件要求提交投标文件的截止时间前，将投标文件密封送达投标地点。招标人收到投标文件后，应当向投标人出具标明签收人和签收时间的凭证，并妥善保存投标文件。在开标前，任何单位和个人均不得开启投标文件。在招标文件要求提交投标文件的截止时间后送达的投标文件，为无效的投标文件，招标人应当拒收。

提交投标文件的投标人少于3个的，招标人应当依法重新招标。

第二十九条　投标人在招标文件要求提交投标文件的截止时间前，可以补充、修改或者撤回已提交的投标文件。补充、修改的内容为投标文件的组成部分，并应当按照本办法第二十八条第一款的规定送达、签收和保管。在招标文件要求提交投标文件的截止时间后送达的补充或者修改的内容无效。

第三十条　两个以上施工企业可以组成一个联合体，签订共同投标协议，以一个投标人的身份共同投标。联合体各方均应当具备承担招标工程的相应资质条件。相同专业的施工企业组成的联合体，按照资质等级低的施工企业的业务许可范围承揽工程。

招标人不得强制投标人组成联合体共同投标，不得限制投标人之间的竞争。

第三十一条　投标人不得相互串通投标，不得排挤其他投标人的公平竞争，损害招标人或者其他投标人的合法权益。

投标人不得与招标人串通投标，损害国家利益、社会公共利益或者他人的合法权益。

禁止投标人以向招标人或者评标委员会成员行贿的手段谋取中标。

第三十二条　投标人不得以低于其企业成本的报价竞标，不得以他人名义投标或者以其他方式弄虚作假，骗取中标。

罚　则

第四十九条　有违反《招标投标法》行为的，县级以上地方人民政府建设行政主管部门应当按照《招标投标法》的规定予以处罚。

第五十条　招标投标活动中有《招标投标法》规定中标无效情形的，由县级以上地方人民政府建设行政主管部门宣布中标无效，责令重新组织招标，并依法追究有关责任人责任。

第五十一条 应当招标未招标的，应当公开招标未公开招标的，县级以上地方人民政府建设行政主管部门应当责令改正，拒不改正的，不得颁发施工许可证。

第五十二条 招标人不具备自行办理施工招标事宜条件而自行招标的，县级以上地方人民政府建设行政主管部门应当责令改正，处1万元以下的罚款。

第五十三条 评标委员会的组成不符合法律、法规规定的，县级以上地方人民政府建设行政主管部门应当责令招标人重新组织评标委员会。招标人拒不改正的，不得颁发施工许可证。

第五十四条 招标人未向建设行政主管部门提交施工招标投标情况书面报告的，县级以上地方人民政府建设行政主管部门应当责令改正；在未提交施工招标投标情况书面报告前，建设行政主管部门不予颁发施工许可证。

附　则

第五十五条 工程施工专业分包、劳务分包采用招标方式的，参照本办法执行。

第五十六条 招标文件或者投标文件使用两种以上语言文字的，必须有一种是中文；如对不同文本的解释发生异议的，以中文文本为准。用文字表示的金额与数字表示的金额不一致的，以文字表示的金额为准。

第五十七条 涉及国家安全、国家秘密、抢险救灾或者属于利用扶贫资金实行以工代赈、需要使用农民工等特殊情况，不适宜进行施工招标的工程，按照国家有关规定可以不进行施工招标。

第五十八条 使用国际组织或者外国政府贷款、援助资金的工程进行施工招标，贷款方、资金提供方对招标投标的具体条件和程序有不同规定的，可以适用其规定，但违背中华人民共和国的社会公共利益的除外。

第五十九条 本办法由国务院建设行政主管部门负责解释。

第六十条 本办法自发布之日起施行。1992年12月30建设部颁布的《工程建设施工招标投标管理办法》（建设部令第23号）同时废止。

附录 2

中华人民共和国招标投标法

（1999 年 8 月 30 日中华人民共和国主席令第 21 号公布）

第一章　总　　则

第一条　为了规范招标投标活动，保护国家利益、社会公共利益和招标投标活动当事人的合法权益，提高经济效益，保证项目质量，制定本法。

第二条　在中华人民共和国境内进行招标投标活动，适用本法。

第三条　在中华人民共和国境内进行下列工程建设项目包括项目的勘察、设计、施工、监理以及与工程建设有关的重要设备、材料等的采购，必须进行招标：

（一）大型基础设施、公用事业等关系社会公共利益、公众安全的项目；

（二）全部或者部分使用国有资金投资或者国家融资的项目；

（三）使用国际组织或者外国政府贷款、援助资金的项目。

前款所列项目的具体范围和规模标准，由国务院发展计划部门会同国务院有关部门制订，报国务院批准。

法律或者国务院对必须进行招标的其他项目的范围有规定的，依照其规定。

第四条　任何单位和个人不得将依法必须进行招标的项目化整为零或者以其他任何方式规避招标。

第五条　招标投标活动应当遵循公开、公平、公正和诚实信用的原则。

第六条　依法必须进行招标的项目，其招标投标活动不受地区或者部门的限制。任何单位和个人不得违法限制或者排斥本地区、本系统以外的法人或者其他组织参加投标，不得以任何方式非法干涉招标投标活动。

第七条　招标投标活动及其当事人应当接受依法实施的监督。

有关行政监督部门依法对招标投标活动实施监督，依法查处招标投标活动中的违法行为。

对招标投标活动的行政监督及有关部门的具体职权划分，由国务院规定。

第二章　招　　标

第八条　招标人是依照本法规定提出招标项目、进行招标的法人或者其他组织。

第九条　招标项目按照国家有关规定需要履行项目审批手续的，应当先履行审批手续，取得批准。

招标人应当有进行招标项目的相应资金或者资金来源已经落实，并应当在招标文件中如实载明。

第十条　招标分为公开招标和邀请招标。

公开招标，是指招标人以招标公告的方式邀请不特定的法人或者其他组织投标。

邀请招标，是指招标人以投标邀请书的方式邀请特定的法人或者其他组织投标。

第十一条　国务院发展计划部门确定的国家重点项目和省、自治区、直辖市人民政府确定的地方重点项目不适宜公开招标的，经国务院发展计划部门或者省、自治区、直辖市人民政府批准，可以进行邀请招标。

第十二条　招标人有权自行选择招标代理机构，委托其办理招标事宜。任何单位和个人不得以任何方式为招标人指定招标代理机构。

招标人具有编制招标文件和组织评标能力的，可以自行办理招标事宜。任何单位和个人不得强制其委托招标代理机构办理招标事宜。依法必须进行招标的项目，招标人自行办理招标事宜的，应当向有关行政监督部门备案。

第十三条　招标代理机构是依法设立、从事招标代理业务并提供相关服务的社会中介组织。

招标代理机构应当具备下列条件：

（一）有从事招标代理业务的营业场所和相应资金；

（二）有能够编制招标文件和组织评标的相应专业力量；

（三）有符合本法第三十七条第三款规定条件、可以作为评标委员会成员人选的技术、经济等方面的专家库。

第十四条　从事工程建设项目招标代理业务的招标代理机构，其资格由国务院或者省、自治区、直辖市人民政府的建设行政主管部门认定。具体办法由国务院建设行政主管部门会同国务院有关部门制定。从事其他招标代理业务的招标代理机构，其资格认定的主管部门由国务院规定。

招标代理机构与行政机关和其他国家机关不得存在隶属关系或者其他利益关系。

第十五条　招标代理机构应当在招标人委托的范围内办理招标事宜，并遵守本法关于招标人的规定。

第十六条　招标人采用公开招标方式的，应当发布招标公告。依法必须进行招标的项目的招标公告，应当通过国家指定的报刊、信息网络或者其他媒介发布。

招标公告应当载明招标人的名称和地址、招标项目的性质、数量、实施地点和时间以及获取招标文件的办法等事项。

第十七条　招标人采用邀请招标方式的，应当向三个以上具备承担招标项目的能力、资信良好的特定的法人或者其他组织发出投标邀请书。

投标邀请书应当载明本法第十六条第二款规定的事项。

第十八条　招标人可以根据招标项目本身的要求，在招标公告或者投标邀请书中，要求潜在投标人提供有关资质证明文件和业绩情况，并对潜在投标人进行资格审查；国家对投标人的资格条件有规定的，依照其规定。

招标人不得以不合理的条件限制或者排斥潜在投标人，不得对潜在投标人实行歧视待遇。

第十九条　招标人应当根据招标项目的特点和需要编制招标文件。招标文件应当包括招标项目的技术要求、对投标人资格审查的标准、投标报价要求和评标标准等所有实质性要求和条件以及拟签订合同的主要条款。

国家对招标项目的技术、标准有规定的，招标人应当按照其规定在招标文件中提出相应要求。

招标项目需要划分标段、确定工期的，招标人应当合理划分标段、确定工期，并在招标文件中载明。

第二十条 招标文件不得要求或者标明特定的生产供应者以及含有倾向或者排斥潜在投标人的其他内容。

第二十一条 招标人根据招标项目的具体情况，可以组织潜在投标人踏勘项目现场。

第二十二条 招标人不得向他人透露已获取招标文件的潜在投标人的名称、数量以及可能影响公平竞争的有关招标投标的其他情况。

招标人设有标底的，标底必须保密。

第二十三条 招标人对已发出的招标文件进行必要的澄清或者修改的，应当在招标文件要求提交投标文件截止时间至少十五日前，以书面形式通知所有招标文件收受人。该澄清或者修改的内容为招标文件的组成部分。

第二十四条 招标人应当确定投标人编制投标文件所需要的合理时间；但是，依法必须进行招标的项目，自招标文件开始发出之日起至投标人提交投标文件截止之日止，最短不得少于二十日。

第三章 投　　标

第二十五条 投标人是响应招标、参加投标竞争的法人或者其他组织。

依法招标的科研项目允许个人参加投标的，投标的个人适用本法有关投标人的规定。

第二十六条 投标人应当具备承担招标项目的能力；国家有关规定对投标人资格条件或者招标文件对投标人资格条件有规定的，投标人应当具备规定的资格条件。

第二十七条 投标人应当按照招标文件的要求编制投标文件。投标文件应当对招标文件提出的实质性要求和条件作出响应。招标项目属于建设施工的，投标文件的内容应当包括拟派出的项目负责人与主要技术人员的简历、业绩和拟用于完成招标项目的机械设备等。

第二十八条 投标人应当在招标文件要求提交投标文件的截止时间前，将投标文件送达投标地点。招标人收到投标文件后，应当签收保存，不得开启。投标人少于三个的，招标人应当依照本法重新招标。在招标文件要求提交投标文件的截止时间后送达的投标文件，招标人应当拒收。

第二十九条 投标人在招标文件要求提交投标文件的截止时间前，可以补充、修改或者撤回已提交的投标文件，并书面通知招标人。补充、修改的内容为投标文件的组成部分。

第三十条 投标人根据招标文件载明的项目实际情况，拟在中标后将中标项目的部分非主体、非关键性工作进行分包的，应当在投标文件中载明。

第三十一条 两个以上法人或者其他组织可以组成一个联合体，以一个投标人的身份共同投标。

联合体各方均应当具备承担招标项目的相应能力；国家有关规定或者招标文件对投标人资格条件有规定的，联合体各方均应当具备规定的相应资格条件。由同一专业的单位组成的联合体，按照资质等级较低的单位确定资质等级。

联合体各方应当签订共同投标协议，明确约定各方拟承担的工作和责任，并将共同投标协议连同投标文件一并提交招标人。

联合体中标的，联合体各方应当共同与招标人签订合同，就中标项目向招标人承担连带责任。

招标人不得强制投标人组成联合体共同投标，不得限制投标人之间的竞争。

第三十二条 投标人不得相互串通投标报价，不得排挤其他投标人的公平竞争，损害招标人或者其他投标人的合法权益。

投标人不得与招标人串通投标，损害国家利益、社会公共利益或者他人的合法权益。

禁止投标人以向招标人或者评标委员会成员行贿的手段谋取中标。

第三十三条 投标人不得以低于成本的报价竞标，也不得以他人名义投标或者以其他方式弄虚作假，骗取中标。

第四章 开标、评标和中标

第三十四条 开标应当在招标文件确定的提交投标文件截止时间的同一时间公开进行；开标地点应当为招标文件中预先确定的地点。

第三十五条 开标由招标人主持，邀请所有投标人参加。

第三十六条 开标时，由投标人或者其推选的代表检查投标文件的密封情况，也可以由招标人委托的公证机构检查并公证；经确认无误后，由工作人员当众拆封，宣读投标人名称、投标价格和投标文件的其他主要内容。

招标人在招标文件要求提交投标文件的截止时间前收到的所有投标文件，开标时都应当当众予以拆封、宣读。

开标过程应当记录，并存档备查。

第三十七条 评标由招标人依法组建的评标委员会负责。

依法必须进行招标的项目，其评标委员会由招标人的代表和有关技术、经济等方面的专家组成，成员人数为五人以上单数，其中技术、经济等方面的专家不得少于成员总数的三分之二。前款专家应当从事相关领域工作满八年并具有高级职称或者具有同等专业水平，由招标人从国务院有关部门或者省、自治区、直辖市人民政府有关部门提供的专家名册或者招标代理机构的专家库内的相关专业的专家名单中确定；一般招标项目可以采取随机抽取方式，特殊招标项目可以由招标人直接确定。与投标人有利害关系的人不得进入相关项目的评标委员会；已经进入的应当更换。

评标委员会成员的名单在中标结果确定前应当保密。

第三十八条 招标人应当采取必要的措施，保证评标在严格保密的情况下进行。

任何单位和个人不得非法干预、影响评标的过程和结果。

第三十九条 评标委员会可以要求投标人对投标文件中含义不明确的内容作必要的澄清或者说明，但是澄清或者说明不得超出投标文件的范围或者改变投标文件的实质性内容。

第四十条 评标委员会应当按照招标文件确定的评标标准和方法，对投标文件进行评审和比较；设有标底的，应当参考标底。评标委员会完成评标后，应当向招标人提出书面评标报告，并推荐合格的中标候选人。

招标人根据评标委员会提出的书面评标报告和推荐的中标候选人确定中标人。招标人也可以授权评标委员会直接确定中标人。

国务院对特定招标项目的评标有特别规定的，从其规定。

第四十一条 中标人的投标应当符合下列条件之一：

（一）能够最大限度地满足招标文件中规定的各项综合评价标准；

（二）能够满足招标文件的实质性要求，并且经评审的投标价格最低；但是投标价格低于成本的除外。

第四十二条 评标委员会经评审，认为所有投标都不符合招标文件要求的，可以否决所有投标。

依法必须进行招标的项目的所有投标被否决的，招标人应当依照本法重新招标。

第四十三条 在确定中标人前，招标人不得与投标人就投标价格、投标方案等实质性内容进行谈判。

第四十四条 评标委员会成员应当客观、公正地履行职务，遵守职业道德，对所提出的评审意见承担个人责任。

评标委员会成员不得私下接触投标人，不得收受投标人的财物或者其他好处。

评标委员会成员和参与评标的有关工作人员不得透露对投标文件的评审和比较、中标候选人的推荐情况以及与评标有关的其他情况。

第四十五条 中标人确定后，招标人应当向中标人发出中标通知书，并同时将中标结果通知所有未中标的投标人。

中标通知书对招标人和中标人具有法律效力。中标通知书发出后，招标人改变中标结果的，或者中标人放弃中标项目的，应当依法承担法律责任。

第四十六条 招标人和中标人应当自中标通知书发出之日起三十日内，按照招标文件和中标人的投标文件订立书面合同。招标人和中标人不得再行订立背离合同实质性内容的其他协议。

招标文件要求中标人提交履约保证金的，中标人应当提交。

第四十七条 依法必须进行招标的项目，招标人应当自确定中标人之日起十五日内，向有关行政监督部门提交招标投标情况的书面报告。

第四十八条 中标人应当按照合同约定履行义务，完成中标项目。中标人不得向他人转让中标项目，也不得将中标项目肢解后分别向他人转让。

中标人按照合同约定或者经招标人同意，可以将中标项目的部分非主体、非关键性工作分包给他人完成。接受分包的人应当具备相应的资格条件，并不得再次分包。

中标人应当就分包项目向招标人负责，接受分包的人就分包项目承担连带责任。

第五章 法 律 责 任

第四十九条 违反本法规定，必须进行招标的项目而不招标的，将必须进行招标的项目化整为零或者以其他任何方式规避招标的，责令限期改正，可以处项目合同金额千分之五以上千分之十以下的罚款；对全部或者部分使用国有资金的项目，可以暂停项目执行或者暂停资金拨付；对单位直接负责的主管人员和其他直接责任人员依法给予处分。

第五十条 招标代理机构违反本法规定，泄露应当保密的与招标投标活动有关的情况和资料的，或者与招标人、投标人串通损害国家利益、社会公共利益或者他人合法权益的，处五万元以上二十五万元以下的罚款，对单位直接负责的主管人员和其他直接责任人员处单位罚款数额百分之五以上百分之十以下的罚款；有违法所得的，并处没收违法所得；情节严重的，暂停直至取消招标代理资格；构成犯罪的，依法追究刑事责任。给他人造成损失的，依法承担赔偿责任。

前款所列行为影响中标结果的，中标无效。

第五十一条 招标人以不合理的条件限制或者排斥潜在投标人的，对潜在投标人实行歧视待遇的，强制要求投标人组成联合体共同投标的，或者限制投标人之间竞争的，责令改正，可以处一万元以上五万元以下的罚款。

第五十二条 依法必须进行招标的项目的招标人向他人透露已获取招标文件的潜在投标人的名称、数量或者可能影响公平竞争的有关招标投标的其他情况的，或者泄露标底的，给予警告，可以并处一万元以上十万元以下的罚款；对单位直接负责的主管人员和其他直接责任人员依法给予处分；构成犯罪的，依法追究刑事责任。

前款所列行为影响中标结果的，中标无效。

第五十三条 投标人相互串通投标或者与招标人串通投标的，投标人以向招标人或者评标委员会成员行贿的手段谋取中标的，中标无效，处中标项目金额千分之五以上千分之十以下的罚款，对单位直接负责的主管人员和其他直接责任人员处单位罚款数额百分之五以上百分之十以下的罚款；有违法所得的，并处没收违法所得；情节严重的，取消其一年至二年内参加依法必须进行招标的项目的投标资格并予以公告，直至由工商行政管理机关吊销营业执照；构成犯罪的，依法追究刑事责任。给他人造成损失的，依法承担赔偿责任。

第五十四条 投标人以他人名义投标或者以其他方式弄虚作假，骗取中标的，中标无效，给招标人造成损失的，依法承担赔偿责任；构成犯罪的，依法追究刑事责任。

依法必须进行招标的项目的投标人有前款所列行为尚未构成犯罪的，处中标项目金额千分之五以上千分之十以下的罚款，对单位直接负责的主管人员和其他直接责任人员处单位罚款数额百分之五以上百分之十以下的罚款；有违法所得的，并处没收违法所得；情节严重的，取消其一年至三年内参加依法必须进行招标的项目的投标资格并予以公告，直至由工商行政管理机关吊销营业执照。

第五十五条 依法必须进行招标的项目，招标人违反本法规定，与投标人就投标价格、投标方案等实质性内容进行谈判的，给予警告，对单位直接负责的主管人员和其他直接责任人员依法给予处分。

前款所列行为影响中标结果的，中标无效。

第五十六条 评标委员会成员收受投标人的财物或者其他好处的，评标委员会成员或者参加评标的有关工作人员向他人透露对投标文件的评审和比较、中标候选人的推荐以及与评标有关的其他情况的，给予警告，没收收受的财物，可以并处三千元以上五万元以下的罚款，对有所列违法行为的评标委员会成员取消担任评标委员会成员的资格，不得再参加任何依法必须进行招标的项目的评标；构成犯罪的，依法追究刑事责任。

第五十七条 招标人在评标委员会依法推荐的中标候选人以外确定中标人的，依法必须进行招标的项目在所有投标被评标委员会否决后自行确定中标人的，中标无效。责令改正，可以处中标项目金额千分之五以上千分之十以下的罚款；对单位直接负责的主管人员和其他直接责任人员依法给予处分。

第五十八条　中标人将中标项目转让给他人的，将中标项目肢解后分别转让给他人的，违反本法规定将中标项目的部分主体、关键性工作分包给他人的，或者分包人再次分包的，转让、分包无效，处转让、分包项目金额千分之五以上千分之十以下的罚款；有违法所得的，并处没收违法所得；可以责令停业整顿；情节严重的，由工商行政管理机关吊销营业执照。

第五十九条　招标人与中标人不按照招标文件和中标人的投标文件订立合同的，或者招标人、中标人订立背离合同实质性内容的协议的，责令改正；可以处中标项目金额千分之五以上千分之十以下的罚款。

第六十条　中标人不履行与招标人订立的合同的，履约保证金不予退还，给招标人造成的损失超过履约保证金数额的，还应当对超过部分予以赔偿；没有提交履约保证金的，应当对招标人的损失承担赔偿责任。

中标人不按照与招标人订立的合同履行义务，情节严重的，取消其二年至五年内参加依法必须进行招标的项目的投标资格并予以公告，直至由工商行政管理机关吊销营业执照。

因不可抗力不能履行合同的，不适用前两款规定。

第六十一条　本章规定的行政处罚，由国务院规定的有关行政监督部门决定。本法已对实施行政处罚的机关作出规定的除外。

第六十二条　任何单位违反本法规定，限制或者排斥本地区、本系统以外的法人或者其他组织参加投标的，为招标人指定招标代理机构的，强制招标人委托招标代理机构办理招标事宜的，或者以其他方式干涉招标投标活动的，责令改正；对单位直接负责的主管人员和其他直接责任人员依法给予警告、记过、记大过的处分，情节较重的，依法给予降级、撤职、开除的处分。

个人利用职权进行前款违法行为的，依照前款规定追究责任。

第六十三条　对招标投标活动依法负有行政监督职责的国家机关工作人员徇私舞弊、滥用职权或者玩忽职守，构成犯罪的，依法追究刑事责任；不构成犯罪的，依法给予行政处分。

第六十四条　依法必须进行招标的项目违反本法规定，中标无效的，应当依照本法规定的中标条件从其余投标人中重新确定中标人或者依照本法重新进行招标。

第六章　附　　则

第六十五条　投标人和其他利害关系人认为招标投标活动不符合本法有关规定的，有权向招标人提出异议或者依法向有关行政监督部门投诉。

第六十六条　涉及国家安全、国家秘密、抢险救灾或者属于利用扶贫资金实行以工代赈、需要使用农民工等特殊情况，不适宜进行招标的项目，按照国家有关规定可以不进行招标。

第六十七条　使用国际组织或者外国政府贷款、援助资金的项目进行招标，贷款方、资金提供方对招标投标的具体条件和程序有不同规定的，可以适用其规定，但违背中华人民共和国的社会公共利益的除外。

第六十八条　本法自 2000 年 1 月 1 日起施行。

附录3

建筑设备安装工程招标文件范本

建设工程招标申请书 表 1

<table>
<tr><td colspan="2">工程名称</td><td colspan="2"></td><td colspan="2">建设地点</td><td colspan="2"></td></tr>
<tr><td colspan="2">结构类型</td><td colspan="2"></td><td colspan="2">招标建设规模</td><td colspan="2"></td></tr>
<tr><td colspan="2">报建登记文号</td><td colspan="2"></td><td colspan="2">概（预）算（万元）</td><td colspan="2"></td></tr>
<tr><td colspan="2">计划开工日期</td><td colspan="2">年 月 日</td><td colspan="2">计划竣工日期</td><td colspan="2">年 月 日</td></tr>
<tr><td colspan="2">招标方式</td><td colspan="2"></td><td colspan="2">发包方式</td><td colspan="2"></td></tr>
<tr><td colspan="2">对投标人的资质等级要求</td><td colspan="2"></td><td colspan="2">设计单位</td><td colspan="2"></td></tr>
<tr><td colspan="2">工程招标范围</td><td colspan="6"></td></tr>
<tr><td rowspan="3">招标前准备情况</td><td rowspan="2">施工现场条件</td><td>水</td><td></td><td>电</td><td></td><td>场地平整</td><td></td></tr>
<tr><td>路</td><td></td><td></td><td></td><td></td><td></td></tr>
<tr><td>建设单位供应的材料或设备</td><td colspan="6"></td></tr>
<tr><td rowspan="6">招标组织成员名单</td><td>姓名</td><td>工作单位</td><td>职务</td><td>职称</td><td>从事专业年限</td><td colspan="2">负责招标内容</td></tr>
<tr><td></td><td></td><td></td><td></td><td></td><td colspan="2"></td></tr>
<tr><td></td><td></td><td></td><td></td><td></td><td colspan="2"></td></tr>
<tr><td></td><td></td><td></td><td></td><td></td><td colspan="2"></td></tr>
<tr><td></td><td></td><td></td><td></td><td></td><td colspan="2"></td></tr>
<tr><td></td><td></td><td></td><td></td><td></td><td colspan="2"></td></tr>
<tr><td colspan="2">招标人</td><td colspan="6">法定代表人：（签字、盖章）
（公章） 年 月 日</td></tr>
<tr><td colspan="2">招标代理人</td><td colspan="6">法定代表人：（签字、盖章）
（公章） 年 月 日</td></tr>
<tr><td colspan="2">建设单位上级主管部门意见</td><td colspan="6">（盖章）
年 月 日</td></tr>
<tr><td colspan="2">招标投标管理机构意见</td><td colspan="6">（盖章）
年 月 日</td></tr>
<tr><td colspan="2">备 注</td><td colspan="6"></td></tr>
</table>

投标单位资格预审通告　　　　**表 2**

1. ______（建设单位名称）的______工程，建设地点在________，结构类型为________，建设规模为________。招标申请已获________（招标投标管理机构名称）批准，现通过资格预审确定合格的施工单位参加投标。

2. ________（招标人名称，如招标人未持有招标组织资质证书的，则应写明某招标代理人受建设单位的委托）现邀请合格的施工单位就工程的施工、竣工、保修所需的劳动力、材料、设备和服务的供应提交资格预审申请书。

3. 参加资格预审的施工单位的资质等级须是________，这些施工单位应具备以往类似经验和在施工机械设备、人员、资金、技术等方面有能力执行工程的令招标人满意的证明材料，以便通过资格预审。

4. 工程质量要求达到国家施工验收规范________（优良、合格）标准。计划开工日期为________年________月________日，计划竣工日期为________年________月________日，工期________天（日历日）。

5. 该工程的承包方式为________（包工包料或包工不包料），工程招标范围（工程发包方内容）为________。

6. 有意向的合格的施工单位可按下述地点向招标人（或招标代理人）提出申请参加资格预审，并获取进一步的信息和领取资格预审文件。资格预审文件的发售日期为________年月________日，每天________时至________时（公休日和节假日除外）。

7. 施工单位所填写的资格预审文件须在____年____月____日____时前，按下述地点送达招标人（或招标代理人）。

8. 资格预审合格的施工单位名单确定后，招标人（或招标代理人）在____年____月____日之前发出资格预审合格通知书。

招标人（或招标代理人）:（盖章）

法定代表人:（签字、盖章）

地址:

邮政编码:

联系人:

电话:　　　　　　　　　　　　　　　　　　　　____年____月____日

投标单位资格预审申请书　　　　**表 3**

1. 申请资格预审单位的概况（如是联合体，主办人和联合体各成员情况分别填表）

（1）企业简历

<table>
<tr><td>名　　称</td><td colspan="2"></td><td>性　　质</td><td></td><td>设立时间</td><td></td></tr>
<tr><td rowspan="2">法定代表人</td><td>姓　名</td><td></td><td rowspan="2">企业资质等　　级</td><td rowspan="2"></td><td rowspan="2">上级主管部　　门</td><td rowspan="2"></td></tr>
<tr><td>职　称</td><td></td></tr>
<tr><td>企业的分支机构或专业单位名称</td><td colspan="2"></td><td>经营方式</td><td colspan="3"></td></tr>
<tr><td>经营范围</td><td colspan="3"></td><td colspan="3"></td></tr>
<tr><td>企业简要经历</td><td colspan="3"></td><td colspan="3"></td></tr>
</table>

（2）人员和机械设备情况

企业职工总人数		人员类型	有职称管理人员				工人		
			高工	工程师	助工	技术员	4～8级	1～3级	无级
		人数							

主要施工机械设备	名称	型号	数量（台）	总功率（kW）	制造国或产地	制造年份

2．财务状况（如是联合体，主办人和联合体各成员情况分别填报）

（1）基本资料

资产总额（元）		固定资产	
		流动资产	
负债总额（元）		长期负债	
		流动负债	
年平均完成投资（元）		最高年施工能力（m^2）	

（2）最近3年每年完成投资金额和本年预计完成投资金额

年度	年完成金额（元）

（3）最近2年经审计的财务报表（附财务报表）

（4）下一年度的财务预测报告（附财务预测报告）

（5）可以查到财务信息的开户银行的名称、地址，及申请单位向其开户银行出具的招标人可查证的授权书

3．拟投入的主要管理人员情况（按专业、管理和在现场的、不在现场的列明；如是联合体各成员的情况分别填报）。

姓名	职务	职称	在本工程中拟担任的工作	主要经验及承担的项目

4．目前剩余劳动力和施工机械设备情况（如是联合体，主办人和联合体各成员分别填表）。

（1）剩余劳动力情况　　　　　　　　　　　　　　　　　　　　　　单位：人

剩余人员总数						
剩余人员分布	剩余人员类型	有职称管理人员				其他管理人员
		高级工程师	工程师	助理工程师	技术员	
	数　　量					
	剩余人员类型	技术工人				普通工人
		8级以上	6～8级	4～6级	1～3级	
	数　　量					

（2）剩余施工机械设备情况

机械或设备名称	型　　号	数量（台）	总功率（kW）	制造国或产地	制造年份

5．近3年来所承建工程情况（如是联合体，主办人和联合体各成员的情况分别填报）。

建设单位	项目名称	建设地点	结构类型	建设规模	开工竣工日期	合同价格	质量达到标准	合同履行情况

6．目前正在承建工程情况（如是联合体，主办人和联合体各成员情况分别填报）。

建设单位	项目名称	建设地点	结构类型	建设规模	计划开工竣工日期	合同价格	质量要求标　准

7．目前和过去2年涉及的仲裁、诉讼案件情况（如是联合体，主办人和联合体各成员的情况分别填报，并将有关资料附上）。

8．其他资料（如各种奖励或处罚等，如是联合体，主办人和联合体各成员的情况分别填报，并将有关资料附上）。

9．联合体协议书和授权书（附联合协议书副本和各成员法定代表人签署的授权书）。

投标单位资格预审合格通知书　　　　　　　　　　**表4**

________（建设单位名称）坐落在________的________工程，结构类型为________，建设规模为________。经招标人员申请，招标投标管理机构批准，通过对参加资格预审的单位在以往经验和施工机械设备、人员、财务状况，以及施工技术能力等方面的情况的审查，确定以下名单中的施工单位为资格预审合格单位，现就上述工程的施工、竣工和保修所需的劳动力、材料和服务的供应进行招标，择优选定承包单位，请收到本通知书后于________年________月________日前，到________（地点）领取招标文件、图纸和有关技术资料，同时交纳押金________元。

资审合格单位名称：

招标人：（盖章）　　　　　　　　　招标投资管理机构

法定代表人：（签字、盖章）　　　　审核意见：（盖章）

日期：年　月　日　　　　　　　　　日期：年　月　日

招标代理人：（盖章）

法定代表人：（签字、盖章）

日期：年　月　日

招 标 公 告　　　　**表 5**

1. ________（建设单位名称）的________工程，建设地点在________，结构类型为________，建设规模为________。招标申请已获________（招标投标管理机构名称）批准，现采用公开招标方式择优选定承包单位。

2. ________（招标人名称，如招标人未持有招标组织资质证书的，则应写明某招标代理人受建设单位的委托）现邀请合格的潜在投标人进行密封投标，以得到必要的劳动力、材料、设备和服务来建设和完成________工程。

3. 工程质量要求达到国家施工规范________（优良、合格）标准。计划开工日期为________年________月________日，竣工日期为________年________月________日，工期________天（日历日）。

4. 投标人要求须是持有________级以上资质等级证书的施工企业，愿意参加投标的施工单位，可携带营业执照、施工资质等级证书向招标人（或受招标人委托的招标代理人）领取招标文件，同时交纳押金________元。

5. 该工程的发包方式为________（包工包料或包工不包料），招标范围为________。

6. 招标日程安排。

（1）发放招标文件单位：

（2）发放招标文件时间：自________年________月________日起至________年________月________日止，每日上午________下午________（公休日和节假日除外）。

（3）投标地点：

（4）现场踏勘时间：

（5）投标预备时间：

（6）投标开始时间：　　　　投标截止时间：________年________月________日________时

（7）开标时间：年________月________日________时

（8）开标地点：

招标人（或招标代理人）：（盖章）

法定人：（签字、盖章）

地址：

邮政编码：

联系人：

电话：　　　　　　　　年　月　日

招 标 邀 请 书 表6

________（被邀请的施工单位名称）：

1．________（建设单位名称）的________工程，建设地点在________，结构类型为________，建设规模为________。招标申请已获________（招标投标管理机构名称）批准，现采用邀请招标的方式择优选定承包单位。

2．________（招标人名称，如招标人员未持有招标组织资质证书的，则应写明某招标代理人受建设单位的委托）现邀请合格的投标单位，进行密封投标，通过评审择优选出中标单位，来完成本合同工程的施工、竣工和保修。

3. 工程质量要求达到国家施工验收规范________（优良、合格）标准。计划开工日期________年________月________日，竣工日期为________年________月________日，工期________天（日历日）。

4. 投标人要求须是持有________级以上资质等级证书的施工企业，施工单位如愿意参加投标，可携带营业执照、施工资质等级证书向招标人（或招标代理人）领取招标文件，同时交纳押金________元。

5. 该工程的发包方式为________（包工包料或包工不包料），招标范围为________。

6. 招标日程安排

(1) 勘察现场时间：

(2) 投标预备时间：

(3) 投标截止时间：　　　　地点：

(4) 开标日期：

招标人（或招标代理人）：（盖章）

法定代表人：（签字、盖章）

地址：

邮政编码：

联系人：

电话：　　　　　　　　　　年　月　日

中 标 通 知 书 表7

________建筑设备安装工程公司：

________单位的办公楼空调系统安装工程（招标文件________号），通过评标委员会评定，并报招标管理机构批准，确定你单位为中标单位。中标价为人民币________元，工期自________年________月________日开工，________年________月________日竣工，工期________天，工程质量达到国家施工验收规范要求。

希接到通知后，________日内起草施工合同，________年________月________日携带合同到________单位共同协商签订，以利于工程顺利进行。

建设单位：（盖章）

法定代表人：（签章）

日期：________年________月________日

招标单位：

法定代表人：（签章）

日期：________年________月________日

招标管理机构：

法定代表人：（签章）

日期：________年________月________日

附录 4

工程招标文件格式

第一部分　投标须知、合同条件和合同格式

第一章　投　标　须　知

前　附　表

项号	条款号	内　　容
1		工程综合说明： 工程名称： 建设地点： 结构类型及层数： 建筑面积： 承包方式： 要求质量标准： 要求工期： 　年　月　日开工，　年　月　日竣工，工期　天 招标范围：
2		合同名称：
3		资金来源：
4		投标人资质等级：
5		投标有效期：　天
6		投标保证金数额：　元
7		投标预备会时间：　地点：
8		投标文件副本份数：　份
9		投标文件递交至 单位：　地址：
10		投标截止日期：
11		开标时间：　地点：
12		评标方法：

一、总则

包括对招标工程；资金来源；资质要求与合同条件；投标费用等的说明

二、招标文件

招标文件的组成、格式、解释、修改等问题的说明。

三、投标文件

对投标文件的语言；投标文件的组成；投标报价的构成、采用方式和投标货币等问题；投标有效期；投标保证金；投标预备会；投标文件的份数和签署；投标文件的密封和标志；投标截止期；投标文件的修改和撤回等的说明。

四、开标

对开标时间、地点、方式和程序等的说明。

五、评标

对评标内容的保密；投标文件的澄清；投标文件的符合性鉴定；错误的修改；投标文件的评价与比较等问题的说明。

六、授予合同

对授予合同标准；中标通知书；合同的签署；履约担保的说明。

第二章　合　同　条　件　（略）

第三章　合同协议条款（略）

第四章　合　同　格　式

一、合同协议书格式（略）

二、银行履约保证函

银行履约保证函

________（建设单位）：

鉴于________（下称承包人）根据________年________月________日签署的________（合同名称）已承包________（工程名称）的施工、竣工和保修，你方在上述合同中要求承包人向你方提交下述金额的银行开具的保函，作为承包人履行该合同责任的保证金，本银行同意为承包人出具本保函。

本银行在此代表承包人向你方承担支付人民币________元的责任，承包人在履行合同中，由于资金、技术、质量或非不可抗力等原因给你方造成的经济损失，在你方以书面形式提出要求得到上述金额内的任何付款时，本银行即无条件、不争辩地予以支付，并不要求你方出具证明或说明背景、理由。

本银行放弃你方应先向承包人要求赔偿上述金额然后再向本银行提出要求的权利。

本银行进一步同意：在你方和承包人之间的合同条件、合同项下的工程或合同文件发生变化、补充或修改后，本银行承担本保函的责任也不改变，有关上述变化、补充和修改也无须通知本银行。

本保函直至保修责任证书发出后________天（一般为 28 天）内一直有效。

银行名称：（盖章）

银行法定代表人：（签字、盖章）

年　月　日

三、履约担保书

履约担保书

________（债权人即建设单位名称）：

鉴于________（投标人即承包人名称）已于________年________月________日向你方（指债权人即建设单位）递交了________（招标工程名称）的投标文件________（担保人名称）愿为投标人在中标后同你方签署的工程承包合同（包括合同中规定的合同协议书、合同文件、图纸、技术规范等）担保。

投标人作为委托人和担保人共同向你方承担支付人民币________元的责任，承包人和担保人均受本履约担保书的约束。

如果承包人在履行上述合同中，由于资金、技术、质量或非不可抗力等原因给你方造成经济损失，当你方以书面形式提出要求得到上述金额内的任何付款时，担保人将迅速予以支付。

本担保人不承担大于本担保书金额的责任。

除了你方（建设单位）以外，任何人都无权对本担保书的责任提出履行要求。

本担保书直至保修责任证书发出后________天（一般为28天）内一直有效。

承包人和担保人的法定代表人特在此签字盖章，确立本担保书。

担保人：（盖章）　　　　　　　　投标人：（盖章）

法定代表人：（签字、盖章）　　　法定代表人：（签字、盖章）

年　月　日　　　　　　　　　　　年　月　日

四、预付款银行保函

预付款银行保函

________（建设单位名称）：

根据你单位于________年________月________日与________（承包人名称）的________（合同名称）中的合同协议条款第________条的规定，承包人应向你方提交预付款银行保函，金额为人民币________元，以保证其履行上述合同条款。

本银行受承包人的委托，愿意作为保证人和主要债务人。当你方以书面形式提出要求收回全部或部分预付款时，本银行将无条件地、不可撤销地支付不超过上述保证金额的款额，并不要求你方先向承包人提出此项要求，以保证在承包人没有履行上述合同协议条款规定的责任时，你方可以向承包人收回全部或部分预付款。

本银行还同意：在你方和承包人之间的合同条件、合同项下的工程或合同文件发生变化、补充或修改后，本银行承担本保函的责任也不改变，有关上述变化、补充或修改也无须通知本银行。

本保函的有效期，从预付款支付日期起，至你方向承包人全部收回预付款的日期止。

银行名称：（盖章）

银行法定代表人：（签字、盖章）

地址：

年　月　日

第二部分　技　术　规　范

第五章　技术规范　对工程现场条件说明和本工程采用的技术规范的规定。

第三部分　投　标　文　件

第六章　投标书和投标书附录

一、投标书

投　标　书

________（建设单位名称）:

1. 根据已收到________（招标文件名称、编号），遵照有关建设工程招标投标管理规定，经考察现场和研究上述招标文件的投标须知、合同条件、技术规范、图纸、工程量清单和其他有关文件后，我方愿以人民币________元的总价，按上述合同条件、技术规范、图纸、工程量清单的条件承包上述工程的施工、竣工和保修任务。

2. 一旦我方中标，我方保证在__________年__________月__________日开工，__________年__________月__________日竣工，即在__________天（日历日）内竣工并移交整个工程。

3. 如果我方中标，我方将按照规定提交上述总价________%（如5%等）的银行保函或上述总价________%的由具有独立法人资格的经济实体出具的履约担保书，作为履约保证书，共同地和分别地承担责任。

4. 我方同意所递交的投标文件在投标须知第________条规定的投标有效期内有效，在此期间内我方的投标有可能中标，我方将受此约束。

5. 除非另外达成协议并生效，你方的中标通知和本投标文件将构成约束我们双方的合同。

6. 我方金额为人民币________元的投标保证金与本投标书同时递交。

投标人:（盖章）

地址:

法定代表人:（签字、盖章）

邮政编码:

电话:

传真:

开户银行名称:

银行账号:

开户银行地址:

电话:　　　　　　　　　　年　月　日

二、投标书附录

投 标 书 附 录

序号	项目内容		数量或标准	协议条款号
1	履行保证金	银行保函金额	合同价格的 %（5%）	
		履约担保书金额	合同价格的 %（10%）	
2	发生开工通知的时间		合同价格的 %（5%）	
3	误期赔偿费金额		合同价格的 %（10%）	
4	误期赔偿费限额		签订合同协议书后 天内	
5	提前工期奖		元/天	
6	工程质量达到优良标准补偿金		元	
7	工程质量未达到要求优良标准时的赔偿费		元	
8	预付款金额		合同价格的 %	
9	保留金金额		每次付款的 %（10%）	
10	保留金限额		合同价格的 %（3%）	
11	竣工时间		天（日历日）	
12	保修期		天（日历日）	

投标人：（盖章）

法定代表人：（签字、盖章）

年 月 日

三、投标保证金银行保函

投标保证金银行保函

________（招标人名称）：

鉴于________（投标人名称）参加________（招标工程名称）的投标，本银行愿意为投标人承担向你方（指招标人）支付总金额人民币________元的责任。

只要你方指明投标人出现下列情形之一的，本银行在接到你方的通知后就支付上述数额之内的任何金额，并不需要你方进行申述和证实：

（1）投标人在招标文件规定的投标有效期内撤回其投标的；

（2）投标人在投标有效期内收到你方的中标通知书后不能或拒绝按投标须知的规定提交履约保证金的。

（3）投标人在投标有效期内收到你方的中标通知书后不能或拒绝按投标须知规定提交履约保证金的。

本保函在投标有效期或你方在这段时间内延长的投标有效期28天内保持有效，本银行不要求得到延长有效期的通知，但任何索款要求应在有效期内送达本银行。

银行名称：（盖章）

法定代表人：（签字、盖章）

银行地址：
邮政编码：
电话：

年　月　日

四、法定代表人资格证明书

法定代表人资格证明书

兹证明________（姓名），________（性别），________（年龄），现为________（单位名称、所任职务），系________（单位名称）的法定代表人，有签署________（招标工程名称）的投标文件、合同和处理一切与之有关的事务的合法资格。

附　法定代表人签名手迹和印模：

投标人：（盖章）　　　　　　上级主管部门：（盖章）

年　月　日　　　　　　年　月　日

五、授权委托书

授 权 委 托 书

________（本人即授权人姓名）系________（投标人名称）的法定代表人，现授权委托（被授托人所在单位名称、所任职务、被授权人姓名）为投标人的代理人，以投标人的名义参加（招标工程名称）的投标活动。代理人在开标、评标、合同谈判过程中所签署的一切文件和处理与之有关的一切事务，本人均予以承认。但代理人无转让委托权。特此表明。

附　代理人签名手迹和印模：

代理人性别：　　年龄　　身份证号码：

投标人：（盖章）

授权人（法定代表人）：（签字、盖章）

年　月　日

第七章　工程清单与报价表

包括工程量清单报价表；设备清单报价表；现场因素、施工技术及赶工措施费用报价表；材料清单及材料差价和报价汇总表等（略）。

第八章　辅 助 资 料 表

包括项目经理简历；主要施工管理人员表；主要施工机械表；项目分包情况表；劳动力计划表；施工方案或施工组织设计；计划开、竣工日期和施工进度表；临时设施布置及临时用地等（略）。

第四部分　图　　纸

第九章　图纸、技术资料及附件

附录 5

中华人民共和国合同法

第一章　一　般　规　定

第一条　为了保护合同当事人的合法权益，维护社会经济秩序，促进社会主义现代化建设，制定本法。

第二条　本法所称合同是平等主体的自然人、法人、其他组织之间设立、变更、终止民事权利义务关系的协议。婚姻、收养、监护等有关身份关系的协议，适用其他法律的规定。

第三条　合同当事人的法律地位平等，一方不得将自己的意志强加给另一方。

第四条　当事人依法享有自愿订立合同的权利，任何单位和个人不得非法干预。

第五条　当事人应当遵循公平原则确定各方的权利和义务。

第六条　当事人行使权利、履行义务应当遵循诚实信用原则。

第七条　当事人订立、履行合同，应当遵守法律、行政法规，尊重社会公德，不得扰乱社会经济秩序，损害社会公共利益。

第八条　依法成立的合同，对当事人具有法律约束力。当事人应当按照约定履行自己的义务，不得擅自变更或者解除合同。依法成立的合同，受法律保护。

第二章　合　同　的　订　立

第九条　当事人订立合同，应当具有相应的民事权利能力和民事行为能力。当事人依法可以委托代理人订立合同。

第十条　当事人订立合同，有书面形式、口头形式和其他形式。法律、行政法规规定采用书面形式的，应当采用书面形式。当事人约定采用书面形式的，应当采用书面形式。

第十一条　书面形式是指合同书、信件和数据电文（包括电报、电传、传真、电子数据交换和电子邮件）等可以有形地表现所载内容的形式。

第十二条　合同的内容由当事人约定，一般包括以下条款：

（一）当事人的名称或者姓名和住所；

（二）标的；

（三）数量；

（四）质量；

（五）价款或者报酬；

（六）履行期限、地点和方式；

（七）违约责任；

（八）解决争议的方法。

当事人可以参照各类合同的示范文本订立合同。

第十三条　当事人订立合同，采取要约、承诺方式。

第十四条　要约是希望和他人订立合同的意思表示，该意思表示应当符合下列规定：

（一）内容具体确定；

（二）表明经受要约人承诺，要约人即受该意思表示约束。

第十五条 要约邀请是希望他人向自己发出要约的意思表示。寄送的价目表、拍卖公告、招标公告、招股说明书、商业广告等为要约邀请。商业广告的内容符合要约规定的，视为要约。

第十六条 要约到达受要约人时生效。采用数据电文形式订立合同，收件人指定特定系统接收数据电文的，该数据电文进入该特定系统的时间，视为到达时间；未指定特定系统的，该数据电文进入收件人的任何系统的首次时间，视为到达时间。

第十七条 要约可以撤回。撤回要约的通知应当在要约到达受要约人之前或者与要约同时到达受要约人。

第十八条 要约可以撤销。撤销要约的通知应当在受要约人发出承诺通知之前到达受要约人。

第十九条 有下列情形之一的，要约不得撤销：

（一）要约人确定了承诺期限或者以其他形式明示要约不可撤销；

（二）受要约人有理由认为要约是不可撤销的，并已经为履行合同作了准备工作。

第二十条 有下列情形之一的，要约失效：

（一）拒绝要约的通知到达要约人；

（二）要约人依法撤销要约；

（三）承诺期限届满，受要约人未做出承诺；

（四）受要约人对要约的内容做出实质性变更。

第二十一条 承诺是受要约人同意要约的意思表示。

第二十二条 承诺应当以通知的方式做出，但根据交易习惯或者要约表明可以通过行为做出承诺的除外。

第二十三条 承诺应当在要约确定的期限内到达要约人。要约没有确定承诺期限的，承诺应当依照下列规定到达：

（一）要约以对话方式作出的，应当即时做出承诺，但当事人另有约定的除外；

（二）要约以非对话方式做出的，承诺应当在合理期限内到达。

第二十四条 要约以信件或者电报做出的，承诺期限自信件载明的日期或者电报交发之日开始计算。信件未载明日期的，自投寄该信件的邮戳日期开始计算。要约以电话、传真等快速通讯方式做出的，承诺期限自要约到达受要约人时开始计算。

第二十五条 承诺生效时合同成立。

第二十六条 承诺通知到达要约人时生效。承诺不需要通知的，根据交易习惯或者要约的要求做出承诺的行为时生效。采用数据电文形式订立合同的，承诺到达的时间适用本法第十六条第二款的规定。

第二十七条 承诺可以撤回。撤回承诺的通知应当在承诺通知到达要约人之前或者与承诺通知同时到达要约人。

第二十八条 受要约人超过承诺期限发出承诺的，除要约人及时通知受要约人该承诺有效的以外，为新要约。

第二十九条 受要约人在承诺期限内发出承诺，按照通常情形能够及时到达要约人，但因其他原因承诺到达要约人时超过承诺期限的，除要约人及时通知受要约人因承诺超过期限不接受该承诺的以外，该承诺有效。

第三十条 承诺的内容应当与要约的内容一致。受要约人对要约的内容做出实质性变更的，为新要约。有关合同标的、数量、质量、价款或者报酬、履行期限、履行地点和方式、违约责任和解决争议方法等的变更，是对要约内容的实质性变更。

第三十一条 承诺对要约的内容做出非实质性变更的，除要约人及时表示反对或者要约表明承诺不得对要约的内容做出任何变更的以外，该承诺有效，合同的内容以承诺的内容为准。

第三十二条 当事人采用合同书形式订立合同的，自双方当事人签字或者盖章时合同成立。

第三十三条 当事人采用信件、数据电文等形式订立合同的，可以在合同成立之前要求签订确认书。签订确认书时合同成立。

第三十四条 承诺生效的地点为合同成立的地点。采用数据电文形式订立合同的，收件人的主营业地为合同成立的地点；没有主营业地的，其经常居住地为合同成立的地点。当事人另有约定的，按照其约定。

第三十五条 当事人采用合同书形式订立合同的，双方当事人签字或者盖章的地点为合同成立的地点。

第三十六条 法律、行政法规规定或者当事人约定采用书面形式订立合同，当事人未采用书面形式但一方已经履行主要义务，对方接受的，该合同成立。

第三十七条 采用合同书形式订立合同，在签字或者盖章之前，当事人一方已经履行主要义务，对方接受的，该合同成立。

第三十八条 国家根据需要下达指令性任务或者国家订货任务的，有关法人、其他组织之间应当依照有关法律、行政法规规定的权利和义务订立合同。

第三十九条 采用格式条款订立合同的，提供格式条款的一方应当遵循公平原则确定当事人之间的权利和义务，并采取合理的方式提请对方注意免除或者限制其责任的条款，按照对方的要求，对该条予以说明。格式条款是当事人为了重复使用而预先拟定，并在订立合同时未与对方协商的条款。

第四十条 格式条款具有本法第五十二条和第五十三条规定情形的，或者提供格式条款一方免除其责任、加重对方责任、排除对方主要权利的，该条款无效。

第四十一条 对格式条款的理解发生争议的，应当按照通常理解予以解释。对格式条款有两种以上解释的，应当做出不利于提供格式条款一方的解释。格式条款和非格式条款不一致的，应当采用非格式条款。

第四十二条 当事人在订立合同过程中有下列情形之一，给对方造成损失的，应当承担损害赔偿责任：

（一）假借订立合同，恶意进行磋商；

（二）故意隐瞒与订立合同有关的重要事实或者提供虚假情况；

（三）有其他违背诚实信用原则的行为。

第四十三条 当事人在订立合同过程中知悉的商业秘密，无论合同是否成立，不得泄露或者不正当地使用。泄露或者不正当地使用该商业秘密给对方造成损失的，应当承担损害赔偿责任。

第三章 合同的效力

第四十四条 依法成立的合同，自成立时生效。法律、行政法规规定应当办理批准、登记等手续生效的，依照其规定。

第四十五条 当事人对合同的效力可以约定附条件。附生效条件的合同，自条件成就时生效。附解除条件的合同，自条件成就时失效。当事人为自己的利益不正当地阻止条件成就的，视为条件已成就；不正当地促成条件成就的，视为条件不成就。

第四十六条 当事人对合同的效力可以约定附期限。附生效期限的合同，自期限届至时生效。附终止期限的合同，自期限届满时失效。

第四十七条 限制民事行为能力人订立的合同，经法定代理人追认后，该合同有效，但纯获利益的合同或者与其年龄、智力、精神健康状况相适应而订立的合同，不必经法定代理人追认。相对人可以催告法定代理人在一个月内予以追认。法定代理人未作表示的，视为拒绝追认。合同被追认之前，善意相对人有撤销的权利。撤销应当以通知的方式做出。

第四十八条 行为人没有代理权、超越代理权或者代理权终止后以被代理人名义订立的合同，未经被代理人追认，对被代理人不发生效力，由行为人承担责任。相对人可以催告被代理人在一个月内予以追认。被代理人未作表示的，视为拒绝追认。合同被追认之前，善意相对人有撤销的权利。撤销应当以通知的方式做出。

第四十九条 行为人没有代理权、超越代理权或者代理权终止后以被代理人名义订立合同，相对人有理由相信行为人有代理权的，该代理行为有效。

第五十条 法人或者其他组织的法定代表人、负责人超越权限订立的合同，除相对人知道或者应当知道其超越权限的以外，该代表行为有效。

第五十一条 无处分权的人处分他人财产，经权利人追认或者无处分权的人订立合同后取得处分权的，该合同有效。

第五十二条 有下列情形之一的，合同无效：

（一）一方以欺诈、胁迫的手段订立合同，损害国家利益；

（二）恶意串通，损害国家、集体或者第三人利益；

（三）以合法形式掩盖非法目的；

（四）损害社会公共利益；

（五）违反法律、行政法规的强制性规定。

第五十三条 合同中的下列免责条款无效：

（一）造成对方人身伤害的；

（二）因故意或者重大过失造成对方财产损失的。

第五十四条 下列合同，当事人一方有权请求人民法院或者仲裁机构变更或者撤销：

（一）因重大误解订立的；

（二）在订立合同时显失公平的。一方以欺诈、胁迫的手段或者乘人之危，使对方在违背真实意思的情况下订立的合同，受损害方有权请求人民法院或者仲裁机构变更或者撤销。当事人请求变更的，人民法院或者仲裁机构不得撤销。

第五十五条 有下列情形之一的，撤销权消灭：

（一）具有撤销权的当事人自知道或者应当知道撤销事由之日起一年内没有行使撤销权；

（二）具有撤销权的当事人知道撤销事由后明确表示或者以自己的行为放弃撤销权。

第五十六条 无效的合同或者被撤销的合同自始没有法律约束力。合同部分无效，不影响其他部分效力的，其他部分仍然有效。

第五十七条 合同无效、被撤销或者终止的，不影响合同中独立存在的有关解决争议方法的条款的效力。

第五十八条 合同无效或者被撤销后，因该合同取得的财产，应当予以返还；不能返还或者没有必要返还的，应当折价补偿。有过错的一方应当赔偿对方因此所受到的损失，双方都有过错的，应当各自承担相应的责任。

第五十九条 当事人恶意串通，损害国家、集体或者第三人利益的，因此取得的财产收归国家所有或者返还集体、第三人。

第四章 合同的履行

第六十条 当事人应当按照约定全面履行自己的义务。当事人应当遵循诚实信用原则，根据合同的性质、目的和交易习惯履行通知、协助、保密等义务。

第六十一条 合同生效后，当事人就质量、价款或者报酬、履行地点等内容没有约定或者约定不明确的，可以协议补充；不能达成补充协议的，按照合同有关条款或者交易习惯确定。

第六十二条 当事人就有关合同内容约定不明确，依照本法第六十一条的规定仍不能确定的，适用下列规定：

（一）质量要求不明确的，按照国家标准、行业标准履行；没有国家标准、行业标准的，按照通常标准或者符合合同目的的特定标准履行。

（二）价款或者报酬不明确的，按照订立合同时履行地的市场价格履行；依法应当执行政府定价或者政府指导价的，按照规定履行。

（三）履行地点不明确，给付货币的，在接受货币一方所在地履行；交付不动产的，在不动产所在地履行；其他标的，在履行义务一方所在地履行。

（四）履行期限不明确的，债务人可以随时履行，债权人也可以随时要求履行，但应当给对方必要的准备时间。

（五）履行方式不明确的，按照有利于实现合同目的的方式履行。

（六）履行费用的负担不明确的，由履行义务一方负担。

第六十三条 执行政府定价或者政府指导价的，在合同约定的交付期限内政府价格调整时，按照交付时的价格计价。逾期交付标的物的，遇价格上涨时，按照原价格执行；价格下降时，按照新价格执行。逾期提取标的物或者逾期付款的，遇价格上涨时，按照新价格执行；价格下降时，按照原价格执行。

第六十四条 当事人约定由债务人向第三人履行债务的，债务人未向第三人履行债务或者履行债务不符合约定，应当向债权人承担违约责任。

第六十五条 当事人约定由第三人向债权人履行债务的，第三人不履行债务或者履行债务不符合约定，债务人应当向债权人承担违约责任。

第六十六条 当事人互负债务，没有先后履行顺序的，应当同时履行。一方在对方履行之前有权拒绝其履行要求。一方在对方履行债务不符合约定时，有权拒绝其相应的履行要求。

第六十七条 当事人互负债务，有先后履行顺序，先履行一方未履行的，后履行一方有权拒绝其履行要求。先履行一方履行债务不符合约定的，后履行一方有权拒绝其相应的履行要求。

第六十八条 应当先履行债务的当事人，有确切证据证明对方有下列情形之一的，可以中止履行：

（一）经营状况严重恶化；

（二）转移财产、抽逃资金，以逃避债务；

（三）丧失商业信誉；

（四）有丧失或者可能丧失履行债务能力的其他情形。当事人没有确切证据中止履行的，应当承担违约责任。

第六十九条 当事人依照本法第六十八条的规定中止履行的，应当及时通知对方。对方提供适当担保时，应当恢复履行。中止履行后，对方在合理期限内未恢复履行能力并且未提供适当担保的，中止履行的一方可以解除合同。

第七十条 债权人分立、合并或者变更住所没有通知债务人，致使履行债务发生困难的，债务人可以中止履行或者将标的物提存。

第七十一条 债权人可以拒绝债务人提前履行债务，但提前履行不损害债权人利益的除外。债务人提前履行债务给债权人增加的费用，由债务人负担。

第七十二条 债权人可以拒绝债务人部分履行债务，但部分履行不损害债权人利益的除外。债务人部分履行债务给债权人增加的费用，由债务人负担。

第七十三条 因债务人怠于行使其到期债权，对债权人造成损害的，债权人可以向人民法院请求以自己的名义代位行使债务人的债权，但该债权专属于债务人自身的除外。代位权的行使范围以债权人的债权为限。债权人行使代位权的必要费用，由债务人负担。

第七十四条 因债务人放弃其到期债权或者无偿转让财产，对债权人造成损害的，债权人可以请求人民法院撤销债务人的行为。债务人以明显不合理的低价转让财产，对债权人造成损害，并且受让人知道该情形的，债权人也可以请求人民法院撤销债务人的行为。撤销权的行使范围以债权人的债权为限。债权人行使撤销权的必要费用，由债务人负担。

第七十五条 撤销权自债权人知道或者应当知道撤销事由之日起一年内行使。自债务人的行为发生之日起五年内没有行使撤销权的，该撤销权消灭。

第七十六条 合同生效后，当事人不得因姓名、名称的变更或者法定代表人、负责人、承办人的变动而不履行合同义务。

第五章　合同的变更和转让

第七十七条 当事人协商一致，可以变更合同。法律、行政法规规定变更合同应当办理批准、登记等手续的，依照其规定。

第七十八条 当事人对合同变更的内容约定不明确的，推定为未变更。

第七十九条 债权人可以将合同的权利全部或者部分转让给第三人，但有下列情形之一的除外：

（一）根据合同性质不得转让；

（二）按照当事人约定不得转让；

（三）依照法律规定不得转让。

第八十条 债权人转让权利的，应当通知债务人。未经通知，该转让对债务人不发生效力。债权人转让权利的通知不得撤销，但经受让人同意的除外。

第八十一条 债权人转让权利的，受让人取得与债权有关的从权利，但该从权利专属于债权人自身的除外。

第八十二条 债务人接到债权转让通知后，债务人对让与人的抗辩，可以向受让人主张。

第八十三条 债务人接到债权转让通知时，债务人对让与人享有债权，并且债务人的债权先于转让的债权到期或者同时到期的，债务人可以向受让人主张抵消。

第八十四条 债务人将合同的义务全部或者部分转移给第三人的，应当经债权人同意。

第八十五条 债务人转移义务的，新债务人可以主张原债务人对债权人的抗辩。

第八十六条 债务人转移义务的，新债务人应当承担与主债务有关的从债务，但该从债务专属于原债务人自身的除外。

第八十七条 法律、行政法规规定转让权利或者转移义务应当办理批准、登记等手续的，依照其规定。

第八十八条 当事人一方经对方同意，可以将自己在合同中的权利和义务一并转让给第三人。

第八十九条 权利和义务一并转让的，适用本法第七十九条、第八十一条至第八十三条、第八十五条至第八十七条的规定。

第九十条 当事人订立合同后合并的，由合并后的法人或者其他组织行使合同权利，履行合同义务。当事人订立合同后分立的，除债权人和债务人另有约定的以外，由分立的法人或者其他组织对合同的权利和义务享有连带债权，承担连带债务。

第六章 合同的权利义务终止

第九十一条 有下列情形之一的，合同的权利义务终止：

（一）债务已经按照约定履行；

（二）合同解除；

（三）债务相互抵消；

（四）债务人依法将标的物提存；

（五）债权人免除债务；

（六）债权债务同归于一人；

（七）法律规定或者当事人约定终止的其他情形。

第九十二条 合同的权利义务终止后，当事人应当遵循诚实信用原则，根据交易习惯履行通知、协助、保密等义务。

第九十三条 当事人协商一致，可以解除合同。当事人可以约定一方解除合同的条件。解除合同的条件成就时，解除权人可以解除合同。

第九十四条 有下列情形之一的，当事人可以解除合同：

（一）因不可抗力致使不能实现合同目的；

（二）在履行期限届满之前，当事人一方明确表示或者以自己的行为表明不履行主要债务；

（三）当事人一方迟延履行主要债务，经催告后在合理期限内仍未履行；

（四）当事人一方迟延履行债务或者有其他违约行为致使不能实现合同目的；

（五）法律规定的其他情形。

第九十五条 法律规定或者当事人约定解除权行使期限，期限届满当事人不行使的，该权利消灭。法律没有规定或者当事人没有约定解除权行使期限，经对方催告后在合理期限内不行使的，该权利消灭。

第九十六条 当事人一方依照本法第九十三条第二款、第九十四条的规定主张解除合同的，应当通知对方。合同自通知到达对方时解除。对方有异议的，可以请求人民法院或者仲裁机构确认解除合同的效力。法律、行政法规规定解除合同应当办理批准、登记等手续的，依照其规定。

第九十七条 合同解除后，尚未履行的，终止履行；已经履行的，根据履行情况和合同性质，当事人可以要求恢复原状、采取其他补救措施，并有权要求赔偿损失。

第九十八条 合同的权利义务终止，不影响合同中结算和清理条款的效力。

第九十九条 当事人互负到期债务，该债务的标的物种类、品质相同的，任何一方可以将自己的债务与对方的债务抵消，但依照法律规定或者按照合同性质不得抵消的除外。当事人主张抵消的，应当通知对方。通知自到达对方时生效。抵消不得附条件或者附期限。

第一百条 当事人互负债务，标的物种类、品质不相同的，经双方协商一致，也可以抵消。

第一百零一条 有下列情形之一，难以履行债务的，债务人可以将标的物提存：

（一）债权人无正当理由拒绝受领；

（二）债权人下落不明；

（三）债权人死亡未确定继承人或者丧失民事行为能力未确定监护人；

（四）法律规定的其他情形。标的物不适于提存或者提存费用过高的，债务人依法可以拍卖或者变卖标的物，提存所得的价款。

第一百零二条 标的物提存后，除债权人下落不明的以外，债务人应当及时通知债权人或者债权人的继承人、监护人。

第一百零三条 标的物提存后，毁损、灭失的风险由债权人承担。提存期间，标的物的孳息归债权人所有。提存费用由债权人负担。

第一百零四条 债权人可以随时领取提存物，但债权人对债务人负有到期债务的，在债权人未履行债务或者提供担保之前，提存部门根据债务人的要求应当拒绝其领取提存物。债权人领取提存物的权利，自提存之日起五年内不行使而消灭，提存物扣除提存费用后归国家所有。

第一百零五条 债权人免除债务人部分或者全部债务的，合同的权利义务部分或者全部终止。

第一百零六条 债权和债务同归于一人的，合同的权利义务终止，但涉及第三人利益的除外。

第七章 违 约 责 任

第一百零七条 当事人一方不履行合同义务或者履行合同义务不符合约定的，应当承担继续履行，采取补救措施或者赔偿损失等违约责任。

第一百零八条 当事人一方明确表示或者以自己的行为表明不履行合同义务的，对方可以在履行期限届满之前要求其承担违约责任。

第一百零九条 当事人一方未支付价款或者报酬的，对方可以要求其支付价款或者报酬。

第一百一十条 当事人一方不履行非金钱债务或者履行非金钱债务不符合约定的，对方可以要求履行，但有下列情形之一的除外：

（一）法律上或者事实上不能履行；

（二）债务的标的不适于强制履行或者履行费用过高；

（三）债权人在合理期限内未要求履行。

第一百一十一条 质量不符合约定的，应当按照当事人的约定承担违约责任。对违约责任没有约定或者约定不明确，依照本法第六十一条的规定仍不能确定的，受损害方根据标的的性质以及损失的大小，可以合理选择要求对方承担修理、更换、重作、退货、减少价款或者报酬等违约责任。

第一百一十二条 当事人一方不履行合同义务或者履行合同义务不符合约定的，在履行义务或者采取补救措施后，对方还有其他损失的，应当赔偿损失。

第一百一十三条 当事人一方不履行合同义务或者履行合同义务不符合约定，给对方造成损失的，损失赔偿额应当相当于因违约所造成的损失，包括合同履行后可以获得的利益，但不得超过违反合同一方订立合同时预见到或者应当预见到的因违反合同可能造成的损失。经营者对消费者提供商品或者服务有欺诈行为的，依照《中华人民共和国消费者权益保护法》的规定承担损害赔偿责任。

第一百一十四条 当事人可以约定一方违约时应当根据违约情况向对方支付一定数额的违约金，也可以约定因违约产生的损失赔偿额的计算方法。约定的违约金低于造成的损失的，当事人可以请求人民法院或者仲裁机构予以增加；约定的违约金过分高于造成的损失的，当事人可以请求人民法院或者仲裁机构予以适当减少。当事人就迟延履行约定违约金的，违约方支付违约金后，还应当履行债务。

第一百一十五条 当事人可以依照《中华人民共和国担保法》约定一方向对方给付定金作为债权的担保。债务人履行债务后，定金应当抵作价款或者收回。给付定金的一方不履行约定的债务的，无权要求返还定金；收受定金的一方不履行约定的债务的，应当双倍返还定金。

第一百一十六条 当事人既约定违约金，又约定定金的，一方违约时，对方可以选择适用违约金或者定金条款。

第一百一十七条 因不可抗力不能履行合同的，根据不可抗力的影响，部分或者全部免除责任，但法律另有规定的除外。当事人迟延履行后发生不可抗力的，不能免除责任。本法所称不可抗力，是指不能预见、不能避免并不能克服的客观情况。

第一百一十八条 当事人一方因不可抗力不能履行合同的，应当及时通知对方，以减轻可能给对方造成的损失，并应当在合理期限内提供证明。

第一百一十九条 当事人一方违约后，对方应当采取适当措施防止损失的扩大；没有采取适当措施致使损失扩大的，不得就扩大的损失要求赔偿。当事人因防止损失扩大而支出的合理费用，由违约方承担。

第一百二十条 当事人双方都违反合同的，应当各自承担相应的责任。

第一百二十一条 当事人一方因第三人的原因造成违约的，应当向对方承担违约责任。当事人一方和第三人之间的纠纷，依照法律规定或者按照约定解决。

第一百二十二条 因当事人一方的违约行为，侵害对方人身、财产权益的，受损害方有权选择依照本法要求其承担违约责任或者依照其他法律请求其承担侵权责任。

第八章 其 他 规 定

第一百二十三条 其他法律对合同另有规定的，依照其规定。

第一百二十四条 本法分则或者其他法律没有明文规定的合同，适用本法总则的规定，并可以参照本法分则或者其他法律最相类似的规定。

第一百二十五条 当事人对合同条款的理解有争议的，应当按照合同所使用的词句、合同的有关条款、合同的目的、交易习惯以及诚实信用原则，确定该条款的真实意思。合同文本采用两种以上文字订立并约定具有同等效力的，对各文本使用的词句推定具有相同含义。各文本使用的词句不一致的，应当根据合同的目的予以解释。

第一百二十六条 涉外合同的当事人可以选择处理合同争议所适用的法律，但法律另有规定的除外。涉外合同的当事人没有选择的，适用与合同有最密切联系的国家的法律。在中华人民共和国境内履行的中外合资经营企业合同、中外合作经营企业合同、中外合作勘探开发自然资源合同，适用中华人民共和国法律。

第一百二十七条 工商行政管理部门和其他有关行政主管部门在各自的职权范围内，依照法律，行政法规的规定，对利用合同危害国家利益、社会公共利益的违法行为，负责监督处理；构成犯罪的，依法追究刑事责任。

第一百二十八条 当事人可以通过和解或者调解解决合同争议。当事人不愿和解、调解或者和解、调解不成的，可以根据仲裁协议向仲裁机构申请仲裁。涉外合同的当事人可以根据仲裁协议向中国仲裁机构或者其他仲裁机构申请仲裁。当事人没有订立仲裁协议或者仲裁协议无效的，可以向人民法院起诉。当事人应当履行发生法律效力的判决、仲裁裁决、调解书；拒不履行的，对方可以请求人民法院执行。

第一百二十九条 因国际货物买卖合同和技术进出口合同争议提起诉讼或者申请仲裁的期限为四年，自当事人知道或者应当知道其权利受到侵害之日起计算。因其他合同争议提起诉讼或者申请仲裁的期限，依照有关法律的规定。

分　　则（选）

第十六章　建设工程合同

第二百六十九条　建设工程合同是承包人进行工程建设，发包人支付价款的合同。建设工程合同包括工程勘察、设计、施工合同。

第二百七十条　建设工程合同应当采用书面形式。

第二百七十一条　建设工程的招标投标活动，应当依照有关法律的规定公开、公平、公正进行。

第二百七十二条　发包人可以与总承包人订立建设工程合同，也可以分别与勘察人、设计人、施工人订立勘察、设计、施工承包合同。发包人不得将应当由一个承包人完成的建设工程肢解成若干部分发包给几个承包人。总承包人或者勘察、设计、施工承包人经发包人同意，可以将自己承包的部分工作交由第三人完成。第三人就其完成的工作成果与总承包人或者勘察、设计、施工承包人向发包人承担连带责任。承包人不得将其承包的全部建设工程转包给第三人或者将其承包的全部建设工程肢解以后以分包的名义分别转包给第三人。禁止承包人将工程分包给不具备相应资质条件的单位。禁止分包单位将其承包的工程再分包。建设工程主体结构的施工必须由承包人自行完成。

第二百七十三条　国家重大建设工程合同，应当按照国家规定的程序和国家批准的投资计划、可行性研究报告等文件订立。

第二百七十四条　勘察、设计合同的内容包括提交有关基础资料和文件（包括概预算）的期限、质量要求、费用以及其他协作条件等条款。

第二百七十五条　施工合同的内容包括工程范围、建设工期、中间交工工程的开工和竣工时间、工程质量、工程造价、技术资料交付时间、材料和设备供应责任、拨款和结算、竣工验收、质量保修范围和质量保证期、双方相互协作等条款。

第二百七十六条　建设工程实行监理的，发包人应当与监理人采用书面形式订立委托监理合同。发包人与监理人的权利和义务以及法律责任，应当依照本法委托合同以及其他有关法律、行政法规的规定。

第二百七十七条　发包人在不妨碍承包人正常作业的情况下，可以随时对作业进度、质量进行检查。

第二百七十八条　隐蔽工程在隐蔽以前，承包人应当通知发包人检查。发包人没有及时检查的，承包人可以顺延工程日期，并有权要求赔偿停工、窝工等损失。

第二百七十九条　建设工程竣工后，发包人应当根据施工图纸及说明书、国家颁发的施工验收规范和质量检验标准及时进行验收。验收合格的，发包人应当按照约定支付价款，并接收该建设工程。建设工程竣工经验收合格后，方可交付使用；未经验收或者验收不合格的，不得交付使用。

第二百八十条　勘察、设计的质量不符合要求或者未按照期限提交勘察、设计文件拖延工期，造成发包人损失的，勘察人、设计人应当继续完善勘察、设计，减收或者免收勘察、设计费并赔偿损失。

第二百八十一条　因施工人的原因致使建设工程质量不符合约定的，发包人有权要求施工人在合理期限内无偿修理或者返工、改建。经过修理或者返工、改建后，造成逾期交付的，施工人应当承担违约责任。

第二百八十二条　因承包人的原因致使建设工程在合理使用期限内造成人身和财产损害的，承包人应当承担损害赔偿责任。

第二百八十三条　发包人未按照约定的时间和要求提供原材料、设备、场地、资金、技术资料的，承包人可以顺延工程日期，并有权要求赔偿停工、窝工等损失。

第二百八十四条　因发包人的原因致使工程中途停建、缓建的，发包人应当采取措施弥补或者减少损失，赔偿承包人因此造成的停工、窝工、倒运、机械设备调迁、材料和构件积压等损失和实际费用。

第二百八十五条　因发包人变更计划，提供的资料不准确，或者未按照期限提供必需的勘察、设计工作条件而造成勘察、设计的返工、停工或者修改设计，发包人应当按照勘察人、设计人实际消耗的工作量增付费用。

第二百八十六条　发包人未按照约定支付价款的，承包人可以催告发包人在合理期限内支付价款。发包人逾期不支付的，除按照建设工程的性质不宜折价、拍卖的以外，承包人可以与发包人协议将工程折价，也可以申请人民法院将该工程依法拍卖。建设工程的价款就该工程折价或者拍卖的价款优先受偿。

附　　则

第四百二十八条　本法自1999年10月1日起施行，《中华人民共和国经济合同法》、《中华人民共和国涉外经济合同法》、《中华人民共和国技术合同法》同时废止。

附录 6

建筑安装工程承包合同条例

第一条 根据《中华人民共和国经济合同法》的有关规定，结合实行建筑安装工程承包合同制的经验，特制定本条例。

第二条 建筑安装工程承包合同是发包方（建设单位）和承包方（施工单位）为完成商定的建筑安装工程，明确相互权利、义务关系的协议。

第三条 承包合同应当采取书面形式。双方协商同意的有关修改承包合同的设计变更文件、洽商记录、会议纪要，以及资料、图表等，也是承包合同的组成部分。

第四条 列入国家计划内的重点建筑安装工程,必须按照国家规定的基本建设程序和国家批准的投资计划签订合同。如果双方不能达成一致意见,由双方上级主管部门处理。

第五条 签订承包合同必须遵守国家法律、符合国家政策，并应具备以下基本条件：

一、承包工程的初步设计和总概算已经批准；

二、承包工程所需的投资和统配物资已经列入国家计划；

三、当事人双方均具有法人资格；

四、当事人双方均有履行合同的能力。

第六条 承包合同应具备以下主要条款：

一、工程名称和地点；

二、工程范围和内容；

三、开、竣工日期及中间交工工程开、竣工日期；

四、工程质量保修期及保修条件；

五、工程造价；

六、工程价款的支付、结算及交工验收办法；

七、设计文件及概、预算和技术资料提供日期；

八、材料和设备的供应和进场期限；

九、双方相互协作事项；

十、违约责任。

第七条 单项工程较多，施工期较长的建筑安装工程，应根据国家长远计划、批准的初步设计和总概算签订总合同，进行施工准备；然后，再根据批准的年度计划、施工图和预算（或技术设计和修正概算）签订具体承包合同，进行施工。如果施工准备工作量较大，又有条件作施工准备的，双方可以先签订施工准备合同，据以进行施工准备工作并应限期补签承包合同。

第八条 承包合同应建立在科学可靠、切实可行的基础上。双方的权利、义务必须在合同中明确加以规定。属于专业性建筑安装工程，国务院各有关主管部门可根据工程的特点，对承、发包双方的责任作特殊的规定。一般工业与民用建筑安装工程，双方的主要责任是：

一、发包方

1. 办理正式工程和临时设施范围内的土地征用、租用，申请施工许可执照和占道、爆破以及临时铁道专用线接岔等的许可证；

2. 确定建筑物（或构筑物）、道路、线路、上下水道的定位标桩、水准点和坐标控制点；

3. 开工前，接通施工现场水源、电源和运输道路，拆迁现场内民房和障碍物（也可委托承包方承担）；

4. 按双方协定的分工范围和要求，供应材料和设备；

5. 向经办银行提交拨款所需的文件（实行贷款或自筹的工程要保证资金供应），按时办理拨款和结算；

6. 组织有关单位对施工图等技术资料进行审定，按照合同规定的时间和份数交付给承包方；

7. 派驻工地代表，对工程进度、工程质量进行监督，检查隐蔽工程，办理中间交工工程验收手续，负责签订、解决应由发包方解决的问题，以及其他事宜；

8. 负责组织设计单位、施工单位共同审定施工组织设计、工程价款和竣工结算，负责组织工程竣工验收。

二、承包方

1. 施工场地的平整、施工界区以内的用水、用电、道路和临时设施的施工；

2. 编制施工组织设计（或施工方案），做好各项施工准备工作；

3. 按双方商定的分工范围，做好材料和设备的采购、供应和管理；

4. 及时向发包方提出开工通知书、施工进度计划表、施工平面布置图、隐蔽工程验收通知、竣工验收报告；提供月份施工作业计划、月份施工统计报表、工程事故报告以及提出应由发包方供应的材料、设备的供应计划；

5. 严格按照施工图与说明书进行施工，确保工程质量，按合同规定的时间如期完工和交付；

6. 已完工的房屋、构筑物和安装的设备，在交工前应负责保管，并清理好场地；

7. 按照有关规定提出竣工验收技术资料，办理工程竣工结算，参加竣工验收；

8. 在合同规定的保修期内，对属于承包方责任的工程质量问题，负责无偿修理。

第九条 合同工期，除国务院另有规定者外，应执行各省、自治区、直辖市和国务院主管部颁发的工期定额。暂时没有规定工期定额的特殊工程，由双方协商确定。工期一经确定，任何一方不得随意改变。

第十条 工程结算方式，根据具体情况可实行施工图预算或工程概算加签证的结算办法；也可以实行施工图预算加系数包干、按工程概算包干和房屋建筑平方米造价包干等办法。实行包干的工程，在合同条款中应明确规定包干范围，对合同工程价款一次包定。属于包干范围以外的设计变更、国家规定的材料设备价格调整、人力不可抗拒的灾害等，可对合同工程价款进行调整。

第十一条 建筑安装工程的竣工验收，应以施工图纸及说明书、国家颁发的施工及验收规范和质量检验标准为依据。

第十二条 发包方可将全部建筑安装工程委托一个承包单位承包，也可委托几个承包单位分别承包。承包单位可将承包的工程，部分分包给其他分包单位，签订分包合同。承包单位对发包方负责，分包单位对承包单位负责。但承包单位不得通过将所承包的工程转包给其他单位，而从中渔利。

第十三条 违反承包合同的责任

一、承包方的责任：

1. 工程质量不符合合同规定的，负责无偿修理或返工。由于修理或返工造成逾期交付的，偿付逾期违约金；

2. 工程交付时间不符合规定，按合同中违约责任条款的规定偿付逾期违约金。

二、发包方的责任：

1. 未能按照承包合同的规定履行自己应负的责任，除竣工日期得以顺延外，还应赔偿承包方因此发生的实际损失；

2. 工程中途停建、缓建或由于设计变更以及设计错误造成的返工，应采取措施弥补或减少损失，同时，赔偿承包方由此而造成的停工、窝工、返工、倒运、人员和机械设备调迁、材料和构件积压的实际损失；

3. 工程未经验收，发包方提前使用或擅自动用，由此而发生的质量或其他问题，由发包方承担责任；

4. 超过合同规定日期验收，按合同的违约责任条款的规定偿付逾期违约金；

5. 不按合同规定拨付工程款，按银行有关逾期付款办法或“工程价款结算办法”的有关规定处理。

第十四条 违约金、赔偿金的偿付。企业（包括施工企业及改、扩建建设单位）应从自有资金中开支，不得计入成本；行政、事业单位，应从概、预算包干的节余经费中开支，或先由建设资金垫付，然后由上级主管部门处理。筹建新建项目的单位，应先从建设资金中垫付，然后由上级主管部门处理。

第十五条 合同正本由签订双方各执一份，副本应报双方主管业务部门、工商行政管理机关和经办银行备案。

第十六条 合同管理与合同纠纷仲裁，按国务院有关合同管理和合同仲裁的规定执行。

第十七条 全民所有制组织之间、集体所有制组织之间或全民所有制组织与集体所有制组织之间签订承包合同，均按本条例执行。个体户与全民、集体所有制组织之间签订承包合同，应参照本条例执行。涉外建筑安装工程承包合同不适用本条例。

第十八条 与建筑安装工程承包合同有关的其他问题，均按照《中华人民共和国经济合同法》的规定执行。

第十九条 国务院有关部门可根据《中华人民共和国经济合同法》和本条例的规定，制定本部门的实施办法。

第二十条 本条例自发布之日起施行。

附录 7

建筑工程施工合同（示范文本）

第二部分　通　用　条　款

一、词语定义及合同文件

1. 词语定义

下列词语除专用条款另有约定外，应具有本条所赋予的定义：

1.1　通用条款：是根据法律、行政法规规定及建设工程施工的需要订立，通用于建设工程施工的条款。

1.2　专用条款：是发包人与承包人根据法律、行政法规规定，结合具体工程实际，经协商达成一致意见的条款，是对通用条款的具体化、补充或修改。

1.3　发包人：指在协议书中约定，具有工程发包主体资格和支付工程价款能力的当事人以及取得该当事人资格的合法继承人。

1.4　承包人：指在协议书中约定，被发包人接受的具有工程施工承包主体资格的当事人以及取得该当事人资格的合法继承人。

1.5　项目经理：指承包人在专用条款中指定的负责施工管理和合同履行的代表。

1.6　设计单位：指发包人委托的负责本工程设计并取得相应工程设计资质等级证书的单位。

1.7　监理单位：指发包人委托的负责本工程监理并取得相应工程监理资质等级证书的单位。

1.8　工程师：指本工程监理单位委派的总监理工程师或发包人指定的履行本合同的代表，其具体身份和职权由发包人承包人在专用条款中约定。

1.9　工程造价管理部门：指国务院有关部门、县级以上人民政府建设行政主管部门或其委托的工程造价管理机构。

1.10　工程：指发包人承包人在协议书中约定的承包范围内的工程。

1.11　合同价款：指发包人承包人在协议书中约定，发包人用以支付承包人按照合同约定完成承包范围内全部工程并承担质量保修责任的款项。

1.12　追加合同价款：指在合同履行中发生需要增加合同价款的情况，经发包人确认后按计算合同价款的方法增加的合同价款。

1.13　费用：指不包含在合同价款之内的应当由发包人或承包人承担的经济支出。

1.14　工期：指发包人承包人在协议书中约定，按总日历天数（包括法定节假日）计算的承包天数。

1.15　开工日期：指发包人承包人在协议书中约定，承包人开始施工的绝对或相对的日期。

1.16　竣工日期：指发包人承包人在协议书中约定，承包人完成承包范围内工程的绝对或相对的日期。

1.17　图纸：指由发包人提供或由承包人提供并经发包人批准，满足承包人施工需要的所有图纸（包括配套说明和有关资料）。

1.18 施工场地：指由发包人提供的用于工程施工的场所以及发包人在图纸中具体指定的供施工使用的任何其他场所。

1.19 书面形式：指合同书、信件和数据电文（包括电报、电传、传真、电子数据交换和电子邮件）等可以有形地表现所载内容的形式。

1.20 违约责任：指合同一方不履行合同义务或履行合同义务不符合约定所应承担的责任。

1.21 索赔：指在合同履行过程中，对于并非自己的过错，而是应由对方承担责任的情况造成的实际损失，向对方提出经济补偿和（或）工期顺延的要求。

1.22 不可抗力：指不能预见、不能避免并不能克服的客观情况。

1.23 小时或天：本合同中规定按小时计算时间的，从事件有效开始时计算（不扣除休息时间）；规定按天计算时间的，开始当天不计入，从次日开始计算。时限的最后一天是休息日或者其他法定节假日的，以节假日次日为时限的最后一天，但竣工日期除外。时限的最后一天的截止时间为当日24时。

2. 合同文件及解释顺序

2.1 合同文件应能相互解释，互为说明。除专用条款另有约定外，组成本合同的文件及优先解释顺序如下：

（1）本合同协议书；（2）中标通知书；（3）投标书及其附件；（4）本合同专用条款；（5）本合同通用条款；（6）标准、规范及有关技术文件；（7）图纸；（8）工程量清单；（9）工程报价单或预算书。

合同履行中，发包人承包人有关工程的洽商、变更等书面协议或文件视为本合同的组成部分。

2.2 当合同文件内容含糊不清或不相一致时，

在不影响工程正常进行的情况下，由发包人承包人协商解决。双方也可以提请负责监理的工程师做出解释。双方协商不成或不同意负责监理的工程师的解释时，按本通用条款第37条关于争议的约定处理。

3. 语言文字和适用法律、标准及规范

3.1 语言文字

本合同文件使用汉语语言文字书写、解释和说明。如专用条款约定使用两种以上（含两种）语言文字时，汉语应为解释和说明本合同的标准语言文字。

在少数民族地区，双方可以约定使用少数民族语言文字书写和解释、说明本合同。

3.2 适用法律和法规

本合同文件适用国家的法律和行政法规。需要明示的法律、行政法规，由双方在专用条款中约定。

3.3 适用标准、规范

双方在专用条款内约定适用国家标准、规范的名称；没有国家标准、规范但有行业标准、规范的，约定适用行业标准、规范的名称；没有国家和行业标准、规范的，约定适用工程所在地地方标准、规范的名称。发包人应按专用条款约定的时间向承包人提供一式两份约定的标准、规范。国内没有相应标准、规范的，由发包人按专用条款约定的时间向承包人提出施工技术要求，承包人按约定的时间和要求提出施工工艺，经发包人认可后执行。发包人要求使用国外标准、规范的，应负责提供中文译本。本条所发生的购买、翻译标准、规范或制定施工工艺的费用，由发包人承担。

4. 图纸

4.1 发包人应按专用条款约定的日期和套数，向承包人提供图纸。承包人需要增加图纸套数的，发包人应代为复制，复制费用由承包人承担。发包人对工程有保密要求的，应在专用条款中提出保密要求，保密措施费用由发包人承担，承包人在约定保密期限内履行保密义务。

4.2 承包人未经发包人同意，不得将本工程图纸转给第三人。工程质量保修期满后，除承包人存档需要的图纸外，应将全部图纸退还给发包人。

4.3 承包人应在施工现场保留一套完整图纸，供工程师及有关人员进行工程检查时使用。

二、双方一般权利和义务

5. 工程师

5.1 实行工程监理的，发包人应在实施监理前将委托的监理单位名称、监理内容及监理权限以书面形式通知承包人。

5.2 监理单位委派的总监理工程师在本合同中称工程师，其姓名、职务、职权由发包人承包人在专用条款内写明。工程师按合同约定行使职权，发包人在专用条款内要求工程师在行使某些职权前需要征得发包人批准的，工程师应征得发包人批准。

5.3 发包人派驻施工场地履行合同的代表在本合同中也称工程师，其姓名、职务、职权由发包人在专用条款内写明，但职权不得与监理单位委派的总监理工程师职权相互交叉。双方职权发生交叉或不明确时，由发包人予以明确，并以书面形式通知承包人。

5.4 合同履行中，发生影响发包人承包人双方权利或义务的事件时，负责监理的工程师应依据合同在其职权范围内客观公正地进行处理。一方对工程师的处理有异议时，按本通用条款第 37 条关于争议的约定处理。

5.5 除合同内有明确约定或经发包人同意外，负责监理的工程师无权解除本合同约定的承包人的任何权利与义务。

5.6 不实行工程监理的，本合同中工程师专指发包人派驻施工场地履行合同的代表，其具体职权由发包人在专用条款内写明。

6. 工程师的委派和指令

6.1 工程师可委派工程师代表，行使合同约定的自己的职权，并可在认为必要时撤回委派。委派和撤回均应提前 7 天以书面形式通知承包人，负责监理的工程师还应将委派和撤回通知发包人。委派书和撤回通知作为本合同附件。工程师代表在工程师授权范围内向承包人发出的任何书面形式的函件，与工程师发出的函件具有同等效力。承包人对工程师代表向其发出的任何书面形式的函件有疑问时，可将此函件提交工程师，工程师应进行确认。工程师代表发出指令有失误时，工程师应进行纠正。除工程师或工程师代表外，发包人派驻工地的其他人员均无权向承包人发出任何指令。

6.2 工程师的指令、通知由其本人签字后，以书面形式交给项目经理，项目经理在回执上签署姓名和收到时间后生效。确有必要时，工程师可发出口头指令，并在 48 小时内给予书面确认，承包人对工程师的指令应予执行。工程师不能及时给予书面确认的，承包人应于工程师发出口头指令后7天内提出书面确认要求。工程师在承包人提出确认要求后48小时内不予答复的，视为口头指令已被确认。承包人认为工程师指令不合理，应在收到指令后24小时内向工程师提出修改指令的书面报告，工程师在收到承包人报告后24小时内做出修改指令或继续执行原指令的决定，并以书面形式通知承包人。紧急情况下，工程师要求承包人立即执行的指令或承包人虽有异议，但工程师决定仍继续执行的指令，承包人应予执行。因指令错误发生的追加合同价款和给承包人造成的损失由发包人承担，延误的工期相应顺延。本款规定同样适用于由工程师代表发出的指令、通知。

6.3 工程师应按合同约定，及时向承包人提供所需指令、批准并履行约定的其他义务。由于工程师未能按合同约定履行义务造成工期延误，发包人应承担延误造成的追加合同价款，并赔偿承包人有关损失，顺延延误的工期。

6.4 如需更换工程师，发包人应至少提前7天以书面形式通知承包人，后任继续行使合同文件约定的前任的职权，履行前任的义务。

7. 项目经理

7.1 项目经理的姓名、职务在专用条款内写明。

7.2 承包人依据合同发出的通知，以书面形式由项目经理签字后送交工程师，工程师在回执上签署姓名和收到时间后生效。

7.3 项目经理按发包人认可的施工组织设计（施工方案）和工程师依据合同发出的指令组织施工。在情况紧急且无法与工程师联系时，项目经理应当采取保证人员生命和工程、财产安全的紧急措施，并在采取措施后48小时内向工程师提交报告。责任在发包人或第三人，由发包人承担由此发生的追加合同价款，相应顺延工期；责任在承包人，由承包人承担费用，不顺延工期。

7.4 承包人如需要更换项目经理，应至少提前7天以书面形式通知发包人，并征得发包人同意。后任继续行使合同文件约定的前任的职权，履行前任的义务。

7.5 发包人可以与承包人协商，建议更换其认为不称职的项目经理。

8. 发包人工作

8.1 发包人按专用条款约定的内容和时间完成以下工作：

（1）办理土地征用、拆迁补偿、平整施工场地等工作，使施工场地具备施工条件，在开工后继续负责解决以上事项遗留问题；

（2）将施工所需水、电、电讯线路从施工场地外部接至专用条款约定地点，保证施工期间的需要；

（3）开通施工场地与城乡公共道路的通道，以及专用条款约定的施工场地内的主要道路，满足施工运输的需要，保证施工期间的畅通；

（4）向承包人提供施工场地的工程地质和地下管线资料，对资料的真实准确性负责；

（5）办理施工许可证及其他施工所需证件、批件和临时用地、停水、停电、中断道路交通、爆破作业等的申请批准手续（证明承包人自身资质的证件除外）；

（6）确定水准点与坐标控制点，以书面形式交给承包人，进行现场交验；

（7）组织承包人和设计单位进行图纸会审和设计交底；

（8）协调处理施工场地周围地下管线和邻近建筑物、构筑物（包括文物保护建筑）、古树名木的保护工作、承担有关费用；

(9) 发包人应做的其他工作，双方在专用条款内约定。

8.2 发包人可以将8.1款部分工作委托承包人办理，双方在专用条款内约定，其费用由发包人承担。

8.3 发包人未能履行8.1款各项义务，导致工期延误或给承包人造成损失的，发包人赔偿承包人有关损失，顺延延误的工期。

9. 承包人工作

9.1 承包人按专用条款约定的内容和时间完成以下工作：

(1) 根据发包人委托，在其设计资质等级和业务允许的范围内，完成施工图设计或与工程配套的设计，经工程师确认后使用，发包人承担由此发生的费用；

(2) 向工程师提供年、季、月度工程进度计划及相应进度统计报表；

(3) 根据工程需要，提供和维修非夜间施工使用的照明、围栏设施，负责安全保卫；

(4) 按专用条款约定的数量和要求，向发包人提供施工场地办公和生活的房屋及设施，发包人承担由此发生的费用；

(5) 遵守政府有关主管部门对施工场地交通、施工噪声以及环境保护和安全生产等的管理规定，按规定办理有关手续，并以书面形式通知发包人，发包人承担由此发生的费用，因承包人责任造成的罚款除外；

(6) 已竣工工程未交付发包人之前，承包人按专用条款约定负责已完工程的保护工作，保护期间发生损坏，承包人自费予以修复；发包人要求承包人采取特殊措施保护的工程部位和相应的追加合同价款，双方在专用条款内约定；

(7) 按专用条款约定做好施工场地地下管线和邻近建筑物、构筑物（包括文物保护建筑）、古树名木的保护工作；

(8) 保证施工场地清洁符合环境卫生管理的有关规定，交工前清理现场达到专用条款约定的要求，承担因自身原因违反有关规定造成的损失和罚款；

(9) 承包人应做的其他工作，双方在专用条款内约定。

9.2 承包人未能履行9.1款各项义务，造成发包人损失的，承包人赔偿发包人有关损失。

三、施工组织设计和工期

10. 进度计划

10.1 承包人应按专用条款约定的日期，将施工组织设计和工程进度计划提交修改意见，逾期不确认也不提出书面意见的，视为同意。

10.2 群体工程中单位工程分期进行施工的，承包人应按照发包人提供图纸及有关资料的时间，按单位工程编制进度计划，其具体内容双方在专用条款中约定。

10.3 承包人必须按工程师确认的进度计划组织施工，接受工程师对进度的检查、监督。工程实际进度与经确认的进度计划不符时，承包人应按工程师的要求提出改进措施，经工程师确认后执行。因承包人的原因导致实际进度与进度计划不符，承包人无权就改进措施提出追加合同价款。

11. 开工及延期开工

11.1 承包人应当按照协议书约定的开工日期开工。承包人不能按时开工，应当不迟于协议书约定的开工日期前7天，以书面形式向工程师提出延期开工的理由和要求。工程师应当在接到延期开工申请后48小时内以书面形式答复承包人。工程师在接到延期开工申请后48小时内不答复，视为同意承包人要求，工期相应顺延。工程师不同意延期要求或承包人未在规定时间内提出延期开工要求，工期不予顺延。

11.2 因发包人原因不能按照协议书约定的开工日期开工，工程师应以书面形式通知承包人，推迟开工日期。发包人赔偿承包人因延期开工造成的损失，并相应顺延工期。

12. 暂停施工

工程师认为确有必要暂停施工时，应当以书面形式要求承包人暂停施工，并在提出要求后48小时内提出书面处理意见。承包人应当按工程师要求停止施工，并妥善保护已完工程。承包人实施工程师做出的处理意见后，可以书面形式提出复工要求，工程师应当在48小时内给予答复。工程师未能在规定时间内提出处理意见，或收到承包人复工要求后48小时内未予答复，承包人可自行复工。因发包人原因造成停工的，由发包人承担所发生的追加合同价款，赔偿承包人由此造成的损失，相应顺延工期；因承包人原因造成停工的，由承包人承担发生的费用，工期不予顺延。

13. 工期延误

13.1 因以下原因造成工期延误，经工程师确认，工期相应顺延：

（1）发包人未能按专用条款的约定提供图纸及开工条件；

（2）发包人未能按约定日期支付工程预付款、进度款，致使施工不能正常进行；

（3）工程师未按合同约定提供所需指令、批准等，致使施工不能正常进行；

（4）设计变更和工程量增加；

（5）一周内非承包人原因停水、停电、停气造成停工累计超过8小时；

（6）不可抗力；

（7）专用条款中约定或工程师同意工期顺延的其他情况。

13.2 承包人在13.1款情况发生后14天内，就延误的工期以书面形式向工程师提出报告。工程师在收到报告后14天内予以确认，逾期不予确认也不提出修改意见，视为同意顺延工期。

14. 工程竣工

14.1 承包人必须按照协议书约定的竣工日期或工程师同意顺延的工期竣工。

14.2 因承包人原因不能按照协议书约定的竣工日期或工程师同意顺延的工期竣工的，承包人承担违约责任。

14.3 施工中发包人如需提前竣工，双方协商一致后应签订提前竣工协议，作为合同文件组成部分。提前竣工协议应包括承包人为保证工程质量和安全采取的措施、发包人为提前竣工提供的条件以及提前竣工所需的追加合同价款等内容。

四、质量与检验

15. 工程质量

15.1 工程质量应当达到协议书约定的质量标准，质量标准的评定以国家或行业的质量检验评定标准为依据。因承包人原因工程质量达不到约定的质量标准，承包人承担违约责任。

15.2 双方对工程质量有争议，由双方同意的工程质量检测机构鉴定，所需费用及因此造成的损失，由责任方承担。双方均有责任，由双方根据其责任分别承担。

16. 检查和返工

16.1 承包人应认真按照标准、规范和设计图纸要求以及工程师依据合同发出的指令施工，随时接受工程师的检查检验，为检查检验提供便利条件。

16.2 工程质量达不到约定标准的部分，工程师可要求拆除和重新施工，直到符合约定标准。因承包人原因达不到约定标准，由承包人承担拆除和重新施工的费用，工期不予顺延。

16.3 工程师的检查检验不应影响施工正常进行。如影响施工正常进行，检查检验不合格时，影响正常施工的费用由承包人承担。除此之外影响正常施工的追加合同价款由发包人承担，相应顺延工期。

16.4 因工程师指令失误或其他非承包人原因发生的追加合同价款，由发包人承担。

17. 隐蔽工程和中间验收

17.1 工程具备隐蔽条件或达到专用条款约定的中间验收部位，承包人进行自检，并在隐蔽或中间验收前 48 小时以书面形式通知工程师验收。通知包括隐蔽和中间验收的内容、验收时间和地点。承包人准备验收记录，验收合格，工程师在验收记录上签字后，承包人可进行隐蔽和继续施工。验收不合格，承包人在工程师限定的时间内修改后重新验收。

17.2 工程师不能按时进行验收，应在验收前 24 小时以书面形式向承包人提出延期要求，延期不能超过 48 小时。工程师未能按以上时间提出延期要求，不进行验收，承包人可自行组织验收，工程师应承认验收记录。

17.3 经工程师验收，工程质量符合标准、规范和设计图纸等要求，验收 24 小时后，工程师不在验收记录上签字，视为工程师已经认可验收记录，承包人可进行隐蔽或继续施工。

18. 重新检验

无论工程师是否进行验收，当其要求对已经隐蔽的工程重新检验时，承包人应按要求进行剥离或开孔，并在检验后重新覆盖或修复。检验合格，发包人承担由此发生的全部追加合同价款，赔偿承包人损失，并相应顺延工期。检验不合格，承包人承担发生的全部费用，工期不予顺延。

19. 工程试车

19.1 双方约定需要试车的，试车内容应与承包人承包的安装范围相一致。

19.2 设备安装工程具备单机无负荷试车条件，承包人组织试车，并在试车前 48 小时以书面形式通知工程师。通知包括试车内容、时间、地点。承包人准备试车记录，发包人根据承包人要求为试车提供必要条件。试车合格，工程师在试车记录上签字。

19.3 工程师不能按时参加试车，须在开始试车前 24 小时以书面形式向承包人提出延期要求，不参加试车，应承认试车记录。

19.4 设备安装工程具备无负荷联动试车条件，发包人组织试车，并通知承包人试车内容、时间、地点和对承包人的要求，承包人按要求做好准备工作。试车合格，双方在试车记录上签字。

19.5 双方责任

（1）由于设计原因试车达不到验收要求，发包人应要求设计单位修改设计，承包人按修改后的设计重新安装。发包人承担修改设计、拆除及重新安装的全部费用和追加合同价款，工期相应顺延。

（2）由于设备制造原因试车达不到验收要求，由该设备采购一方负责重新购置或修理，承包人负责拆除和重新安装。设备由承包人采购的，由承包人承担修理或重新购置、拆除及重新安装的费用，工期不予顺延；设备由发包人采购的，发包人承担上述各项追加合同价款，工期相应顺延。

（3）由于承包人施工原因试车达不到验收要求，承包人按工程师要求重新安装和试车，并承担重新安装和试车的费用，工期不予顺延。

（4）试车费用除已包括在合同价款之内或专用条款另有约定外，均由发包人承担。

（5）工程师在试车合格后不在试车记录上签字，试车结束 24 小时后，视为工程师已经认可试车记录，承包人可继续施工或办理竣工手续。

19.6 投料试车应在工程竣工验收后由发包人负责，如发包人要求在工程竣工验收前进行或需要承包人配合时，应征得承包人同意，另行签订补充协议。

五、安全施工

20. 安全施工与检查

20.1 承包人应遵守工程建设安全生产有关管理规定，严格按安全标准组织施工，并随时接受行业安全检查人员依法实施的监督检查，采取必要的安全防护措施，消除事故隐患。由于承包人安全措施不力造成事故的责任和因此发生的费用，由承包人承担。

20.2 发包人应对其在施工场地的工作人员进行安全教育，并对他们的安全负责。发包人不得要求承包人违反安全管理的规定进行施工。因发包人原因导致的安全事故，由发包人承担相应责任及发生的费用。

21. 安全防护

21.1 承包人在动力设备、输电线路、地下管道、密封防震车间、易燃易爆地段以及临街交通要道附近施工时，施工开始前应向工程师提出安全防护措施，经工程师认可后实施，防护措施费用由发包人承担。

21.2 实施爆破作业，在放射、毒害性环境中施工（含储存、运输、使用）及使用毒害性、腐蚀性物品施工时，承包人应在施工前 14 天以书面通知工程师，并提出相应的安全防护措施，经工程师认可后实施，由发包人承担安全防护措施费用。

22. 事故处理

22.1 发生重大伤亡及其他安全事故，承包人应按有关规定立即上报有关部门并通知工程师，同时按政府有关部门要求处理，由事故责任方承担发生的费用。

22.2 发包人承包人对事故责任有争议时，应按政府有关部门的认定处理。

六、合同价款与支付

23. 合同价款及调整

23.1 招标工程的合同价款由发包人承包人依据中标通知书中的中标价格在协议书内约定。非招标工程的合同价款由发包人承包人依据工程预算书在协议书内约定。

23.2 合同价款在协议书内约定后，任何一方不得擅自改变。下列三种确定合同价款的方式，双方可在专用条款内约定采用其中一种：

（1）固定价格合同。双方在专用条款内约定合同价款包含的风险范围和风险费用的计算方法，在约定的风险范围内合同价款不再调整。风险范围以外的合同价款调整方法。应当在专用条款内约定。

（2）可调价格合同。合同价款可根据双方的约定而调整，双方在专用条款内约定合同价款调整方法。

（3）成本加酬金合同。合同价款包括成本和酬金两部分，双方在专用条款内约定成本构成和酬金的计算方法。

23.3 可调价格合同中合同价款的调整因素包括：

（1）法律、行政法规和国家有关政策变化影响合同价款；

（2）工程造价管理部门公布的价格调整；

（3）一周内非承包人原因停水、停电、停气造成停工累计超过8小时；

（4）双方约定的其他因素。

23.4 承包人应当在23.3款情况发生后14天内，将调整原因、金额以书面形式通知工程师，工程师确认调整金额后作为追加合同价款，与工程款同期支付。工程师收到承包人通知后14天内不予确认也不提出修改意见，视为已经同意该项调整。

24. 工程预付款

实行工程预付款的，双方应当在专用条款内约定发包人向承包人预付工程款的时间和数额，开工后按约定的时间和比例逐次扣回。预付时间应不迟于约定的开工日期前7天。发包人不按约定预付，承包人在约定预付时间7天后向发包人发出要求预付的通知，发包人收到通知后仍不能按要求预付，承包人可在发出通知后7天停止施工，发包人应从约定应付之日起向承包人支付应付款的贷款利息，并承担违约责任。

25. 工程量的确认

25.1 承包人应按专用条款约定的时间，向工程师提交已完工程量的报告。工程师接到报告后7天内按设计图纸核实已完工程量（以下称计量），并在计量前24小时通知承包人，承包人为计量提供便利条件并派人参加。承包人收到通知后不参加计量，计量结果有效，作为工程价款支付的依据。

25.2 工程师收到承包人报告后7天内未进行计量，从第8天起，承包人报告中开列的工程量即视为被确认，作为工程价款支付的依据。工程师不按约定时间通知承包人，致使承包人未能参加计量，计量结果无效。

25.3 对承包人超出设计图纸范围和因承包人原因造成返工的工程量，工程师不予计量。

26. 工程款（进度款）支付

26.1 在确认计量结果后14天内，发包人应向承包人支付工程款（进度款）。按约定时间发包人应扣回的预付款，与工程款（进度款）同期结算。

26.2 本通用条款第23条确定调整的合同价款，第31条工程变更调整的合同价款及其他条款中约定的追加合同价款，应与工程款（进度款）同期调整支付。

26.3 发包人超过约定的支付时间不支付工程款（进度款），承包人可向发包人发出要求付款的通知，发包人收到承包人通知后仍不能按要求付款，可与承包人协商签订延期付款协议，经承包人同意后可延期支付。协议应明确延期支付的时间和从计量结果确认后第15天起应付款的贷款利息。

26.4 发包人不按合同约定支付工程款（进度款），双方又未达成延期付款协议，导致施工无法进行，承包人可停止施工，由发包人承担违约责任。

七、材料设备供应

27. 发包人供应材料设备

27.1 实行发包人供应材料设备的，双方应当约定发包人供应材料设备的一览表作为本合同附件（附件2略）。一览表包括发包人供应材料设备的品种、规格、型号、数量、单价、质量等级、提供时间和地点。

27.2 发包人按一览表约定的内容提供材料设备，并向承包人提供产品合格证明，对其质量负责。发包人在所供应材料设备到货前24小时，以书面形式通知承包人，由承包人派人与发包人共同清点。

27.3 发包人供应的材料设备，承包人派人参加清点后由承包人妥善保管，发包人支付相应保管费用。因承包人原因发生丢失损坏，由承包人负责赔偿。发包人未通知承包人清点，承包人不负责材料设备的保管，丢失损坏由发包人负责。

27.4 发包人供应的材料设备与一览表不符时，发包人承担有关责任。发包人应承担责任的具体内容，双方根据下列情况在专用条款内约定：

（1）材料设备单价与一览表不符，由发包人承担所有价差；

（2）材料设备的品种、规格、型号、质量等级与一览表不符，承包人可拒绝接收保管，由发包人运出施工场地并重新采购；

（3）发包人供应的材料规格、型号与一览表不符，经发包人同意，承包人可代为调剂替换，由发包人承担相应费用；

（4）到货地点与一览表不符，由发包人负责运至一览表指定地点；

（5）供应数量少于一览表约定的数量时，由发包人补齐，多于一览表约定数量时，发包人负责将多出部分运出施工场地；

（6）到货时间早于一览表约定时间，由发包人承担因此发生的保管费用；到货时间迟于一览表约定的供应时间，发包人赔偿由此造成的承包人损失，造成工期延误的，相应顺延工期；

27.5 发包人供应的材料设备使用前，由承包人负责检验或试验，不合格的不得使用，检验或试验费用由发包人承担。

27.6 发包人供应材料设备的结算方法，双方在专用条款内约定。

28. 承包人采购材料设备

28.1 承包人负责采购材料设备的，应按照专用条款约定及设计和有关标准要求采购，并提供产品合格证明，对材料设备质量负责。承包人在材料设备到货前24小时通知工程师清点。

28.2 承包人采购的材料设备与设计标准要求不符时，承包人应按工程师要求的时间运出施工场地，重新采购符合要求的产品，承担由此发生的费用，由此延误的工期不予顺延。

28.3 承包人采购的材料设备在使用前，承包人应按工程师的要求进行检验或试验，不合格的不得使用，检验或试验费用由承包人承担。

28.4 工程师发现承包人采购并使用不符合设计和标准要求的材料设备时，应要求承包人负责修复、拆除或重新采购，由承包人承担发生的费用，由此延误的工期不予顺延。

28.5 承包人需要使用代用材料时，应经工程师认可后才能使用，由此增减的合同价款双方以书面形式议定。

28.6 由承包人采购的材料设备，发包人不得指定生产厂或供应商。

八、工程变更

29. 工程设计变更

29.1 施工中发包人需对原工程设计变更，应提前 14 天以书面形式向承包人发出变更通知。变更超过原设计标准或批准的建设规模时，发包人应报规划管理部门和其他有关部门重新审查批准，并由原设计单位提供变更的相应图纸和说明。承包人按照工程师发出的变更通知及有关要求，进行下列需要的变更：

（1）更改工程有关部分的标高、基线、位置和尺寸；

（2）增减合同中约定的工程量；

（3）改变有关工程的施工时间和顺序；

（4）其他有关工程变更需要的附加工作。

因变更导致合同价款的增减及造成的承包人损失，由发包人承担，延误的工期相应顺延。

29.2 施工中承包人不得对原工程设计进行变更。因承包人擅自变更设计发生的费用和由此导致发包人的直接损失，由承包人承担，延误的工期不予顺延。

29.3 承包人在施工中提出的合理化建议涉及到对设计图纸或施工组织设计的更改及对材料、设备的换用，须经工程师同意。未经同意擅自更改或换用时，承包人承担由此发生的费用，并赔偿发包人的有关损失，延误的工期不予顺延。工程师同意采用承包人合理化建议，所发生的费用和获得的收益，发包人承包人另行约定分担或分享。

30. 其他变更

合同履行中发包人要求变更工程质量标准及发生其他实质性变更，由双方协商解决。

31. 确定变更价款

31.1 承包人在工程变更确定后 14 天内，提出变更工程价款的报告，经工程师确认后调整合同价款。变更合同价款按下列方法进行：

（1）合同中已有适用于变更工程的价格，按合同已有的价格变更合同价款；

（2）合同中只有类似于变更工程的价格，可以参照类似价格变更合同条款；

（3）合同中没有适用或类似于变更工程的价格，由承包人提出适当的变更价格，经工程师确认后执行。

31.2 承包人在双方确定变更后 14 天内不向工程师提出变更工程价款报告时，视为该项变更不涉及合同价款的变更。

31.3 工程师应在收到变更工程价款报告之日起 14 天内予以确认，工程师无正当理由不确认时，自变更工程价款报告送达之日起 14 天后视为变更工程价款报告已被确认。

31.4 工程师不同意承包人提出的变更价款，按本通用条款第 37 条关于争议的约定处理。

31.5 工程师确认增加的工程变更价款作为追加合同价款，与工程款同期支付。

31.6 因承包人自身原因导致的工程变更，承包人无权要求追加合同价款。

九、竣工验收与结算

32. 竣工验收

32.1 工程具备竣工验收条件，承包人按国家工程竣工验收有关规定，向发包人提供完整竣工资料及竣工验收报告。双方约定由承包人提供竣工图的，应当在专用条款内约定提供的日期和份数。

32.2 发包人收到竣工验收报告后28天内组织有关单位验收，并在验收后14天内给予认可或提出修改意见。承包人按要求修改，并承担由自身原因造成修改的费用。

32.3 发包人收到承包人送交的竣工验收报告后28天内不组织验收，或验收后14天内不提出修改意见，视为竣工验收报告已被认可。

32.4 工程竣工验收通过,承包人送交竣工验收报告的日期为实际竣工日期。工程按发包人要求修改后通过竣工验收的,实际竣工日期为承包人修改后提请发包人验收的日期。

32.5 发包人收到承包人竣工验收报告后28天内不组织验收，从第29天起承担工程保管及一切意外责任。

32.6 中间交工工程的范围和竣工时间，双方在专用条款内约定，其验收程序按本通用条款32.1款至32.4款办理。

32.7 因特殊原因，发包人要求部分单位工程或工程部位甩项竣工的，双方另行签订甩项竣工协议，明确双方责任和工程价款的支付方法。

32.8 工程未经竣工验收或竣工验收未通过的，发包人不得使用。发包人强行使用时，由此发生的质量问题及其他问题，由发包人承担责任。

33. 竣工结算

33.1 工程竣工验收报告经发包人认可后28天内，承包人向发包人递交竣工结算报告及完整的结算资料，双方按照协议书约定的合同价款及专用条款约定的合同价款调整内容，进行工程竣工结算。

33.2 发包人收到承包人递交的竣工结算报告及结算资料后28天内进行核实，给予确认或者提出修改意见。发包人确认竣工结算报告通知经办银行向承包人支付工程竣工结算价款。承包人收到竣工结算价款后14天内将竣工工程交付发包人。

33.3 发包人收到竣工结算报告及结算资料后28天内无正当理由不支付工程竣工结算价款，从第29天起按承包人同期向银行贷款利率支付拖欠工程价款的利息，并承担违约责任。

33.4 发包人收到竣工结算报告及结算资料后28天内不支付工程竣工结算价款，承包人可以催告发包人支付结算价款。发包人在收到竣工结算报告及结算资料后56天内仍不支付的，承包人可以与发包人协议将该工程折价，也可以由承包人申请人民法院将该工程依法拍卖，承包人就该工程折价或者拍卖的价款优先受偿。

33.5 工程竣工验收报告经发包人认可后28天内，承包人未能向发包人递交竣工结算报告及完整的结算资料，造成工程竣工结算不能正常进行或工程竣工结算价款不能及时支付，发包人要求交付工程的，承包人应当交付；发包人不要求交付工程的，承包人承担保管责任。

33.6 发包人承包人对工程竣工结算价款发生争议时，按本通用条款第37条关于争议的约定处理。

34. 质量保修

34.1 承包人应按法律、行政法规或国家关于工程质量保修的有关规定，对交付发包人使用的工程在质量保修期内承担质量保修责任。

34.2 质量保修工作的实施。承包人应在工程竣工验收之前，与发包人签订质量保修书，作为本合同附件（附件3略）。

34.3 质量保修书的主要内容包括：

（1）质量保修项目内容及范围；

（2）质量保修期；

（3）质量保修责任；

（4）质量保修金的支付方法。

十、违约、索赔和争议

35. 违约

35.1 发包人违约。当发生下列情况时：

（1）本通用条款第24条提到的发包人不按时支付工程预付款；

（2）本通用条款第26.4款提到的发包人不按合同约定支付工程款，导致施工无法进行；

（3）本通用条款第33.3款提到的发包人无正当理由不支付工程竣工结算价款；

（4）发包人不履行合同义务或不按合同约定履行义务的其他情况。

发包人承担违约责任，赔偿因其违约给承包人造成的经济损失，顺延延误的工期。双方在专用条款内约定发包人赔偿承包人损失的计算方法或者发包人应当支付违约金的数额或计算方法。

35.2 承包人违约。当发生下列情况时：

（1）本通用条款第14.2款提到的因承包人原因不能按照协议书约定的竣工日期或工程师同意顺延的工期竣工；

（2）本通用条款第15.1款提到的因承包人原因工程质量达不到协议书约定的质量标准；

（3）承包人不履行合同义务或不按合同约定履行义务的其他情况。

承包人承担违约责任，赔偿因其违约发包人造成的损失。双方在专用条款内约定承包人赔偿发包人损失的计算方法或者承包人应当支付违约金的数额或计算方法。

35.3 一方违约后，另一方要求违约方继续履行合同时，违约方承担上述违约责任后仍应继续履行合同。

36. 索赔

36.1 当一方向另一方提出索赔时，要有正当索赔理由，且有索赔事件发生时的有效证据。

36.2 发包人未能按合同约定履行自己的各项义务或发生错误以及应由发包人承担责任的其他情况，造成工期延误和（或）承包人不能及时得到合同价款及承包人的其他经济损失，承包人可按下列程序以书面形式向发包人索赔：

（1）索赔事件发生后28天内，向工程师发出索赔意向通知；

(2) 发出索赔意向通知后28天内，向工程师提出延长工期和（或）补偿经济损失的索赔报告及有关资料；

(3) 工程师在收到承包人送交的索赔报告和有关资料后，于28天内给予答复，或要求承包人进一步补充索赔理由和证据；

(4) 工程师在收到承包人送交的索赔报告和有关资料后28天内未予答复或未对承包人作进一步要求，视为该项索赔已经认可；

(5) 当该索赔事件持续进行时，承包人应当阶段性向工程师发出索赔意向，在索赔事件终了后28天内，向工程师送交索赔的有关资料和最终索赔报告。索赔答复程序与（3）、（4）规定相同。

36.3 承包人未能按合同约定履行自己的各项义务或发生错误，给发包人造成经济损失，发包人可按36.2款确定的时限向承包人提出索赔。

37. 争议

37.1 发包人承包人在履行合同时发生争议，可以和解或者要求有关主管部门调解。当事人不愿和解、调解或者和解、调解不成的，双方可以在专用条款内约定以下一种方式解决争议：

第一种解决方式：双方达成仲裁协议，向约定的仲裁委员会申请仲裁；

第二种解决方式：向有管辖权的人民法院起诉。

37.2 发生争议后，除非出现下列情况的，双方都应继续履行合同，保持施工连续，保护好已完工程：

(1) 单方违约导致合同确已无法履行，双方协议停止施工；

(2) 调解要求停止施工，且为双方接受；

(3) 仲裁机构要求停止施工；

(4) 法院要求停止施工。

十一、其他

38. 工程分包

38.1 承包人按专用条款的约定分包所承包的部分工程，并与分包单位签订分包合同。非经发包人同意，承包人不得将承包工程的任何部分包。

38.2 承包人不得将其承包的全部工程转包给他人，也不得将其承包的全部工程肢解以后以分包的名义分别转包给他人。

38.3 工程分包不能解除承包人任何责任与义务。承包人应在分包场地派驻相应管理人员，保证本合同的履行。分包单位的任何违约行为或疏忽导致工程损害或给发包人造成其他损失，承包人承担连带责任。

38.4 分包工程价款由承包人与分包单位结算。发包人未经承包人同意不得以任何形式向分包单位支付各种工程款项。

39. 不可抗力

39.1 不可抗力包括因战争、动乱、空中飞行物体坠落或其他非发包人承包人责任造成的爆炸、火灾，以及专用条款约定的风雨、雪、洪、震等自然灾害。

39.2 不可抗力事件发生后，承包人应立即通知工程师，并在力所能及的条件下迅速采取措施，尽力减少损失，发包人应协助承包人采取措施。不可抗力事件结束后48小时内承包人向工程师通报受害情况和损失情况，及预计清理和修复的费用。不可抗力事件持续发生，承包人应每隔7天向工程师报告一次受害情况。不可抗力事件结束后14天内，承包人向工程师提交清理和修复费用的正式报告及有关资料。

39.3 因不可抗力事件导致的费用及延误的工期由双方按以下方法分别承担：

(1) 工程本身的损害、因工程损害导致第三人人员伤亡和财产损失以及运至施工场地用于施工的材料和待安装的设备的损害，由发包人承担；

(2) 发包人承包人人员伤亡由其所在单位负责，并承担相应费用；

(3) 承包人机械设备损坏及停工损失，由承包人承担；

(4) 停工期间，承包人应工程师要求留在施工场地的必要的管理人员及保卫人员的费用由发包人承担；

(5) 工程所需清理、修复费用，由发包人承担；

(6) 延误的工期相应顺延。

39.4 因合同一方迟延履行合同后发生不可抗力的，不能免除迟延履行方的相应责任。

40. 保险

40.1 工程开工前，发包人为建设工程和施工场内的自有人员及第三人人员生命财产办理保险，支付保险费用。

40.2 运至施工场地内用于工程的材料和待安装设备，由发包人办理保险，并支付保险费用。

40.3 发包人可以将有关保险事项委托承包人办理，费用由发包人承担。

40.4 承包人必须为从事危险作业的职工办理意外伤害保险，并为施工场地内自有人员生命财产和施工机械设备办理保险，支付保险费用。

40.5 保险事故发生时，发包人承包人有责任尽力采取必要的措施，防止或者减少损失。

40.6 具体投保内容和相关责任，发包人承包人在专用条款中约定。

41. 担保

41.1 发包人承包人为了全面履行合同，应互相提供以下担保：

(1) 发包人向承包人提供履约担保，按合同约定支付工程价款及履行合同约定的其他义务。

(2) 承包人向发包人提供履约担保，按合同约定履行自己的各项义务。

41.2 一方违约后，另一方可要求提供担保的第三人承担相应责任。

41.3 提供担保的内容、方式和相关责任，发包人承包人除在专用条款中约定外，被担保方与担保方还应签订担保合同，作为本合同附件。

42. 专利技术及特殊工艺

42.1 发包人要求使用专利技术或特殊工艺，应负责办理相应的申报手续，承担申报、试验、使用等费用；承包人提出使用专利技术或特殊工艺，应取得工程师认可，承包人负责办理申报手续并承担有关费用。

42.2 擅自使用专利技术侵犯他人专利权的，责任者依法承担相应责任。

43. 文物和地下障碍物

43.1 在施工中发现古墓、古建筑遗址等文物及化石或其他有考古、地质研究等价值的物品时，承包人应立即保护好现场并于4小时内以书面形式通知工程师，工程师应于收到书面通知后24小时内报告当地文物管理部门，发包人承包人按文物管理部门的要求采取妥善保护措施。发包人承担由此发生的费用，顺延延误的工期。如发现后隐瞒不报，致使文物遭受破坏，责任者依法承担相应责任。

43.2 施工中出现影响施工的地下障碍物时，承包人应于8小时内以书面形式通知工程师，同时提出处置方案，工程师收到处置方案后24小时内予以认可或提出修正方案。发包人承担由此发生的费用，顺延延误的工期。所发现的地下障碍物有归属单位时，发包人应报请有关部门协同处置。

44. 合同解除

44.1 发包人承包人协商一致，可以解除合同。

44.2 发生本通用条款第26.4款情况，停止施工超过56天，发包人仍不支付工程款（进度款），承包人有权解除合同。

44.3 发生本通用条款第38.2款禁止的情况，承包人将其承包的全部工程转包给他人或者肢解以后以分包的名义分别转包给他人，发包人有权解除合同。

44.4 有下列情形之一的，发包人承包人可以解除合同：

（1）因不可抗力致使合同无法履行；

（2）因一方违约（包括因发包人原因造成工程停建或缓建）致使合同无法履行。

44.5 一方依据44.2、44.3、44.4款约定要求解除合同的，应以书面形式向对方发出解除合同的通知，并在发出通知前7天告知对方，通知到达对方时合同解除。对解除合同有争议的，按本通用条款第37条关于争议的约定处理。

44.6 合同解除后，承包人应妥善做好已完工程和已购材料、设备的保护和移交工作，按发包人要求将自有机械设备和人员撤出施工场地。发包人应为承包人撤出提供必要条件，支付以上所发生的费用，并按合同约定支付已完工程价款。已经订货的材料、设备由订货方负责退货或解除订货合同，不能退还的货款和因退货、解除订货合同发生的费用，由发包人承担，因未及时退货造成的损失由责任方承担。除此之外，有过错的一方应当赔偿因合同解除给对方造成的损失。

44.7 合同解除后，不影响双方在合同中约定的结算和清理条款的效力。

45. 合同生效与终止

45.1 双方在协议书中约定合同生效方式。

45.2 除本通用条款第34条外，发包人承包人履行合同全部义务，竣工结算价款支付完毕，承包人向发包人交付竣工工程后，本合同即告终止。

45.3 合同的权利义务终止后，发包人承包人应当遵循诚实信用原则，履行通知、协助、保密等义务。

46. 合同份数

46.1 本合同正本两份，具有同等效力，由发包人承包人分别保存一份。

46.2 本合同副本份数，由双方根据需要在专用条款内约定。

47. 补充条款

双方根据有关法律、行政法规规定，结合工程实际经协商一致后，可对本通用条款内容具体化、补充或修改，在专用条款内约定。

参 考 文 献

1 刘耀华编．安装工程经济与管理．北京：中国建筑工业出版社，1998
2 罗福周主编．建设工程造价与计价实务全书．北京：中国建材工业出版社，1999
3 余辉主编．建筑工程预算编制入门．北京：中国计划出版社，2001
4 尹贻林主编．厦门市工程造价管理的改革实践．天津：南开大学出版社，2002
5 唐连珏编著．工程造价的确定与控制．北京：中国建材工业出版社，2001
6 徐伟，李建伟主编．土木工程项目管理．上海：同济大学出版社，2000
7 岳云明主编．全国统一安装工程预算定额（上卷、中卷、下卷）．北京：中国计量出版社，2000
8 陕西省建设厅主编．全国统一安装工程预算定额陕西省价目表（第一册～第十三册）．西安：陕西科学技术出版社，2001
9 刘庆山主编．建筑安装工程预算：给排水、电气安装、通风空调、室内采暖．北京：机械工业出版社，1999
10 马克忠，张健主编．建筑安装工程预算与施工组织．重庆：重庆大学出版社，1997
11 王和平编．给水排水工程概预算．北京：中国建筑工业出版社，1999
12 周国藩编．工程概预算编制典型实例手册．北京：机械工业出版社，2001
13 潘全祥主编．水电安装概预算手册．北京：中国建筑工业出版社，1999
14 胡忆沩等编．实用管工手册．北京：化学工业出版社，2000
15 刘耀华主编．施工技术及组织．北京：中国建筑工业出版社，1988
16 李公藩编著．塑料管道施工．北京：中国建材工业出版社，2001
17 许富昌编．暖通工程施工技术．北京：中国建筑出版社，1997
18 何履祥编．管道安装．北京：测绘出版社，1987
19 陈慧玲等编著．建筑工程招标投标指南．南京：江苏科学技术出版社，2001
20 佘立中编著．建筑工程合同管理．广州：华南理工大学出版社，2001
21 邵全编．建筑施工组织．重庆：重庆大学出版社，1998
22 张金锁主编．工程项目管理学．北京：科学出版社，2000